厦门大学校长基金专项项目成果
中央高校基本科研业务费专项资金资助
(Supported by the Fundamental Research Funds for the Central Universities)
项目编号：20720151102

中国海洋文明专题研究

—ZHONGGUO HAIYANG WENMING ZHUANTI YANJIU—

第七卷
明清海洋灾害与社会应对

杨国桢 主编 李 冰 著

人民出版社

《中国海洋文明专题研究》
总　序

　　改革开放以来,中国的海洋发展取得令人瞩目的进步,有力地推动中国现代化进程。进入21世纪,随着中国海洋权益的凸显,海洋意识的提升,中国海洋发展战略上升为国家战略,这是现代化建设的本质要求,也是中国历史发展的必然选择。

　　现代化是现代文明的体现。西方推动的现代化依赖海洋而兴起,海洋文明成了现代文明的象征,随着大航海时代崛起的西方大国不断对海外武力征服、殖民扩张,海洋文明成了西方资本主义文明、工业文明的历史符号。20世纪,海洋文明又进一步被发达海洋国家意识形态化,他们夸大"海洋—陆地"二元对立,宣扬海洋代表西方、现代、民主、开放,而大陆代表东方、传统、专制、保守。在这种语境下,海洋文明的多样性模式被否定,中国的、非西方的海洋文明史被遗忘,以至在相当长的时期内,人们相信:中国只有黄色文明(农业文明),没有蓝色文明(海洋文明)。直到今天,还严重制约我们对海洋重要性的认识。

　　文明是人类生活的模式。文明模式的类型,一般可以按生产方式,或按经济生活方式,或按精神形态或心理因素,或按社会形态来划分。我们按经济生活方式的不同,把人类文明划分为农业文明、游牧文明、海洋文明三种基本类型。现代研究成果证明,海洋文明不是西方独有的文化现象,西方海洋文明在近现代与资本主义相联系,并不等同资本主义社会才有海洋文明。海洋文明也不是天生就是先进文明,有自身的文化变迁历程。濒海国家和民族的海洋文明表现形式不同,都有存在的价值。海洋文明是人类海洋物质与精神实践活动历史发展的成果,又是对人类历史发展产生重大影响的因素,既有积极作用,又有消极影响。树立这样的海洋文明观念,是理解、复原人类海洋文明史,提出中国特色海洋叙事的基础。

不以西方的论述为标准,中国有自己的海洋文明史。中国海洋文明存在于海陆一体的结构中。中国既是一个大陆国家,又是一个海洋国家,中华文明具有陆地与海洋双重性格。中华文明以农业文明为主体,同时包容游牧文明和海洋文明,形成多元一体的文明共同体。海洋文明是中华文明的源头之一和有机组成部分,弘扬海洋文明,不是诋毁大陆文明,鼓吹全盘西化,而是发掘自己的海洋文明资源和传统,吸收其有利于现代化的因素,为推动中国文明的现代转型提供内在的文化动力。在这个意义上,中国海洋文明史研究是中国现代化进程提出的历史研究大题目。只要中华民族复兴事业尚未完成,中国海洋文明史研究就一直在路上,不能停止。

中国海洋文明博大精深,留存下来的海洋文献估计有近亿字,缺乏全面的搜集和整理;20 世纪 90 年代兴起的海洋史学,还在发展的初级阶段,而中国海洋文明的多学科交叉和综合研究还在起步,缺乏深厚的文化累积,中国的海洋叙事显得力不从心,甚至矛盾、错乱。在这种状况下,基础性的理论研究和专题研究任重道远,不能松懈。面对这个现实,我从 20 世纪 90 年代开始呼吁开展中国海洋社会经济史和海洋人文社会科学研究,主编出版了《海洋与中国丛书》("九五"国家重点图书出版规划项目,获第十二届中国图书奖)、《海洋中国与世界丛书》("十五"国家重点图书出版规划项目),做了奠基的工作,但距离研究的目标还相当遥远。

2010 年 1 月,在我主持的教育部哲学社会科学研究重大课题攻关项目《中国海洋文明史研究》开题报告期间,教育部社科司领导和评审专家希望我做长远设计、宏大设计,出一个精华本,一个多卷本,一个普及本。于是我设想五年内主编一本 40 万字的精华本,即该项目的最终成果《中国海洋文明史研究》;一个多卷本,即《中国海洋文明专题研究》(1—10 卷),250 万字,已经申请获批为"十二五"国家重点图书出版规划项目,并列入创办海洋文明与战略发展研究中心的规划,得到厦门大学校长基金的资助;一本 20 万字的普及本,后来取名为《中国海洋空间简史》,将由海洋出版社出版。

精华本由该项目的子课题负责人编写,他们都是教授、研究员、博士生导师;多卷本和普及本则由年轻博士和博士研究生撰写。目前这项工作进入尾声,三个本子都有了初稿,虽说修改定稿的任务还很繁重,总算看到胜利的曙光。

最先定稿的是这套10卷本。策划之初,考虑到编写中国海洋通史的条件尚未成熟,如果执意为之,最多是整合已有的研究成果,不具学术创新的意义,故决定采取专题研究的方式,在《海洋与中国丛书》和《海洋中国与世界丛书》的基础上,扩大研究领域,继续进行深入探讨。由于中国海洋文明的议题广泛,涉及众多领域,不可能毕其功于一役,我们的团队实际上是"铁打的营盘流水的兵",有进有出,人力有限,一次5年10册的规模便达到了极限。因此,研究必须细水长流,以后有机会还会延续下去。

由于专题研究需要新的思路、新的理论、新的方法、新的资料,投入与产出性价比低,许多人望而却步。而在那些善用行政资源和学术资源,追求"短平快、高大全"扬名立万的大咖眼里,这只是个"小儿科",摆不上台面。改变这种局面,需要有志者付出更大的努力。所幸入选的9位博士年富力强,所领的专题以博士学位论文为基础,驾轻就熟,且先后所花时间长则8年,最短也有4年,尽心尽力,克服了种种困难,不断充实、修改,终于交出了一份比较满意的答卷。至于各个专题是否都能体现学术研究"小题大作"的精神,达到这样的高度,有待读者的评判。

杨国桢

2015年9月23日于厦门市会展南二里52号9楼寓所

目　　录

绪　　论

第一节　　选题缘起

2004 年 12 月 26 日，一个令全球震惊悲痛的日子，位于印度洋板块与亚欧板块的交界处的印尼苏门答腊以北的海底发生 9.3 级地震，引发高达 10 余米的海啸，波及范围远至波斯湾的阿曼、非洲东岸索马里及毛里求斯、留尼汪等国造成近 30 万人死亡和严重的财产损失，给当地及周边地区的旅游业带来了沉重打击。2011 年 3 月 11 日，日本当地时间 14 时 46 分，日本东北部海域发生里氏 9.0 级地震并引发海啸，造成 10 万以上人口死亡和超过 1000 多亿美元的经济损失。更重要的是，此次地震造成日本福岛第一核电站 1—4 号机组发生核泄漏事故，大量放射性物质泄漏到外部，虽然日本已关闭第一核电站，但是一部分污水发生了泄漏，污染了水源和土地，对当地的生态环境也有不同程度的影响，辐射致使物种发生了变异等事件一直困扰着人们，核辐射阴影至今难以消散。无法预料、危害巨大和影响深远的海洋灾害至今依然是威胁着人类生活的自然灾害之一。

中国自古以来就是一个海洋灾害频发的国家，在史书上几乎每一年都有海洋灾害的记载。恶劣的地理环境虽然给海洋先民的生存和发展带来了阻力，但从客观上来说，它同时也刺激了海洋先民改造自然的无穷智慧和力量。所以从某种意义上讲，中国古代海洋文明史也可以称作是一部中国海洋先民与自然抗争的海洋开发史、海洋灾害史。在厦门大学杨国桢教授多年的努力下，中国海洋灾害史的研究已取得初步成果，如于运全的《海洋天灾》一书，就是从整体出发，学科整合为手段，以海洋为视角的海洋灾害历史研究。不过，这本书也仅对海洋灾害做了详细梳理，却没有对救灾这一环节进行研究。而其他的论文和研究著作中虽有与海洋灾害救助相关的研究，或是区域灾害史研究、或是兼论提及，并未有把海洋灾害救助作为整体史来综合研究的文章。这样一种研究状况，与旱灾、蝗灾、地震等灾种研究相比，显然逊色许多。因此，可以说这一领域还是有很多工作做的。

海洋灾害史研究的缓慢，最主要的是受其研究资料的限制。在古代中国以中原为中心的农业为主的封建社会，拥有着大量的农业社会历史资料，但对海洋的"记忆"却是零星分散的。在查阅正史、沿海地方志与沿海地区名人的文集后笔者中明晰了不少以前模糊不清的概念，也发现了不少问题：正史中对海洋灾害救助的资料少之又少；地方志的大量撰写，多是在明清以后，明以前的与海洋灾害救助相关的史事记载简略，很难看出全貌；很多海洋灾害救助的相关史料与其他陆地上的灾害救助资料或是重叠或是混淆；地方志撰写过程中的错误也有很多。经过思考后，本文把时间限定在了清代。

清朝是中国历史上最后一个王朝，在它所统治的 200 多年中，就横跨了两大中国历史灾害多发群发集中期——明清群发期、清末群发期①。是中国历史上受自然灾害最频繁、最广泛的时期。在这一时期中，不但内陆自然

---

①　"灾害群发期"（宇宙期）的概念是由自然科学工作者首先提出的。他们在从事自然灾害研究的过程中发现，在中国古代社会发展史上，有那么几个较长的时间段，表现出各种自然灾害十分严重而频繁的现象，这种灾害呈多发、群发而持久的趋势，被称作"灾害群发期"（宇宙期）。1963 年，地质学家王嘉荫教授在《中国地质史料》一书中，对陨石、流陨、雨土、地震等自然灾异，按 1 世纪为时段，进行频次统计。可见，陨石、流陨、雨土、地震等自然灾异在 16、17 世纪均有着明显的峰值。其间呈现出自然灾害十分严重而频繁的现象，如严重低温、大旱、地震、洪水、蝗灾、瘟疫、饥荒等频频出现。后人建议称其为"嘉荫期"或"明清灾害群发期"。1972 年，竺可桢发表《中国近五千年来气候变迁的初步研究》一文，指出，从公元前约 3000 年到公元 1900 年近 5000 年中，我国共存在四个低温期，即公元前 1000 年、400 年、1200 年和 1700 年。在 1400—1900 这 500 年间，"我国最冷的期间是 17 世纪，特别是以 1650—1700 年最冷。例如唐朝以来每年向政府进贡的江西省的橘园和柑园，在 1654 和 1676 年的两次寒潮中，完全毁灭了。在这 50 年期内，太湖、汉江和淮河均结冰四次，洞庭湖也结冰三次。鄱阳湖面积广大，位置靠南，也曾经结了冰。我国的热带地区，在这半个世纪中，雪冰也极为频繁"。"明清宇宙期"被认证后，自然科学工作者从宇宙天体及地球的方方面面去进行综合研究，在研究（转下页）

灾害频发,沿海的海洋灾害,也时常危及着沿海居民的生命。"清顺治十六年(1659)七月,大水,海啸,平地深数尺,行者之舟筏往往覆没死。"①"清康熙四年(1665)七月初三日,大风拔木,海啸入城,人畜庐舍漂溺无算。"②等汗漫海洋灾害记录,充斥在现有的正史以及沿海各府县志之中,海洋灾害对清代的海洋渔业、沿海农业和制盐业、航运业造成巨大破坏。不过,很多海洋灾害虽然是自古就有的自然现象,由于其名称是近现代才确定,所以在古代的史料中很容易被忽略,如赤潮、海冰等灾害。如果不看史料就妄下定论的话,无论是对自然科学还是人文社会科学都会产生负面的影响。

大灾过后,人们痛定思痛,兴利除害。自战国始各代的统治者从巩固江山社稷、维护统治秩序的目的出发,始终把荒政作为一项基本国策,无论荒年丰年,都要细心筹划并实施一系列相应的防灾救灾对策,与其相应的闪烁着人民智慧精华的众多民间救助组织亦纷纷涌现。到了清代,在沿袭了前代的救灾救助政策之外,各种社会保障及民间救助逐渐形成比较完善的制度,尤其是晚清时期,随着西方思潮的冲击和社会形势的变化,以士绅、商人等为主的慈善家应运而生,民间慈善逐渐走向成熟,并成为灾害发生后救助的主要势力。但是,因中国历代都是以农为本,所以这些荒政史的研究,多为水灾、旱灾、地震与蝗灾等内陆自然灾害的应对研究,专以海洋灾害为主要研究对象的社会应对研究,还处于初级阶段,还是很有研究空间的一个领域。

本书以清代海洋灾害和救助为研究对象,考察其灾害发生后政府的应对措施,力图能为我们探索各种海洋灾害的发生与演变规律,以及国家面对突发性自然灾害的应变对策提供借鉴和帮助。

(接上页)过程中,还发现有夏禹灾害群发期(公元前4000年前后)、两汉灾害群发期(公元前200—公元200)、清末自然灾害群发期等。也就是说,在中国历史上存在四个较大的灾害群发期,按时代先后,现在一般称为夏禹宇宙期、两汉宇宙期、明清宇宙期、清末宇宙期。这些发现,极大地推动了中国自然灾害史的研究和发展。

① （清）《(嘉庆)赣榆县志》卷3,《灾异》。
② （清）《(乾隆)盐城县志》卷2,《祥异》。

第二节　学术史回顾

一、概念界定

"清代"时间界定:指从1644年清军入关以后至1911年清王朝覆灭。

清代研究地域界定:泛指清代中国沿海的大部分地区,其中东北地区因受海洋风暴潮灾影响相对较小,且具有典型的突发型特征,故书中未曾涉及。

二、学术史回顾

历史学研究发展到了今天,任何一项研究成果的产生,都离不开前辈先哲在该领域所做过的基础工作。清代海洋灾害与救助的研究领域也毫无例外。因此,我从以下几个方面爱成学术史研究状况。

（一）中国古代海洋灾害史研究现状

1. 海洋灾害史料整理

海洋灾害史的史料同农业灾害史的史料相比,更为零碎分散,它广泛地分布于正史、沿海地方志、各类档案、笔记小说、碑刻、沉船考古等资料中。整理这些史料是一个浩繁漫长的工作。古潮汐史料整研组1975年整理的《中国古代潮汐资料汇编·潮灾》《中国古代潮汐资料汇编·潮汐》《中国古代潮汐资料汇编·潮汐的利用》(中国古代潮汐史料整理研究组编,油印稿),是我国第一部全国性的海潮灾害与潮汐史料,虽总体上较为简略,但却很珍贵;1984年,陆人骥编著的《中国历代灾害性海潮史料》[①]是按照时间顺序,以中国古代潮汐资料整理组所汇编的《中国古代潮汐资料汇编·潮灾》为基础编排的。其文中还对部分史料加以考证、辨误。不过就像此书在前言中提到过的,民国部分资料还是有所欠缺,亦有疏漏。主要以正史、县志为主,没有收入档案、报纸等资料。1992年宋正海主编的《中国古

---

① 陆人骥编:《中国历代灾害性海潮史料》,海洋出版社1984年版。

代重大自然灾害和异常年表总集》①中的"海洋象"是基于陆人骥编著的
《中国历代灾害性海潮史料》简编而成。在此基础上增加了笔记小说中的
材料,但仍不全面。由中国科学院地理科学与资源研究所和中国第一历史
档案馆共同整编的《清代奏折汇编——农业·环境》②一书,虽是以农业环
境资料为主,里面也搜集了清代海洋气象相关的内容、制度等史料,是横向
研究海洋灾害的不可多得的史料。由水利水电科学研究院编的丛书《清代
海河滦河洪涝档案史料》③《清代珠江韩江洪涝档案史料》④《清代淮河流域
洪涝档案史料》⑤等,利用国家第一历史档案馆中保存的宫中档、朱批奏折、
军机处录副档等资料,以年为单位,对各个流域的相关史料进行分类节选整
理,其中也保存了不少濒海地区的台风、风暴潮灾史料。

　　沿海各地也纷纷整理各省辖区内的海洋灾害史料,如 1977 年福建省
天文资料组编的《福建省潮汐资料汇编》⑥,从福建各个府县志中节选出
与海洋潮汐相关资料,包括了福建潮汐时刻表、潮汐谚语、潮汐理论、潮汐
利用与各代福建大型风暴潮灾害的县志记录,令人遗憾的是清代的福建
省资料未包括有台湾地区潮汐史料。火恩杰、刘昌森历时 10 年编写的
《上海地区自然灾害史料汇编(751—1949)》⑦,文中不但详尽搜集到正
史与县志中的资料,还增加了《申报》等报刊材料,并对海洋灾害加以细
分。徐泓编著的《清代台湾自然灾害史料汇编》中,将分析研究资料上溯
到了 17 世纪中叶,整合大陆台湾两地资料,比较完整地记录了台湾自然
灾害史,其中的"清代台湾洪灾与风灾史料"是研究台湾海洋灾害史宝贵
的资料。

---

① 宋正海主编:《中国古代重大自然灾害和异常年表总集》,广东教育出版社 1992
年版。

② 《清代奏折汇编——农业·环境》,商务印书馆 2005 年版。

③ 《清代海河滦河洪涝档案史料》,中华书局 1981 年版。

④ 《清代珠江韩江洪涝档案史料》,中华书局 1988 年版。

⑤ 《清代淮河流域洪涝档案史料》,中华书局 1988 年版。

⑥ 福建省天文资料组编:《福建省潮汐资料汇编》,油印稿,1977 年。

⑦ 火恩杰、刘昌森编:《上海地区自然灾害史料汇编(751—1949)》,地震出版社
2002 年版。

2.海洋灾害史研究现状

目前,中国海洋灾害史研究正开始引起学术界的重视,自然科学界的学者已经在这方面走在前面,并做出了很好的贡献。

中国古代最严重的海洋灾害就是风暴潮和海啸。因此也是自然科学界的学者们相对重视的领域。风暴潮是指由强烈大气扰动如台风、热带气旋、温带气旋等引起的海面异常升高现象。它是造成我国沿海潮灾的常见原因。有关风暴潮研究,早期的成果侧重于规律性的探讨及概况描述两方面。如:高建国《中国潮灾近五百年来活动图像的研究》①通过对潮灾史料的分析,总结了我国近五百年风暴潮发生的总体规律。陆人骥、宋正海《中国古代的海啸灾害》②对中国古代的海啸灾害作了概括性的介绍,文中的海啸主要是指风暴海啸,即今天学界通用的风暴潮灾,总结了风暴潮危害性的七个方面:溺人、毁房、决海塘、沉舟船、卤死庄稼、没盐业、次生灾害;同时论述了古代人们对风暴潮海啸成灾及预报的认知。高建国《历史灾害资料在当前减灾工作中大有作为:以1862年珠江三角洲的风暴潮为例》③通过历史文献资料的分析及理论测算指出1862年7月27日珠江三角洲特大风暴潮,潮位可能高达1.6—8.5米,远远超过应用15年观测资料外推的1000年一遇的2.86—5.11米潮位,证明历史灾害资料在当前减灾工作中可发挥重大作用。

此外,赤潮、海雾、海冰等海洋灾害,是在中国尤其是近现代中国沿海地区频繁发生的海洋自然灾害,很多时候也是造成海难与渔场养殖业受损的重要原因。在由我国著名海洋学家、中国科学院资深院士曾呈奎教授任主编,数位海洋界的两院院士任副主编,徐鸿儒、王春林任执行主编完成的《中国海洋志》一书,是我国编辑出版的第一部全国性海洋志书。《中国海洋志》(大象出版社2003年版)、华泽爱《赤潮灾害》(海洋出版社1994年9月年版)、许小峰,顾建峰、李永平主编的《海洋气象灾害》(气象出版社

---

① 高建国:《中国潮灾近五百年来活动图像的研究》,《海洋通报》1984年2期。

② 杨国桢:《瀛海方程》,海洋出版社2008年版。

③ 高建国:《历史灾害资料在当前减灾工作中大有作为:以1862年珠江三角洲的风暴潮为例》,《灾害学》1992年第7卷第2期。

2009 年版),赵领娣、王小华等编著的《海洋灾害及海洋收入的经济学研究》
(经济科学出版社 2007 年版)等自然科学综合书籍中都有详细或专门介
绍,但用历史学的角度来研究考证的文章,几乎没有。

因自然科学存在着对史料的研读准确性较弱,缺乏人文思考等薄弱之
处。所以从人文社会的角度来研究海洋灾害史,有其重要的意义。

在杨国桢先生倡导的海洋社会经济史研究中,海洋灾害的研究是重要
的研究方向之一。杨先生主张从海洋史学的视角与方法去考察中国海洋灾
害的事项,即从多维的角度去审视海洋灾害与中国海洋社会经济的互动关
系。在其《闽在海中》中,从各式文献中收集了清代 80 余条闽商在黄渤海
地区的漂风难船案例,从侧面展现了清代福建海商在北洋地区的商贸概况,
有助于重新认识清代福建海羊社会经济活动圈的全貌和中国南北海洋经济
交流的运作。杨国桢《东溟水土》①"东海台风巨浪与帆船海难"一节,综
合利用各类史料及海内外的研究成果,详细考察了历史时期东海海域发
生的帆船海难及其对海洋社会经济的影响,并指出因为海难的时常发生
而使得海洋渔业经济、海洋航海贸易经济的风险和机会成本具有不确定
性,这一方面造就了海上社会群体的悲情意识,另一方面也造就了他们冒
险进取的海洋精神。在"海岸带农业"一章,将海洋灾害作为海洋环境的
重要因子,讨论了海洋灾害对海岸带农业的影响,指出海岸带农业在开发
过程中,为了因应海洋灾害而沾染着海洋性的特色。而于运全的《海洋天
灾》②以海洋史学的研究架构,综合运用自然科学及其他人文社会科学的
研究方法,对中国历史时期的海洋灾害进行整体研究,探寻海洋史学下中
国海洋灾害史的研究路径,观察和论述中国了海洋灾害的历史概况、自然
与社会属性以及海洋灾害与沿海社会经济的关系。此外吴春明的《环中
国海沉船》③收集了环中国海海域大量沉船的实例,通过对海洋沉船的海

---

① 杨国桢:《东溟水土——东南中国的海洋环境与经济开发》,江西高校出版社
2003 年版。

② 于运全:《海洋天灾——中国历史时期的海洋灾害与沿海社会经济》,江西高校
出版社 2005 年版。

③ 吴春明《环中国海沉船——古代帆船船技与船货》,江西高校出版社 2003 年版。

洋社会经济分析,揭示了沉船背后的中国海帆船技术、航路网络及船货经济等海洋社会经济内涵。

（二）中国古代海洋灾害救助史回顾

1. 海难救助研究

中国古代海难救助研究,是研究最早,成果也最多的部分。日本和台湾学者在明清海难研究方面已取得很大进展,他们主要多以中外朝贡贸易为中心,以中琉、中朝、中越等关系为视角。如:吴幅员的《清代台湾所遇琉球遭风难民事件》①、徐玉虎的《清乾隆朝琉球难夷风漂至台湾案件之》②、《历代宝案所见清宣宗朝琉球对中朝海难事件之处理》③,汤熙勇的《清代台湾的外籍船难与救助》④、刘序枫的《试论清朝对日本海难难民的救助与遣返制度之形成》⑤、岛尻克美的《近世中国船只漂至琉球的处理规定》⑥、黑木国泰的《从漂流船史料看17、18世纪环中国海地区组织体系和锁国体系》⑦以及田名真之的《琉球船的漂流、漂着——以乾隆期的事件为例》⑧等。其中日本学者松浦章是日本学界海难史研究之集大成者。他收集整理了大量的罕见海难史料,并著有《乾隆十四年中国商船漂流琉球小考》⑨《清代中国对日本漂泊民的厚遇——以越前宝力丸漂靠川沙厅为例》⑩等论文,对中日、中朝之间贸易船只的漂着与遣返进行分析研究。

---

① 吴幅员:《清代台湾所遇琉球遭风难民事件》,《东方杂志》复刊第13卷,第9、10期,1980年3—4月。

② 徐玉虎:《清乾隆朝琉球难夷风漂至台湾案件之研究》,《政大历史学报》1990年第8期。

③ 《中琉历史关系国际学术会议论文集》第二辑,台北:中琉文化经济协会,1989年。

④ 汤熙勇《清代台湾的外籍船难与救助》,《中国海洋发展史文集》第七辑,1999年。

⑤ 刘序枫《试论清朝对日本海难难民的救助与遣返制度之形成》,载浙江大学日本书化研究所编:《中日关系史论考》,中华书局2001年版。

⑥ 《中琉历史关系国际学术会议论文集》第二辑,台北中琉文化经济协会,1989年。

⑦ 《中琉历史关系国际学术会议论文集》第七辑,台北中琉文化经济协会,1999年。

⑧ 《中琉历史关系国际学术会议论文集》第八辑,台北中琉文化经济协会,2001年。

⑨ 《中琉历史关系国际学术会议论文集》第五辑,台北中琉文化经济协会,1996年。

⑩ [日]松浦章、赵哲译:《清代中国对日本漂泊民的厚遇——以越前宝力丸漂靠川沙厅为例》,《日本研究》1986年2期。

2. 海洋灾害与社会应对

海洋灾害与社会应对这一方向,最早是地域性的研究。在 1960 年,曹永和先生在《清代台湾之水灾与风灾》中详尽罗列了有清一代台湾地区的风灾及水灾情况,并分为灾害成因、灾害损失、灾害之影响、救灾政策与善后重建四大部分,详细论述了清代台湾的风灾与水灾概况,分析了灾害成因的自然及社会因素、灾害对台湾社会影响,讨论了官府及民间对灾害救助和应对。冯贤亮的《清代江南沿海的潮灾与乡村社会》①将潮灾与沿海乡村生态环境及民众生活结合起来加以研究;广西师范大学孙宝兵的《明清时期江苏沿海地区的风暴潮灾与社会反应》、中国海洋大学罗鹏的《明清时期山东沿海地区的风暴潮灾害与社会应对》都是区域性的研究明清时期的海洋风暴潮灾与社会应对,但是此文章偏重于海洋风暴潮灾的危害研究,清代官方与地方民间对灾害的救助活动,研究较为简略。

中国古代海洋灾害与救灾整体性的研究有:2007 年中国社会科学出版社出版的郝志清主编的《中国古代灾害史研究》中载有的梁俊艳《顺治道光年间的潮灾与清朝政府对策》一文,文中引用大量地方县志作为史料,对清顺治到道光年间的几次大型风暴潮灾的发生状况、灾害特点以及清朝官方救灾措施进行了研究论述;王星光、吴芷菁《略论中国古代的海溢灾害》一文（中国经济史论坛 http://economy.guoxue.com/artic1e.php/16451/6, 2008)与吴芷菁的硕士学位论文《中国古代海溢灾害的初步分类研究》中对海溢灾害进行分类,并且对中国古代海溢给人们带来的影响做了简单的分析讨论,但是没有讨论到灾害应对救济的方面。

此外,综合性的灾害研究中,含有对海洋灾害研究的著作有 1997 年北京地震出版社出版、高学文主编《中国自然灾害史（总论)》,1999 年中国社会出版社出版的孟昭华《中国灾荒史》等是中国古代自然灾害与救助的综合研究史,其中专列有海洋风暴潮灾害的专项研究介绍,虽然同其他灾害相比只是一小部分,但,我们可以从中看到海洋灾害正逐渐受到史学界的重视。

---

① 　冯贤亮:《清代江南沿海的潮灾与乡村社会》,《史林》2005 年第 1 期。

（三）沿海水利防灾的研究

海塘水利工程，与运河、长城并称为中国古代三大公共工程，也是古代沿海人们防御潮灾的主要手段之一。关于沿海水利治灾工程的论述，早在20世纪30年代，郑肇经在其水利史著作《中国水利史》①中就以一章的篇幅介绍了海塘的历史，是概述性的涉及。1990年出版的张文彩的《中国海塘工程简史》②，结合大量史料按时间顺序论述了不同历史时期的大型海塘工程活动，总结了我国近千年的筑堤防潮的实践经验，对海塘工程的发展演变也做了详细介绍，考证了各地古海塘的地理分布。2000年由中国河口海岸研究专家陈吉余《海塘——中国海岸线变迁和海塘工程》③一书对海塘建设的重点分布地区经行田业调查，全面搜集历史资料，对中国海塘工程史进行详细考察与研究，是建筑界的一部详尽全面的著作。

其他在区域海塘水利研究较突出的著作有：1955年朱偰《江浙海塘建筑史》④，按照时间顺序对江、浙海塘的建筑缘起和沿革进行概要性的叙述，重点介绍浙江海塘的建筑经过，并结合自己的实际调查对江浙海塘进行全面考察，为我们了解江浙海塘建筑史的概况提供帮助。1989年祝鹏在《上海市沿革地理》⑤中运用大量地方志史料对上海市历代海塘的建设情况，进行了部分研究与考辨。2008年王大学在博士学位论文的基础上所写的《明清"江南海塘"的建设与环境》⑥一书，将明清"江南海塘"放在具体的历史时空中加以考察，从海塘兴工到工程用料来源，从社会到环境，从帝王旨意到民间运作，全方位展现了与海塘建设紧密相关的复杂过程。作者抓住海塘兴建与善后维修中的取土、采石、运石、雇募工匠等各个环节，将环境、社会等因素融入对人与环境互动关系的深入探讨，为海塘史的研究拓展了新领域。此外，区域海塘研究的论文如［日］森田明《江·浙における海塘の

---

① 郑肇经：《中国水利史》，商务印书馆1939年版。
② 张文彩：《中国海塘工程简史》，科学出版社1990年版。
③ 陈吉余：《海塘——中国海岸线变迁和海塘工程》，人民出版社2000年版。
④ 朱偰：《江浙海塘建筑史》，上海学习生活出版社1955年版。
⑤ 祝鹏：《上海市沿革地理》，学林出版社1989年版。
⑥ 王大学：《明清"江南海塘"的建设与环境》，上海人民出版社2008年版。

水利组织》①；上海市水利局水利志编辑室、浙江省钱塘江工程管理局钱塘
江志编委会、江苏省苏州市水利史志编纂委员会《江南海塘论文集》②等，多
侧重于管理制度和特定地方的塘工过程。

（四）中国古代民间信仰、禁忌与海洋灾害的研究

海神信仰和职业禁忌民俗等都是可以从心理学的角度，给予灾民心理
暗示，对海洋灾害的恐惧心理进行治疗与重建。海洋灾害与信仰的关系研
究主要集中在妈祖、龙王等信仰研究上。在这个问题中，涉及了宗教学、社
会学、心理学与历史学的综合研究。其中王荣国《海洋神灵：中国海神信仰
与社会经济》③从海洋神灵信仰的视角，审视了海洋神灵对海洋社会、文化
史的影响。另如金秋鹏的论文《天妃与古代航海》④；张桂林、罗庆四《福建
商人与妈祖信仰》⑤、徐恭生、翁国珍《海上贸易与妈祖信仰的传播》⑥等。
这些著作论文，从多角度审视了海洋神灵在人们的生产生活中的影响，其中
也有涉及古代沿海人们对海洋灾害的心理建设问题。

与海洋相关的职业中，因其独有的危险性，使其具有了明显的海洋特
色。禁忌领域中，译著和专著频频出版。如弗洛伊德《图腾与禁忌》⑦（中
国民间文艺出版社 1988 年版）、赵建伟《人世的"禁区"——中国古代禁忌
风俗》⑧（陕西人民出版社 1988 年版）、任骋《中国民间禁忌》⑨（作家出版
社 1990 年版）、吴宝良与马飞《中国民间禁忌与传说》⑩（学苑出版社 1990

① ［日］森田明：《江·浙における海塘の水利组织》，《清代水利史研究》第 8 章，
亚纪书房 1974 年版。
② 《江南海塘论文集》，河海大学出版社 1988 年版。
③ 王荣国：《海洋神灵：中国海神信仰与社会经济》，江西高校出版社 2003 年版。
④ 肖一平等编：《妈祖研究资料汇编》，福建人民出版社 1987 年版。
⑤ 张桂林、罗庆四：《福建商人与妈祖信仰》，《福建师范大学学报（哲学社会科学
版）》1992 年第 3 期。
⑥ 林文豪主编：《海内外学人论妈祖》，中国社会科学出版社 1992 年版。
⑦ 弗洛伊德：《图腾与禁忌》，中国民间文艺出版社 1988 年版。
⑧ 赵建伟：《人世的"禁区"——中国古代禁忌风俗》，陕西人民出版社 1988 年版。
⑨ 任骋：《中国民间禁忌》，作家出版社 1990 年版。
⑩ 吴宝良、马飞：《中国民间禁忌与传说》，学苑出版社 1990 年版。

年版）、金泽《宗教禁忌研究》①（社会科学文献出版社 1996 年版）、万建中《禁忌与中国文化》②等都是偏重于综合性的民间风俗与职业禁忌研究，其中也含有涉及沿海职业禁忌的部分。

第三节　资料说明

研究历史的基础工作就是尽可能多地全方位去收集与课题相关的史料，这也是历史研究的主要工作与意义。但是海洋灾害救助与海洋史、海洋灾害史研究情况类似，正如杨国桢先生在其《瀛海方程》中所言："中国海洋历史记忆只剩下一些碎片，无意记忆有海港和海洋聚落遗迹、海底沉船等，有意记忆有航海记录、账册、契约、书信等海洋商业文书、海洋故事传说和宗教信仰等等，还包括沿海知识分子的间接记录——文集、笔记、日记、碑刻、地方志等中的海洋纪事，官方的海洋档案，散落在中国人从事海洋活动的各个海洋区域，包括国内和海外。此外，借助恢复记忆的，还有外国人的记载和外文档案。把这些史料碎片凑合起来，才有望恢复历史的场景（完全重现是不可能的）。"③

本书的资料收集和运用主要集中在以下三个方面。

一、正史

《清实录》《清史稿》《东华续录》等中关于对海洋灾害与救助的正史资料，因正史中所记录的相关事件发生的时间、地点等资料在撰述过程中，有可能脱漏、错讹，且受编撰者主客观各方面原因的影响、制约，对于灾害的空间分布、灾情记述等方面，难免有照顾不及的地方。而这模糊地地方却正是本书需要找寻、明确的地方，也是区域性灾害史研究的亮点。不过因为正史

---

① 金泽：《宗教禁忌研究》，社会科学文献出版社 1996 年版。
② 万建中：《禁忌与中国文化》，人民出版社 2001 年版。
③ 杨国桢：《瀛海方程》，海洋出版社 2008 年版。

是属于撰性的记录,涉及面广,不仅仅只有沿海地区,所以其资料的应用就有很大的局限性。

二、档案政书

《文献通考》《续文献通考》《古今图书集成》《大清会典》《大清会典例则》中的救灾记录以及赈恤案例,都是属于全国通用性的,对具体的海洋灾害救助措施的研究仅有借鉴作用,是主要材料之一。而救荒政书则是专项用来指导人们临灾救荒的对策建议书,里面详细备灾、救灾、灾后重建等事宜,但是除《赈案示稿》外,多为对旱灾、水灾和蝗灾的救灾措施,本书仅能借鉴其全国通用性的救灾措施作为参照。

三、志书与清人笔记

志书中,包括了盐法志、海塘志、天后志等与海洋灾害救助相关的专门志书与沿海地方志。专门志书中有行业相关的海洋灾害记载,是研究沿海行业性救灾情况的主要参考资料。与沿海地方志一起构成本书主干性史料。在清代沿海的府、州、县,相关地方志达数百本,为我们研究沿海地区清代该地区自然、社会经济生活等留下丰富的史料。且具有"地近则易核,时近则易真""以一方之人修一乡之书,其见闻较确,而论语亦较详也"(章学诚语)。所以沿海地方志的使用对于本书的研究有着无法取代的意义。第一,在沿海地方志的篇目中都有《灾异》《灾祥》《灾祲》《祥异》《杂记》等专门记载当地历史时期发生的灾害和灾异现象,很多都有灾情记录,成为我们判断海洋灾害规模、灾度的依据。第二,沿海地方志的《艺文志》中留存有大量当地文人或官员、流寓其地的文人商贾,在海洋灾害时或海洋灾害过后所作的诗词、碑记、散文。这些纪实性的文学作品,虽不排除有艺术性的修饰与夸大行为的存在,但的确是详尽了解该地灾害及灾后救助情况的最好资料,这是正史中恰恰缺少的。第三,在沿海地方志中,都有《潮汐》一篇,专门记录古代对潮汐的认识,详细记录涨潮退潮发生的时间段。《岁时》、《风俗》篇中还有较为详细的月令、气候、岁占记载,是研究自然致灾因子及当地人对灾害认识水平的重要资料。第四,在沿海地方志中还有《水利》

《海防》《海塘》等对于当地海塘、海堤、坝等水利设施的变迁、维修、捐修的记载与治水论述，是研究该地区防灾减灾工程及实效的不可多得的资料。第五，《官署》一门类中有专门对该地区的慈善公共事业，如善堂、义冢等的描述，并且对其日常生活开销、人员配置都有详细介绍，是我们现在研究善堂史的主要资料来源之一。另外还有《义行》《孝友》《孝悌》《列女传》中存在着大量救灾人物事迹的记录，经过甄选之后就是我们具体事例史料的来源。清人笔记尤其是江浙地区文人的笔记中保存有一些同时代的逸闻与日记，偶有对海洋灾害以及灾后救助的描述，这也是本书不可多得的民间社会对赈灾效果的真实反映资料。

第四节　研究思路与方法

本书以致灾、成灾和人们对海洋灾害的积极与消极的应对作为整篇文章的主轴线，分七章来论述，具体如下。

第一章，概括介绍清代中国沿海地区的疆域、自然环境与人文环境的发展情况。列举清代主要几次大型的风暴潮灾，试对其形成特点加以分析。以行业为主，对其与海洋产生的关系分别进行记述。地理环境和气候环境，是海洋灾害发生的客观条件。随着清代沿海人口的增加，环境压力也不断增加，人为间接造成了海洋灾害受灾范围的扩大。

第二、三章，从清代沿海地区的人们对潮汐的认识，开始积极进行灾前预防，设立具有地方特色的仓储备荒制度、建立海堤和鱼鳞石塘。因沿海地区的盐场多在海堤之外，所以为了确保灾害来临时灶民的安全，各地沿海盐场普遍建立避潮墩以避潮水。这些措施既有官方主持建造，又有官民合办以及民间自发设立的形式。

第四至六章，从三个方面进行分析论述潮灾来时的社会应对。首先是官方的救灾应对措施。大型风暴潮灾发生后，沿海地区的荒政措施，类似于其他旱灾之类的报灾勘灾程序。但是，因为潮灾的突发性，需要比其他自然灾害更迅速的临时救灾措施。在清代《荒政辑要》《荒政丛书》《钦定康济录》等荒政书中,都写明了水灾救护的特殊性,强调地方官员要制定迅速、有效的临时应急预案。清雍正二年(1724),江浙沿海发生大型台风风暴潮灾,潮水甚至倒灌到内江流域。灾情发生后,不同地区的地方官员出于怕担责任等原因,报灾速度快慢不一,大大影响了朝廷对灾情的认识以及发放赈灾款项的速度。又雍正十年(1732)与乾隆十二年(1747)长江下游三角洲地区发生大型飓风灾害后,地方官员赈灾详细事宜为例,研究清代地方官员对海洋风暴潮灾来临后的赈灾应急措施。因资料所限,具体赈灾效果无法了解,但我们可以从中看出清代地方官员对与海洋潮灾的应对已经有一套完整的应对体系。其次是民间对风暴潮灾来临后的自救。有余力的乡绅富贾是这些自助救灾的主力,他们在灾难来临时,动用自己的家资,抢救落水民人,灾后施棺、施药、施粥。此外,还捐资建立了慈善堂等固定的慈善场所,为灾后贫苦无依的灾民的生计问题提供一定帮助。可以说,民间自救是官方救灾的补充。但是到了清末,随着国库的空虚,大量的赈灾款项多由民间捐赈,官方救灾成为民间救灾的补充。最后,风暴潮灾不仅仅给沿岸居民带来了巨大的损失,对在海上作业的海上贸易和渔业人员的生命也带来的无限的威胁。清代对于国外船只的海难救助已经有了详细的处理方法,但是中国民间船只的救助,多是地方定例,采取地方士绅牵头民间组织或官方奖励的办法来救助,并未有详细的救护措施,从而使得沿海抢劫遇难船只的现象成为常例,地方官员不得不公示禁止。

第六章,海洋神灵信仰与精神慰藉。灾难来临时是很可怕的,可是灾难过后带给人们的心理伤害更大,更可怕。很多在灾难中幸存下来的灾民因为灾后心理受到创伤,会再次走向自我灭亡。在沿海地区的人们与内陆相比,更具有不安定性,面对深不可测的大海,随时都有生命危险。所以沿海地区的海洋神灵信仰多种多样,多神崇拜在这里表现得淋漓尽致。不仅仅是沿海地区的民间海神信仰十分兴盛,清代官方对此也十分热衷,各代皇帝都或曾谕旨沿海建海神庙,或赐封海神封号,以求得海洋神灵庇佑,沿海社会得以减少灾害,保证国家对该地区税收的顺利收取。此外,沿海各地都有不同的民俗禁忌以及各行业自己的行业禁忌,这些禁忌恰恰也反映了人们对避免危险的心理暗示。

第七章,简要梳理文章的大致内容并试对沿海居民在抗击海洋灾害中取得的成果、经验以及对现实的借鉴意义加以阐述。

书稿在广泛搜集资料并掌握一定基本历史线索的基础上,对搜集到的资料进行爬梳整理,从整体、个案不同的角度去研究。这就需要有一定的分析工具和方法。所以,本书在传统史学的分析、综合、演绎和归纳法之上,以马克思主义的历史唯物主义史观作为基本理论与方法。以海洋为本位,从宏观的角度,对学界关注较少的清代海洋灾害与社会应对问题展开研究。在历史学的理论与方法为基础的同时,也借鉴人类学、自然科学、心理学等学科的基本理论与方法,进行跨学科研究的尝试。文章在利用杨国桢教授的“两湾”、“两角”、“两岸”的海洋区域界定基础上,加入自己的理解,以新的区域划分方法来进行对海洋灾害史的研究。另外,注重对古代海洋灾害中不常见海洋灾害——赤潮的记录研究,找出自然科学界对历史资料的错误解读,并试分析明清时期海洋赤潮产生的原因。新的海洋史观、新的海洋沿海区域划分以及对古代赤潮记录的研究,也是本书的创新之处。

第一章　沿海地区自然人文环境

中国既是大陆国家同时也是海洋国家。海洋是中华民族生存与发展的重要领域。富饶的海洋、曲折漫长的海岸线与星罗棋布的大小岛屿,共同组成中华民族海洋生存发展的空间。中国的沿海先民们在这里勇敢地抵御着海洋天灾同时也创造了繁荣的海洋文明史。

第一节　清代沿海疆域的确立

明崇祯十七年(1644),清摄政王多尔衮率八旗军与明总兵吴三桂合兵,在山海关内外击败李自成大顺军,进入中原,确立了对中国长达268年的统治,这一年也是清顺治元年。明朝宗室后裔,以东南沿海为根据地,展开了反清复明的斗争。郑成功于顺治十八年(1661),成功将盘踞在台湾的荷兰侵略者驱逐出去以后,台湾就成为南明反清的根据地。直到清康熙二十二年(1683),康熙帝派施琅收复台湾,郑克塽降清,中国海疆正式统一。

一、对海疆的基本统一

清太祖努尔哈赤在万历三十七年(1609)至万历四十三年(1615)攻打北方的乌拉部落的时候,为切断其东方割据部落和依附于其的部落联系,逐个击破乌拉部的联盟,在黑龙江下游和乌苏里江流域发动了一系列的战争,先后征服了瑚叶路(乌苏里江上源胡叶河)、那木都鲁、绥芬、宁古塔、尼马察、雅兰路（今海参崴东苏昌河）、乌尔古辰（库尔布新河）、木伦（穆棱河）以及札库塔城（乌苏里江毕新河口）、今俄罗斯纳赫塔河附近的东额赫库伦城，黑龙江下游的使犬部，东北滨海地区的使鹿部皆归入版图。明崇祯九年（1636），努尔哈赤之子皇太极在沈阳改国号为清，年号崇德。遣明使向明朝廷宣布："从东北海滨，迄西北海滨，其间使犬、使鹿之邦，及产黑狐、黑貂之地，不事耕种，渔猎为生之俗，厄鲁特部以至鄂诺河源在，在臣服蒙古元裔，及朝鲜国悉入版图。于是举朝诸王大臣，及外藩诸王等合词劝进，乃昭告天地，受号称尊，国号'大清'，改元崇德。"①从这一年正式开始了灭明的战争。至此，东北海（鄂霍次克海）与西北海（贝加尔湖）都已纳入清国统治范围。

在努尔哈赤攻取东北滨海地区的同时，于天命六年（1621）攻打辽沈，占领了金、复、海、盖四州及其附近岛屿。因明朝对海上防务并不重视，所以天聪七年（1633）和崇德二年（1637）清军先后夺取了旅顺与皮岛，控制了整个辽东半岛地区。

顺治元年（1644）十二月，清军进入山海关，并南下攻打新建立的南明政权。顺治二年（1645）清军一路南下，渡过长江，攻破南京、江阴、无锡、苏州、松江、太仓等江南沿海重镇，俘虏南明皇帝朱由崧。次年加紧对福建、广州等沿海地区的进攻，但因福建、广东是南明政权的主要根据地，所以，在这些地区遇到的反抗也是很激烈的，再加上清军在扬州、江阴地区的屠城与"剃发令"，使得这些地区很难攻下。直到顺治五年（1548）清军为了加快统一步伐，采取"以汉人治汉人"的政策，派明降将洪承畴、孔有德、耿仲明、尚可喜进入广东、广西，历经20多年，于康熙元年（1662），除台湾仍为郑成功占据外，中国沿海基本上已经统一。

二、收复台湾

自明天启四年（1624），荷兰人来到台湾，并逐步打败占据台北的西班牙人后，独占台湾岛。顺治十七年（1660），郑成功与清军在厦门、金门大

---

① （清）王先谦：《东华录》，《崇德七》，清光绪十年长沙王氏刻本。

战,虽胜利,但是为长久打算,决定攻下台湾岛作为抗清根据地。于是,在郑成功的不断努力下,于顺治十八年(1661)成功驱赶了荷兰殖民者,收复台湾。不久,郑成功因病去世,郑氏集团发生内讧。康熙二年(1663),清军派兵攻打台湾岛,但因清军不习水战,仅占领了沿海的厦门与金门岛。后因三藩叛乱,被郑成功之子郑经夺去福建的泉州、漳州、兴化(今福建莆田)、邵武、汀州和广东的潮州、惠州等七府之地。康熙十九年(1680),康熙帝铲除权奸鳌拜与平定三藩之乱,国内社会渐趋稳定,且为了收回台湾,康熙帝加紧训练了一支福建水师。次年,郑经已死,台湾郑氏集团内乱,康熙帝认为时机已到,任用水师老将施琅为福建水师提督,攻打台湾。康熙二十二年(1683)闰六月,郑克塽投降,台湾郑氏归入清朝版图,海疆正式统一。至此,清代海疆北起鄂霍次克海的库页岛,南至南海的绵长海岸线上,依次分布着吉林、奉天、直隶、山东、江苏、浙江、福建、广东等八个省区(直隶州),还有崇明岛、台湾、海南等沿海岛屿,直到鸦片战争发生。

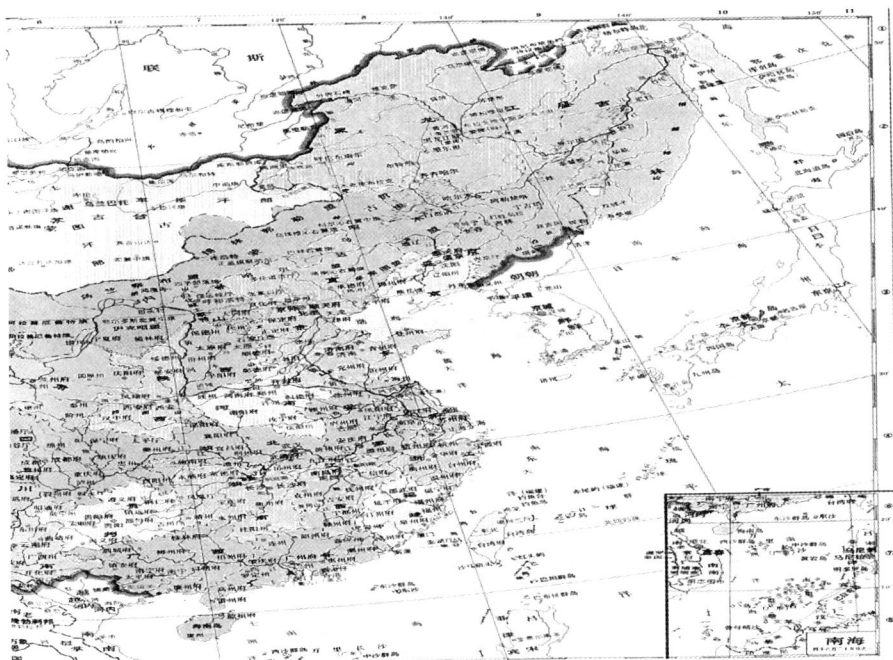

图1-1　清前期沿海疆域图

表 1-1　第一次鸦片战争以前的清朝沿海各府县区划

省　级		府　级			县　级			岛屿
总督辖区	行　省	府	直隶厅	直隶州	散　厅	散　州	县	
直隶总督	直隶省	永平府 天津府		遵化州		滦州沧州	临榆县 抚宁县 昌黎县 乐亭县 宁河县 静海县 盐山县 丰润县	
	山东省	武定府 青州府 莱州府 登州府 沂州府	滨州 胶州		宁海		海丰县 沾化县 利津县 乐安县 寿光县 潍　县 昌邑县 掖　县 招远县 黄　县 蓬莱县 福山县 荣成县 文登县 海阳县 即墨县 诸城县 日照县	长岛
两江总督	江苏省	淮安府 松江府 常州府 镇江府 江宁府 扬州府	海　门	海　州 通　州 太仓州	川沙厅		赣榆县 盐城县 东台县 通州县 如皋县 镇洋县 嘉定县 宝山县 崇明县 华亭县 娄　县 金山县 上海县 南汇县 奉贤县 金山县 华亭县	崇明岛

省　级	府　级		县　级		岛屿
闽浙总督	浙江省	嘉兴府 杭州府 绍兴府 宁波府 台州府 温州府	定海	玉环厅	平湖县 海盐县 海宁县 仁和县 石门县 钱塘县 萧山县 会稽县 萧山县 上虞县 余姚县 慈溪县 镇海县 象山县 宁海县 奉化县 天台县 临海县 黄岩县 太平县 瑞安县 乐清县 平阳县	舟　山 群　岛 玉环岛
	福建省	福宁府 福州府 兴化府 泉州府 漳州府		马巷厅 厦门厅 云霄厅	福鼎县 霞浦县 宁德县 罗源县 连江县 闽　县 长乐县 福清县 莆田县 仙游县 惠安县 南安县 晋江县 同安县 海澄县 漳浦县 龙溪县 诏安县 合浦县	台湾岛 金门岛

续表

省　级	府　级					县　级		岛屿
两广总督	广东省	潮州府 惠州府 广州府 肇庆府 高州府 雷州府 廉州府 琼州府				儋州 崖州 万州	澄海县 揭阳县 潮阳县 惠来县 陆丰县 海丰县 归善县 新安县 东莞县 顺德县 香山县 新会县 新宁县 恩平县 阳江县 电白县 吴川县 石城县 遂溪县 海康县 徐闻县 钦州县 琼山县 澄迈县 定安县 文昌县 会同县 乐会县 临高县	
宁古塔将军		吉林						库页岛 格布特岛
盛京将军	奉天省	奉天府 锦州府				宁远	锦县	

* 据谭其骧主编：《中国历史地图集》第八册（清），中国地图出版社 1987 年版；牛平汉主编：《清代政区沿革综表》，中国地图出版社 1990 年版。

清初,置宁古塔昂帮章京于今天的吉林省和《中俄尼布楚条约》划定的区域:"自黑龙江支流格尔必齐河,沿外兴安岭以至于海,凡岭南诸川注入黑龙江者,属中国。"①后改设吉林将军驻吉林城。分为吉林、宁古塔、白都讷、阿勒楚喀、三姓五副都统辖区,嘉庆五年(1800)又设长春厅。该区以副都统作辖区,在光绪年间才陆续设立府县。

三、晚清海疆危机

19 世纪,世界形势开始发生变化,西方国家在相继完成了资产阶级工业革命后,为谋求更大的利益,开始世界性的殖民扩张。而此时的清朝,却仍秉持着"闭关自守"的政策,做着天朝大国的美梦。西方国家殖民扩张的触手伸到中国时,首当其冲就是中国沿海地区。

在第一次鸦片战争之前,清朝的沿海领土没有什么大的变化。但是自道光二十二年(1842)与英国签订《南京条约》,割香港岛给英国后,清王朝的软弱无能,使得中国沿海各地不断被外国侵略者蚕食。道光二十九年(1849),葡萄牙人公然抢占澳门;俄国于道光二十九年(1849)侵略黑龙江与库页岛地区,至道光三十年(1850),俄国已经侵占了兴衮河和黑龙江下游两岸及江口以外的整个中国领海,并侵占了库页岛。

在第二次鸦片战争后,帝国主义列强又展开了新一轮的瓜分。东北地区是俄国的觊觎地,咸丰八年(1858)《中俄瑷珲条约》被迫签订,条约中俄国割占了黑龙江以北、外兴安岭以南 60 多万平方公里的中国领土,并将乌苏里江以东至海,包括海参崴在内的大片地区划为中俄共管区。咸丰十年(1860)6 月,英法联军进犯北京,俄公使伊格纳切夫以"调停"为名,签订了《中俄北京条约》,规定了将双方共管区约 40 万平方公里的土地割让给俄国。同年 7 月,沙俄又悍然出兵,占领了海参崴。经过这些中俄不平等条约后,清朝东北地区的领土损失了 100 多万平方公里,北起格布特岛,南至海参崴的广大海疆也随之丧失。此外,一大批沿海港湾被

---

① (民国)黄鸿寿:《清史纪事本末》卷 16,《欧人通商布教及和议之开始》附尼布楚条约,民国三年(1913)石印本,上海大学出版社 2006 年版。

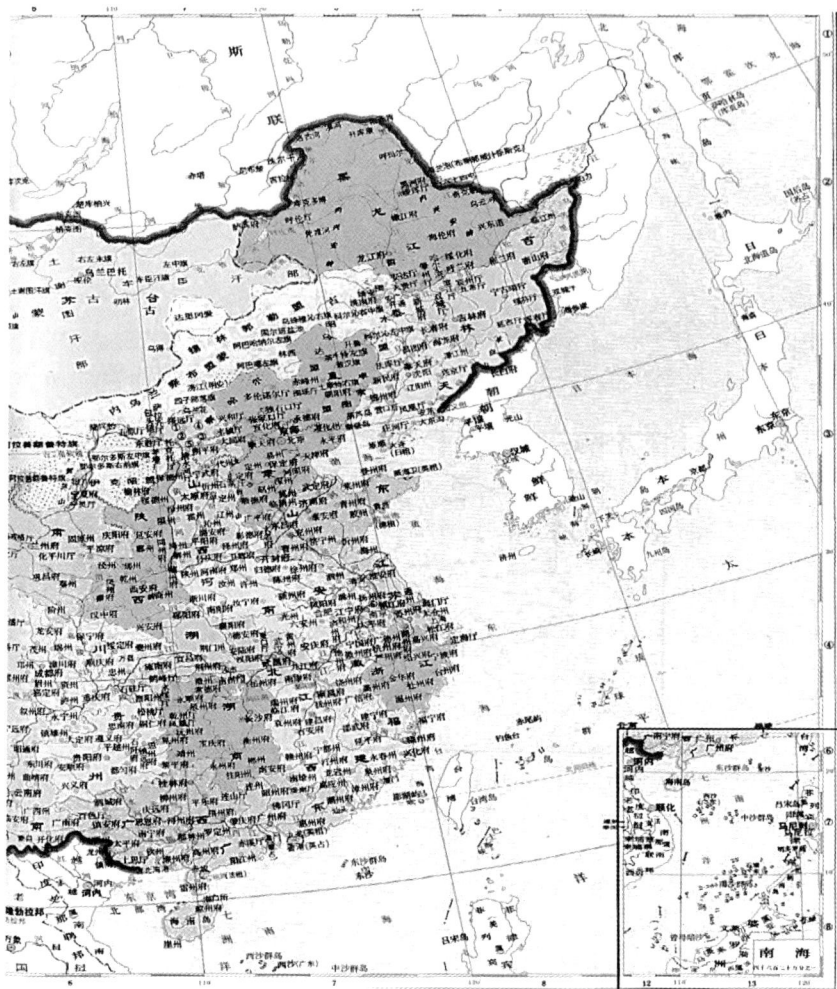

图1-2　晚清海疆图

强行出借，如：英国继之前的《中英南京条约》后，又与清朝签订《天津条约》续约——《北京条约》。条约中除承认之前的《天津条约》外，又"将粤东九龙司一区，交与英国立批永租"[①]；光绪二十年（1894）中日甲午战争中国战败，次年的《中日马关条约》中，割让台湾岛给日本；光绪二十四年（1898）俄国强租包括亚当湾、貔子窝湾以南陆地及附近海面岛屿，租期

---

① （清）刘锦藻：《清续文献通考》卷345，《外交考九》，民国景十通本，浙江古籍出版社出版2000年版。

25 年。光绪三十一年(1905)日俄之战俄国战败,旅大租借权为日本所承袭;光绪二十五年(1899)法国用兵占据广州湾,旋即强订租约,订期 99 年;光绪二十三年(1897)德国因教案出兵据胶州湾,次年迫订胶州湾租约,订期 99 年,青岛为湾中商港。

至此,清朝的沿海疆域,变为北起黑龙江南岸,依次分布着吉林、奉天、直隶、山东、江苏、浙江、福建、广东、广西等九个省区与海南岛等沿海岛屿,最南至南海的海岸线上。台湾岛、库页岛已经不在清朝的版图之内了。

表 1-2 第二次鸦片战争以后的清朝沿海各府县区划

省 级					县 级			岛 屿
总督辖区	行省	府	直隶厅	直隶州	散 厅	散 州	县	
直隶总督	直隶省	永平府 天津府		遵化州		滦 州 沧 州	临榆县 抚宁县 昌黎县 乐亭县 宁河县 静海县 盐山县 丰润县	
	山东省	武定府 青州府 莱州府 登州府 沂州府		滨 州		宁 海	海丰县 沾化县 利津县 乐安县 寿光县 潍 县 昌邑县 掖 县 招远县 黄 县 蓬莱县 福山县 荣成县 文登县 海阳县 即墨县 诸城县 日照县	长 岛

省　级				县　级		岛　屿
两江总督	江苏省	淮安府 松江府 常州府 镇江府 江宁府 扬州府	海门	海州 通州 太仓州	川沙厅	赣榆县 盐城县 东台县 通州县 如皋县 镇洋县 嘉定县 宝山县 崇明县 华亭县 娄　县 金山县 上海县 南汇县 奉贤县 金山县 华亭县	崇明岛
闽浙总督	浙江省	嘉兴府 杭州府 绍兴府 宁波府 台州府 温州府	定海		玉环厅	平湖县 海盐县 海宁县 仁和县 石门县 钱塘县 萧山县 会稽县 萧山县 上虞县 余姚县 慈溪县 镇海县 象山县 宁海县 奉化县 天台县 临海县 黄岩县 太平县 瑞安县 乐清县 平阳县	舟山群岛 玉环岛
	福建省	福宁府 福州府 兴化府			马巷厅 厦门厅 云霄厅	福鼎县 霞浦县 宁德县 罗源县	

省　级					县　级		岛　屿
闽浙总督		泉州府漳州府				连江县闽　县长乐县福清县莆田县仙游县惠安县南安县晋　江同安县海澄县	光绪十一年设台湾府，中日甲午战争后，割让给日本
闽浙总督						浦　县龙溪县安　县合浦县	
两广总督	广东省	潮州府惠州府广州府肇庆府高州府雷州府廉州府琼州府				儋州崖州万州	澄海县揭阳县潮阳县惠来县陆丰县海丰县归善县新安县（香港岛、九龙司已失）东莞县顺德县香山县新会县新宁县恩平县阳江县电白县吴川县石城县遂溪县海康县徐闻县钦州县琼山县澄迈县	

续表

省　　级				县　　级		岛　　屿
					定安县 文昌县 会同县 乐会县 临高县	
盛京 将军	奉天省	奉天府 锦州府		凤凰厅 庄河厅 营口厅 金州厅	宁远	

＊据谭其骧主编：《中国历史地图集》第八册（清），中国地图出版社 1987 年版；牛平汉主编：《清代政区沿革综表》，中国地图出版社 1990 年版。

　　经过清末帝国主义列强的瓜分，大片沿海领土丧失，主权与资源遭到进一步掠夺。沿海各省除直隶天津地区以外，几乎所有省份都有帝国列强的势力范围，列强在沿海地区开设商埠、划租界、设工厂，沿海地区进一步半殖民化。

第二节　沿海地区的自然环境与气候

　　中国的沿海地区位于亚欧大陆的最东部，濒临太平洋，是海洋区域的基本构成之一。它南北横跨 40 个纬度，包含热带、亚热带、温带三个气候带，有着极其丰富的资源，是中国经济发展的主要区域。"沿海地区"既与陆地联系密切，同时又是中国海洋区域不可缺少的一部分。也就是说，它既有陆地性又有海洋性，是具有双重属性的地区。在《中国海洋统计年鉴》中，"沿海地区"指各省（市、区）行政区划内有海岸线的县（市、区）。但是，这个"海洋地区"的概念，是人们自觉使用的概念定义，中国海洋区域的陆地范围到底有多大，它的包含内容具体是什么，在社科界并没有展开过讨论。

　　厦门大学的杨国桢教授经多年历史研究后，在他的《海洋的概念与中国海洋发展》一文中，将历史及现在的海洋主要区域，归纳为 6 个字："两湾"、"两角"、"两岸"。"'两湾'，指环北部湾和环渤海湾。环北部湾含广西、粤西及今越南沿岸地区和海南岛,环渤海湾含京、津、冀及辽东、山东半岛的沿海地区""'两角',指'珠三角'和'长三角'。'珠三角'指以广州为中心的珠江下游三角洲,自取代徐闻、合浦南海交通中心地位之后,一直是中国海洋发展的龙头;'长三角'即以上海为中心的长江下游三角洲,崛起于近代。""'两岸',指台湾海峡两岸。台湾海峡是沟通南北中国海的通道。"① 这 6 个字的精炼概括,把原本各自独立的自海洋然区域划分、经济海洋区域划分以及军事海洋区域划分融合在了一起,找出自然科学与人文社会科学之间的平衡点,令原本单一的海洋区域划分更加充实、丰富,成为一个立体的、多元化的概念。本书也是在此基础上,融入自己的想法,以此种海洋区域界定方法展开研究。

如前一节所述,清代北起库页岛的吉林沿海地区,因在清代尚未开发,且缺少海洋灾害相关资料,在本书中对此地区不加论述。

一、环渤海湾地区

环渤海湾即直隶、辽东、山东半岛的沿海地区,临渤海与黄海。环渤海湾海岸带西起辽河,东至与朝鲜为邻的鸭绿江口,中经辽西走廊、渤海湾、莱州湾西岸至山东苏州交界的绣针河口。该海岸带除辽河口——营口一带、昌黎以南为平原岸区外,其他海岸带多以丘陵为主,在渤海西岸还兼有沼泽洼淀。地势起伏不平,岸线曲折,港湾较多。主要入海河流有鸭绿江、辽河、大棱河、滦河、海河和黄河。

辽东半岛位于北半球高纬度,太阳辐射季节变化较大,以西风气流为主要大气环流,受西风带与副热带系统影响,属温暖带亚湿润季风气候区。冬季寒冷期漫长,干燥少雪,夏季高温短暂,雨量充沛。受辽东山地的屏障作用,东部海岸线段夏季位于东南季风迎风面,受西太平洋暖湿气流影响,降水、云雾多,能见度差;西部岸段,冬季气温较东部低,寒冷期长,冰情重,冻土时间长。

渤海西岸处于北半球中纬度,虽东临渤海,但因渤海属于内海,海洋影响

---

① 　杨国桢:《瀛海方程》,海洋出版社 2008 年版。

相对较弱,受大陆气候影响较多,属暖温带亚湿润季风气候区。其主要特点与辽东半岛类似,冬季寒冷期长,夏季湿热多雨,春、冬两季多大风天气。因其地。因素,辽西走廊之秦皇岛冬季寒冷,夏季无酷暑;南部岸段夏季气温较高。

山东半岛亦位于北半球中纬度地区,属于暖温带季风气候区。一年之内,四季分明,但由于受中纬度天气系统活动频繁的影响,这一地区相对灾害性天气也较多发生。就整个山东半岛海岸带而言,具有明显的大陆性和海洋性的过渡型气候特征。

二、长江下游三角洲地区

长江下游三角洲纵跨江苏、浙江两个省。它北起扬州——江都——泰州——姜堰——海安——栟茶一线,镇江——宁镇山脉——茅山东麓——天目山北麓至杭州湾北岸一线为其西缘和南缘,东止黄海和东海。长江三角洲位于北纬30°附近,地处东部沿海地区的中部,长江的入海口,而且位于亚热带季风气候区,夏季高温多雨,雨热同期。

该三角洲沿岸地区跨暖温带气候带和北亚热带湿润季风气候带。冬季(12—次年2月)盛行偏北风,气温低降水少。本季受欧亚大陆干冷气团影响,盛行北风或西北风。寒潮袭来时,风雪交加,气温下降;春季(3—5月)乍冷乍暖,天气多变。环流形势向夏季过渡,冷暖空气交汇,江淮气旋增多,阴晴瞬变,风力较强,岸带回暖迟,气温低。本季降水自北向南和自陆向海减小。夏季(6—8月)前期多雨涝,后期多干旱。该岸带受大陆低压和洋面高压的影响,东南季风从海上吹来,降雨量较多。"梅雨"季节从6月中旬开始,历时20余天,7月中旬后受副热带高压控制,云量少,晴天多,间有伏旱和高温。季内因热带气旋影响,可出现大风、暴雨和海潮,局部也有遭冰雹、龙卷风危害。秋季(9—11月)秋风送爽,前期秋雨连绵。北方冷空气开始增强,8月下旬至9月中旬,冬夏季风分界处——极锋,由盛夏的渤海岸域迅速回落到长江口岸域一带,造成秋雨绵绵,9月下旬,冬季风取代夏季风,天气以晴为主。岸带气温降低缓慢,初霜期较迟。

三、台湾海峡两岸地区

台湾海峡两岸是狭义的"两岸"，特指台湾海峡的两岸。包括了福建省和台湾岛（清末时建立台湾省）。北起闽浙交界的沙埕港口，南迄粤东的宫口港西，向东穿过台湾海峡到达台湾省东部沿海西至戴云山与鹫峰山。这个区域沿海岛屿密集，岸线曲折，港湾众多。福建省沿海地区内，南部有漳厦平原和浦仙平原，间有丘陵错落，北部多山地。闽江、九龙江和晋江是其主要河流。台湾岛内山地丘陵占总面积的三分之二，岛的中、东部高山纵列，西部多河流平川。

本沿海区域由北向南依次跨越中亚热带湿润季风气候——南亚热带湿润季风气候——北热带湿润季风气候这三个气候带。因此，北部冬天温度变化不剧烈，夏天亦不会有酷热；南部终年气温较高，长夏无冬，春秋相连。受季风和地形气候系统的影响，全年阴雨雾现象，福建沿海北部多于南部，台湾岛东北地区与西南隅截然不同。

福建沿海地区春季低云多雨，能见度差。西南气流从春季伊始就开始活跃于本地上空，造成雷暴增多，低云密布的春雨天气。4月下旬至5月初，全区域地区偶有阴雨整体以晴好天气为主。之后，南北系统交替出现，天气开始反复无常，每致大雨或暴雨，局部易涝渍，江河易泛滥成灾。此时，沿海风力减弱，雾日增多，空气潮湿。夏季气温较高，雷暴频繁，热带气旋活跃。受副热带高压支配和热带气旋影响，沿海风浪较小，多东南风，海陆风明显。7—9月，天气炎热，海上热带气旋活动频繁，影响本海岸地区的热带气旋每年8—9次，其中，75%集中在本季。登陆的热带气旋平均每年两次，基本上也集中在本季。秋季空气中的温度、湿度逐渐降低，受蒙古高压影响，本季沿海东北风出现频繁，但因受海洋调节作用，使得气温下降比较缓慢，秋温高于春温，呈现出秋高气爽的气候特征。冬季受大陆气团控制，盛行强劲的东北风，冷空气活动为主。当冷空气南下时，沿海常有持续性偏北大风。因海洋调节作用，本岸带极少出现较为寒冷天气。

总体来说，福建沿海地区，受台湾海峡的"峡管作用"，从外海岸带至内岸带，风速递变特征明显，受热带气旋影响，主要灾害性暴雨和大风天气，集中在本海岸地区的 7—9 月。

台湾岛每年的 10 月至翌年 3 月是东北季风盛行期,本季岛上降水主要受东北季风及地形支配,迎风坡与背风坡降水迥异,降水主要出现在东北部迎风坡,沿海多东北大风。4、5 月为冬季风向夏季风转换时期,南部冷暖气流交汇于本区,因而风向紊乱,降水较多,但全岛最多风向仍是东北风。6—8 月是本沿海地区的西南季风盛行时期,受副热带高压的支配和热带气旋的影响,西南季风盛行期(6—8 月)气温较高,雷暴盛行,风暴活动频繁,沿岸海陆风明显。7、8 两月热带气旋盛行。9 月虽为夏季风向冬季风过渡,风向多变,但热带气旋影响仍不少。

台湾岛位于海域的东南方,西太平洋热带风暴主要源地的西北缘。每当夏秋期间,西太平洋风暴袭击东南沿海时,台湾往往是首当其冲。随地域变化,其大风分布的主要特点是,海峡比沿岸多,冬季风时期比夏季风时期多。由于台湾海峡的"峡管效应"作用,大风现象之频繁,风力之强劲,与岛上平地相比实属罕见。最大风速主要是由于热带气旋影响所致。

四、珠江下游三角洲与环北部湾

珠江下游三角洲与环北部湾主要指广东省,包括海南岛等南海诸岛屿。即今天的以广州为中心即广西、粤西及今越南沿岸地区和海南岛地区。环北部湾海岸带位于大陆南端,地处北回归线以南。自罗平山脉以西至越南沿岸地区,除雷州半岛外,此海岸带大体呈东西走向。该地区地形复杂,山地、平原、丘陵、河谷、岛屿相互交错,是中国古代南海交通的始发地。

珠江下游三角洲与环北部湾沿海地区地处北回归线以南,除雷州半岛为北热带季风气候外,其他岸带属南亚热带湿润季风气候区。本沿海地区接受太阳辐射多、年变化小、终年气温高,长夏无冬,春秋相连。海南岛的极端最高气温出现在 4、5 月份,与大陆岸带有着显著的不同,雨量丰富、相对湿度大,干湿季分明;夏秋季热带气旋多,暴雨多,强度大,影响广;冬季半年也时有干旱、低温和阴雨;夏季还有局部性强对流天气(如雷雨大风、龙卷风等),雷暴终年可见。风向、风速季节变化大,具有显著的季风气候特征。冬季风时期(10 月—次年 3 月)各地风向、均以偏北风为主,由于地形影响,如莲花山、云开大山等对偏北气流有阻挡作用,出现明显的绕流特征,导致各地的盛行风向发生相应改变。如粤西海岸主要是东北风或北风;粤东海岸最多东东北(ENE)风;中部的珠江口主要为北风;雷州半岛为偏东风;桂南海岸最多风向是北风;海南岛为东北风。夏季风时期(5—8月),整个岸段盛行西南风与东南风,风向较为稳定,但各地风仍有差异。4月与9月是冬、夏季风的转换季节,9月东北季风开始到达,除雷州半岛仍吹偏东风外,都先后转吹东北风;4月是东北季风的撤退与偏南季风的建立,其形势是偏南风首先出现于西南,然后向东北扩展,即桂南、粤西至珠江口先转为东南风,到5月份粤东从偏东风转为偏南风。

该沿岸地区年平均风速分布特点是:沿海岛屿最大,其次为海岸线附近,最小是岸内带地区。风速的年变化特点是:冬季风大于夏季风。最大风速和极大风速高频期主要出现在4—10月,该时期大风风速都是与热带气旋或飑线过程相联系。该沿岸地区的大风主要是由冷空气爆发南下、强热带气旋、热带低压和局地强对流天气产生的。强对流天气主要是指飑线风、龙卷风、雷雨大风、雷暴、冰雹等突发性强、危害性大的重要天气现象。强对流天气在粤、桂海岸区频发性较高,危害甚大。①

第三节　海洋人文社会环境

沿海地区的自然地理条件孕育着多种海洋灾害因素,随着沿海地区以及对海洋的开发利用的程度的加深,人类在改造利用自然环境的过程中,对环境施加的影响也越来越显著。

一、清代"迁界"

自宋代以降,经济重心南移东倾的趋势愈见明显,南方尤其是沿海地区

---

① 王颖主编:《中国海洋地理》,科学出版社1996年版;张耀光编:《中国边疆地理(海疆)》,科学出版社2001年版;阎俊岳等:《中国近海气候》,科学出版社1993年版。

的开发,使得南方沿海经济总量增加。至明代中期,与停滞不前的内陆和北方沿海相比,江南湖广地区经济占全国赋税比例越来越重,甚至成为全国粮食主产区和最富裕之地区。

入清之初,为了防范台湾为根据地的郑成功反清势力,清朝继续推行海禁政策,并且下达“迁界令”,迁沿海之居民于内陆,距海五十里(一说三十里),不准人居住。阮旻锡的《海上见闻录》对此曾载曰“上自辽东,下至广东,皆迁徙,筑短墙,立界碑,拨兵戍守,出界者死,百姓失业流离死亡者以亿万计”。①

以广东为例。粤东地区濒海,其居民多靠水而居,且在距海十里之内,“辄有万家之村,千家之砦”。自唐宋以来,这里的居民就以渔盐为生,世代生存在这片土地之上。② 当清朝廷的迁界之令下达后,“满洲科尔坤、介山二大人者,亲行边徼。令滨海民悉徙内地五十里,以绝接济台湾之患”。③于是多次派兵监督沿海居民内迁,甚至令三日内就必须全部撤离自己的家园于内地。沿海的居民突然间被赶离自己的家园,“弃赀携累,仓卒奔逃,野处露栖,死亡载道者以数十万计”。之后清朝廷又在两年之内巡视三次,以期彻底断绝闽粤与台湾的联系,并不考虑沿海居民的生活现实情况,一心为了防范台湾郑氏的反清集团。初时,沿海居民以为是临时命令,不久就会迁回祖地,但一年、两年……日久飘零,以前掌握的生存技能,在内陆,无法使用,养生无计。“于是父子夫妻相弃,痛哭分携,斗粟一儿,百钱一女,豪民大贾,致有不损锱铢,不烦粒米,而得人全室以归者。其丁壮者去为兵,老弱者展转沟壑。或合家饮毒,或尽帑投河,有司视如蝼蚁,无安插之恩。亲戚视如泥沙,无周全之谊。于是八郡之民,死者又以数十万计,民既尽迁。”很多沿海居民不忍离故园,想回迁过界者,被清守兵“执而诛戮,而民之以误出墙外死者,又不知几何万矣”。④

迁界之令不但令沿海居民流离失所,妻离子散家破人亡,而且也使清朝

---

① (清)阮旻锡:《海上见闻录定本》卷上,福建人民出版社1982年版。
② (清)屈大均:《广东新语》卷2,《地语》,中华书局1985年版。
③ (清)屈大均:《广东新语》卷2《地语》,中华书局1985年版。
④ (清)屈大均:《广东新语》卷2《地语》,中华书局1985年版。

廷少了东南沿海的鱼盐之利。广东省原本"自东起潮惠、西抵钦、廉濒海之地，俱有盐场"[1]。在迁界以后，仅规定：广州茅洲墟、潮州达濠埠、惠州盐田村和廉州盐田村四处可以煮盐，除个别情况外，其他县均不准设盐场。但因煮盐盐场的数量过少，大量的灶民被迫流离失所，生活不继而致死亡。有清人评曰："康熙元年（1662），粤东禁海迁场，灶户失业，二年复迁，盐益衰。"[2]此外，鱼课无征之事，亦在广东沿海各县份常见之。如：广东新安县每年"课银一百两零八钱，原属鱼行经纪告承输纳，自奉迁移禁海，前饷无征"[3]。不仅是广东，其他各省沿海也是深受其害。所以在台湾回归后，众多沿海有识之士，都提议开海禁。闽浙总督范承谟在闽巡海时，多次上疏请求康熙帝开海禁："闽人活计，非耕即渔。自禁海已来，徙边海之民居，内以台塞为界；民田废弃二万余顷，亏减正供至二十余万。请听民沿边采捕，十取一以充渔课；其所入可接军饷"[4]；施琅在《论开海禁疏台湾府志》中也称"天下东南之形势在海而不在陆"[5]；蓝鼎元在《漕粮兼资海运疏》亦奏明海运跟漕运相比更经济性，"莫如兼资海运。海运之法在元朝行之，已有明验，非臣愚昧穿凿凭臆妄逞之见也。……今之海道已为坦途，闽广商民皆知之臣生长海滨，习见海船之便利，商贾造舟置货，由福建厦门开船，顺风十余日即至天津，上而关东，下而胶州，上海、乍浦、宁波皆闽广商船贸易之地来往，岁以为常。……请将江南浙江沿海漕粮改归海运，河南湖广江西安徽仍旧河运"[6]。

在这些大臣的努力之下，康熙二十二年（1683）台湾收回，并于次年迁界令解除。于是"开鼓铸之钱编乡试之号，易竹树之城，辟生番之地，诚所谓仁者设其施，智者申其辩，勇者奋其断，而海国之民熙熙攘攘，始游化日观其经营条画，亦贤人君子筹国之所缠绵也"[7]。沿海经济又呈现出一派繁荣

① （民国）徐世昌等：《清盐法考》卷214，《两广》
② （清）林有席：《平园杂著》卷3。
③ （清）《（嘉庆）新安县志》卷7，《建置略》。
④ （清）戴震：《戴东原集》卷12，四部丛刊景经韵楼本。
⑤ （清）贺长龄：《清经世文编》卷83，《兵政十四》，中华书局1992年版。
⑥ （清）贺长龄：《清经世文编》卷48，《户政二三》，中华书局1992年版。
⑦ （清）丁曰健：《治台必告录》卷1，清乾隆刻知足园刻本，大通书局1984年版。

的景象。

二、清代沿海经济发展

沿海的海洋经济类型具有明显的海洋性,无论是农业、渔业还是手工业都是如此。

（一）农业

清朝在从事沿海开发时,首先关注的是基础经济,因为这种基础经济是民众生活的基本保障。在自给自足的时代里,无论是内陆地区还是沿海地区,农业经济都是民生命脉。中国所有的沿海地区也是一样,当开发海外贸易热度不断升温之际,农业基础仍然被人们重点关注。

随着沿海地区人口的增加,人们逐渐把目光转移到沿海沙地之上,开始了与海争田,堤围的修筑迅猛发展,沙田与涂田的开垦进入了前所未有的全盛时期。

所谓的沙田即沙淤之田,"盖此田大率近水,其地常润泽,可保丰熟。四围宜种芦苇,内则普为塍口,可种稻秫,稍高者可种棉花桑麻,或中贯湖沟旱,则便溉或傍绕大港,涝则泄水,所以无水旱之虞,但沙涨无时未可以为常也"。① 这种沙田的耕作,解决了当时的人口压力。为了围垦而建的堤围,在一定程度上达到了防洪保收的目的,大片的农田免受洪水的冲击,确保了粮食的收成。如屈大均《广东新语》记曰:"凡粤之田,近海者虞潦,则有基围,近山者虞旱,则有水车。故凶荒之患常少,其大禾田,岁一收。早禾田,岁种早粘早糯则二收。"②其次,沙田的开发,促进了沿海地区农业的商品化,带动了沿海地区经济的迅速发展。广大的劳动人民在修建堤围的同时,推行基塘种养技术,在低洼的地方挖塘,环水筑基。他们在塘内养鱼,合理利用了塘内的水源,又在堤围上种植桑树、果树、甘蔗等经济作物,形成了"桑基鱼塘"、"果基鱼塘"、"蔗基鱼塘",从而改变了单一的种植水稻的农业形态,发展了商品性的经济作物,使珠江三角洲、长江下游三角

---

① （清）倪国琏:《康济录》卷4下一,清文渊阁四库全书本。
② （清）屈大均:《广东新语》卷2,《地语》,中华书局1985年版。

洲、江淮等沿海地区成为富庶的鱼米之乡,跃上了当时全国农业生产的先进行列。

另外,在濒海之地,在时间与河海相互作用下,沿海平原由陆岸前沿滩涂不断自然淤涨拓展,同时也被人工围垦造地,逐步形成滨海滩涂田。因潮汐的作用而使得海洋中的淤泥能淤积于上,常常也会有大量的死去的海洋生物遗留其中,以至于其土质异常肥沃,所以有时也被称为"潮田"。据清《康济录》中载,这种滩涂田"见于濒海之地,潮水往来淤泥常积,上有咸草丛生,此须挑沟筑□,或树立桩橛以抵潮泛,其田形中间高,两边下,不及数十丈,即为一小沟,数百丈即为一中沟,数千丈即为一大沟。以注雨潦为之甜水沟,初种水稗斥卤,既尽可种粱稻,所谓泻斥卤兮生稻粱,即此是也。此因潮涨而成与淤田无异者也"①。该田的开发与利用对沿海地区,尤其是江南沿海地区成为明清时期重要的国家粮食产区起到了至关重要的作用。

(二) 渔业

航海技术不断向前发展进步,除了发达的近海渔业外,远海渔场与海水养殖业也开始得到进一步发展。在清初的海禁政策下,沿海的捕鱼业遭受到了严重摧残。复界后,远洋捕鱼依然受到限制,经沿海民间渔民反抗,或有发展。不过海水养殖业却在此时得到长足发展,海洋渔业经济发展到传统时代的顶峰。

至清代中国海洋渔业的进步表现在:第一,对鱼类品种的认识逐渐增加。据黄公勉和杨金森在《中国历史海洋经济地理》一书中的不完全统计,各种先秦典籍中出现的鱼类名称,共约 40 种,其中海洋鱼类诸如鲸、鲨等海鱼有七八种。汉代《尔雅》中记载的 20 多种鱼名,海鱼有五六种。东汉许慎的《说文解字》里就有鱼名 70 多种,海鱼更甚。至明代屠本畯所著的《闽中海错疏》中就记录了 261 种海洋动物,其中淡水 86 种,海水 175 种。在海水产品中,鱼类 90 种,非鱼类 85 种。② 清代郭柏苍的《海错百一录》记录了

---

① (清)倪国琏《康济录》卷 4 下一,清文渊阁四库全书本。
② 黄公勉、杨金森:《中国历史海洋经济地理》,第 37 页。

鱼类共 300 种左右,海鱼占其 1/3;清人李调元的《然犀志》,共记载广东海产品近百种,海鱼占其 1/4,郝懿行的《记海错》,记述山东海产品 50 种左右,海鱼约占其 2/5。①

第二,对鱼类生活习性的认识。清人郝懿行的《记海错》与郭柏苍的《海错百一录》分门别类记有海鱼、海蟹和贝类等的种类,且详细描述了其生长、繁殖和生态等方面的知识,为海水养殖业的繁荣奠定了一定基础。

第三,捕捞工具的进步。清代沿海各地的捕捞工具,在继承前代的基础之上,又发明了更多的工具。仅在福建省境内至民国时期,渔船上使用的捕捞工具,"除沿海的浯屿、岛美等地有部分捕捞带鱼的延绳钓用于外海作业外,近海及江河捕捞渔具有 15 类 195 种,主要有:张网类定置网 15 种,掩罩类手撒网 18 种,流刺网类 36 种,钓类 35 种,竹编筒笼类 8 种,灯光诱捕类 6 种,人力操作类 15 种,镖枪类 4 种,吊竿类 4 种,讨小海类 18 种"。②

第四,近海渔业养殖技术的发展。海水养殖比起淡水养鱼,发展要稍晚些,这是与人们对海洋的认识和开发程度、航海技术的进步等联系在一起的。随着沿海社会经济的发展,海洋渔业也随之得到发展,唐代时官府已较大规模向沿海渔民征收渔税及渔业贡,并逐步开拓了部分远海渔场,发展起海水养殖业。尤其是在明清王朝的海禁政策下,海水养殖业得到长足发展,海洋渔业经济发展到传统时代的顶峰。

第五,捕鱼范围的扩大。渔场一般是指较长时期内可供人类实施捕鱼作业的海域,丰富的海洋生物资源为渔场的形成奠定了基础。从沿海地区历史上看,渔场通常分布在港湾海域、近岛海域以及海陆交界的潮间带和岩礁区域。港湾海域属于沿岸水域,这里饵料充足,适于多种鱼虾生长。清代随着造船业和捕鱼工具的进步,捕捞的范围由近岸浅水区逐步向近海深水区扩展,并陆续开发出中国近海的主要渔场。清末因帝国主义的侵占,沿海虽然也已经出现机轮渔业,但是旧式的渔业生产仍占主要地位,渔场的范围

① 郑澄伟:《我国古代对鲻科鱼类的研究成就》,《水产科技情报》1979 年 4 期。
② 黄剑岚主编:《龙海县志》卷 7,《渔业》,东方出版社 1993 年版。

也不断减小。

（三）盐业

在海洋渔业发展的同时，海洋盐业也产生了。因海洋本身就有"天生"的卤，且资源暴露，易于开采，而且来源不竭，所以早期的人工海盐的制作早于井卤煮盐。在春秋战国时期的《管子》卷22之地数篇中就记曾载："君伐菹薪，煮沸水为盐，正而积之，三万钟。"①宋代以前的海盐制造，全出于煎炼。海盐是刮土淋卤，取卤燃薪熬盐。海盐锅煎之法和用具，历经元、明、清各代更替，并无明显差异。因此煮海水为盐，受自然条件的制约，长江下游三角洲以北的沿海地区年降雨量少，蒸发量大，利于海盐的晾晒。而且拥有广阔平坦的盐滩，在从煮盐到晒盐阶段都比长江下游三角洲以南的沿海地区优越。所以，河北的长芦盐区和两淮盐区，一直是历代朝廷产盐的重要地区。长江下游以南的盐场因受清初迁界的影响，曾经遭到严重破坏，再加上煮盐的自身条件远不如长江下游以北沿海地区，所以在盐业生产销售来讲，逊于北方盐场。

（四）造船业与航海

航海活动得以进行，依靠的是船舶制造技术的发展。清初，清政府实行严厉的海禁政策，不准片板出海。同时，承袭明制，继续实行贡舶贸易，由市舶提举司办理贡舶贸易事务。当时，仅以暹罗、琉球等东南亚地区的国家，前来进行规模有限朝贡贸易。

清政府统一台湾后，于康熙二十三年（1684）九月下令"开海贸易"，限定"如有打造双桅五百石以上违式船只出海者，不论官兵民人，俱发边卫充军。该管文武官员及地方甲长，同谋打造者，徒三年；明知打造不行举首者，官革职，兵民杖一百"。② 并于康熙二十四年（1685）在广州、漳州、宁波和云台山③四处设置海关，有限制性地开放海洋贸易。清政府在各海关设正

---

① （战国）管仲：《管子》，《管子卷》第二十三，四部丛刊景宋本。

② （清）《光绪大清会典事例》卷776。

③ 据赵树廷在《江南省海关设于庙湾考》一文中考证，清康熙在江南省海关始设于两地，一处在松江府上海县；另一处在淮安府庙湾镇。淮安府云台山和镇江府云台山均未设立海关。《江海学刊》2006年第6期。

副监督各一人,制订各关税则例,独立管理对外贸易和征收关税事务。各海关直属户部,不受地方行政管辖。康熙四十二年(1703),有规定海舶"其梁头不得过一丈八尺,舵水人等不得过二十八名。其一丈六七尺梁头者,不得过二十四名。……其有梁头过限,并多带人数,诡名顶替,以及汛口盘查不实卖行者,罪名处分皆照渔船加一等"。①

但是造船之利丰厚,即使在如此严苛的政策规定之下,造船业依旧发展迅速。清人麟庆在其《鸿雪因缘图记》之《海舶望洋》中描述了清代的海船,并附有海舶图。"梯登海舶五层楼上",可看到"头稍俱方,其头梁俗名利市头,船后舵名水关。凡四桅,前曰头称;次曰头墙,上悬顺风旗;中曰大墙,上立雀杆,冠以鲤鱼族;次曰尾樯,上竖五色旗。船中极高处为供奉圣母堂。棚曰亭子,门曰水仙。门旁方舱,以贮淡水,名水柜。有名同而实异者,车盘是也,在前用以抛锚,在中用以挂帆,在后用以收舵。有名异实同者,栅栏是也。……此外,器俱与内河相仿,而制加巨。唯有木椗,以夹喇呢木为上,次用乌盐木,盖南洋泥性过柔,铁锚易走,故设此制。又有水垂,以铅为之,重十七八斤,系以水线,椶绳为之,其长短以拓计,五尺为拓,水深者七十拓,至浅亦三十拓。盖铅性善下,垂必及底。垂蒙以布,润以膏蜡,所到辄缒水底,俾泥沙缘垂而上,验其色,即知地界,量其线,即知深浅。至行水驶风,辨方定位,则妙在针盘,下盘嵌于舱板,以针定字,上盘安于艄舱,以字定针,舵师穴其窍而窥焉"②。由此描述可知,清代的海舶构造之精妙,设施之齐全,毫不逊于今日之海轮装备。

造船业的发展,带动了对外贸易的繁荣。清朝的茶、丝、绸缎、棉布、瓷器、铁锅等商品,出口量不断上升,以茶、丝为大宗。乾隆四十年(1775),广州输出茶叶1600多万磅,乾隆五十年(1785),则增至2800多万磅。乾隆中叶,每年出口的蚕丝也达二三十万斤。进口的商品,东南亚各国主要以大米为大宗,欧美各国主要是运转东南亚地区的土特产,如棉花、香料、药材等,

① (清)《大清会典则例》卷24,《吏部》,清文渊阁四库全书本。

② (清)麟庆《鸿雪因缘图记》,清道光二十七年至二十九年扬州刻本,北京古籍出版社1984年版。

海望舶洋

图 1-3　清麟庆《鸿雪因缘图记》之《海舶望洋图》

以及欧美产的毛纺织品,各种工艺品等。以棉花、毛织品,香料以及各种工
艺品为大宗。当时的中外贸易中,清朝仍能保持出超的地位。乾隆五十七
年(1792),清朝对英、美、法、荷、西班牙、丹麦、瑞典等国,出超额达 240 多
万两。① 乾隆二十二年(1757)以后,清政府为了防范欧洲殖民主义的侵略,
关闭了其他海关和港口,保留粤海关。外国来粤的贸易商船,从乾隆十五年

---

① ［美］马士(Morse,H.B.)著,区宗华译:《东印度公司对华贸易史编年》卷 2,中山
大学出版社 1991 年版。

（1750）至二十五年（1760），共 207 艘；乾隆四十五年（1780）至五十五年（1790），共 538 艘。粤海关所收关税，乾隆十五年（1750）至二十五年（1760），共 4725312 两，乾隆四十五年（1780）至五十五年（1790），共 9271536 两。①

对外贸易的发展，促进了清代资本主义萌芽的滋长。但由于清朝的以农为本，闭关自守，因而对发展对外贸易，采取限制政策。这些政策不仅妨碍了中国对外贸易的发展，而且对中国社会经济产生了极大的危害，妨碍了中国人学习世界先进的思想文化和科学技术。鸦片战争以后，西方殖民势力侵占中国领海，甚至深入内河，中国造船业受到沉重打击，逐渐衰败下去。

清代沿海地区得到飞速发展的同时，因其无限制的开发，对当地的环境产生了许多不利的影响，为海洋风暴潮灾到来后的受灾面积的扩大化埋下隐患。首先，沿海潮田与沙田的无限制围垦开发。为了迅速得到耕地，人们想方设法对沙田进行垦殖。沿海居民将石块抛于海中，利用石块拦阻上游的泥沙，加速滩地的淤高。将石坝筑在江河出海口之旁，侵占了深水道，从而阻碍了水流的流速，使泥沙淤积日多，而水道就愈来愈窄。当大雨来时，由于不能及时宣泄，于是酿成水患。虽在乾隆三十七年（1772）"通饬各省督抚，凡有濒水地面，除已垦者免禁外，嗣后毋许复行占耕。维时经前督臣李侍尧抚臣德保奏覆，遂将濒海坦亩禁垦"②。但沿海地区的土地远远不够迅速增长的人口数量分配，"自乾隆五十五年弛禁起至五十八年，已垦至一千五百余顷，嘉庆元年至二十五年又添垦一千三百余顷，道光元年以来又增垦二百六十余顷，统计开垦至三千余顷之多"③。为了灌溉农田，沿海居民在农田周围修筑堤围，使得江面变窄，潮汐涌入江口的压力增大，更易损害农田的水利设施，引起灌溉系统的失灵，因而堤围的修筑，不但不能保护农田，反而会增加咸潮灾害的发生。

---

① ［美］马士（Morse，H.B.）著，区宗华译：《东印度公司对华贸易史编年》卷 2，中山大学出版社 1991 年版。

② （清）孙士毅：《请开垦沿海沙坦疏乾隆五十年广东巡抚》，载贺长龄：《清经世文编》卷 34《户政九》，中华书局 1992 年版。

③ （清）何如铨：《桑园围志》卷 15，《艺文》。

其次，清初因迁界，使得沿海地区的海堤离海愈远，防潮的功能降低，至乾隆以后，甚至于多毁海堤以泄内河之水。此外还有一些不法盐商、土豪，为了自己的私利，毁堤抢占土地者也有不少，使得在飓风发生后，海水倒灌，长驱直入内河，演变成"人助天灾"。

再次，沙田垦辟后多采用基塘的养殖方式。由于基塘当中的塘泥含有大量的有机质和氮磷钾等肥料，当潮水退时，这些有机物会随之流入海中，使沿海的藻类植物过度繁殖，引发赤潮，致使鱼贝类大量死亡，造成了渔业的减产。

最后，沿海造船业的发达，对木材的需求剧增。制造海舶"必用巨木长数寻贯首尾，名龙骨非此不能行远"①。以清末时人写的《海东札记》中台湾海舶的状貌来看："海舶长约十丈余，阔约二丈，深约二丈。舶首左右刻二大鱼眼，以像鱼形。舶腰立大桅高约十丈，围以丈计。购自外洋来者，曰'打马木'，亦曰'番木'。又舶首立头桅，丈尺杀焉。帆，编竹为之，长约八丈，阔四五丈。尾柁长约二丈余，巨半之，以盐木制者为坚。柁前相距二丈余，设板屋，广约丈余，深如之，左右置四小龛为卧室，曰'麻离'。板屋后附小龛，高约三尺，横阔约五尺，置针盘其中，燃灯以烛。板屋前左置水柜，深广约八尺，以贮淡水。又前则为庖室。碇以铁力木为之。头碇重七八百斤，以次递杀。巨舶四碇，次三，次二。铅筒以钝铅为之，形如秤锤，高约三四寸，底平，中剜孔宽约四分，深如之，系以棕绳，约长六七十丈。舟人用以试水，绳，约长六七十丈。"②如此巨大的一艘海舶所需要的木材必是极多，尤其是龙骨、桅杆非已生长数十年的高大巨树不能为之。且沿海地区的年造船数量亦是惊人。即使在禁海迁界的几十年中，海禁令阻遏了沿海地区造船业的技术进步，但，为同台湾郑成功抗衡，清廷展开了造船竞赛，过量地消耗了沿海沿江的造船巨木，从而使展海后的造船材料深感紧缺，船价不断上涨。

造船业的繁荣背后，我们可以看到沿海地区的树木植被的破坏程度也随之加剧，裸露的土地在风暴潮灾来临后，没有树木根蔓的固定，水土流失严重，为海洋风暴潮灾的严重性埋下隐患。

---

① （清）嵇曾筠：《（雍正）浙江通志》卷167，清文渊阁四库全书本。
② （清）朱景英：《海东札记》卷2。

第二章 沿海海洋灾害记录

海潮灾害是沿海地区最普遍的灾害,据其引发原因,有两种,即:风暴潮和地震海啸。中国绝大部分潮灾是风暴潮灾,一类是温带风暴潮引起的灾害;另一类是台风风暴潮引起的灾害。前一类主要发生在春季和秋季,也见之于冬季和初夏。一般而言,后一类从晚春 5 月到深秋 11 月份都有可能发生,但灾害多集中发生在盛夏和初秋季节,即 7、8、9 三个月份。它不仅在发生时造成沿海居民巨大的生命财产损失,还给沿海的滩涂开发和海水养殖带来严重的破坏,并可能在风暴潮灾过后伴随着瘟疫流行、土地盐碱化,使粮食失收、果树枯死、耕地退化,污染沿海地区的淡水资源,而使人畜饮水出现危机,生存受到威胁。沿海某些海岸也因风暴潮多年冲刷而遭到侵蚀。这种因潮灾带来的次生灾害,几年内也难消除。此外,海冰、海雾和赤潮等灾害在不同的沿海地区也时有发生,给沿海居民带来了重大的损失。

第一节 沿海大型风暴潮灾举要

清代中国沿海温带风暴潮的成灾地区集中在渤海、黄海沿岸,其南界到长江口,但渤海的莱州湾沿岸和渤海湾沿岸地区最易受灾。台风风暴潮的成灾地区几乎遍及整个中国大陆沿海,但是遭受台风风暴潮灾的地区多集中在大江、大河的入海口、海湾沿岸和一些沿海低洼地区。因为入海口或海湾较多的地区,有些地形呈半封闭状,当水体向湾内输送时,不易向四周扩散,导致水位急剧上升,这时附近的沿海低洼地区就极易被潮水淹没。这些常受台风风暴灾害的地区是:江苏南部到浙江北部沿海地区,其中长江三角洲以及杭州湾地区是重灾区;福建省闽江口附近沿海地区;广东省汕头至珠江三角洲地区,其中的汕头沿海是历史上的重灾区;广东雷州半岛东海岸以及海南省海口至清澜港一带沿海;广西北部湾沿岸的低洼地区。

在中国历史上潮灾记录最早可以追溯到汉代初元元年(前48)五月,"勃海水大溢"①。到了清代,在它所统治的200多年中,就横跨了两大中国历史灾害多发群发集中期——明清群发期、清末群发期。是中国历史上受自然灾害最频繁、最广泛的时期。在这一时期中,不但内陆自然灾害频发,沿海的海洋灾害,也时常威胁着沿海居民的生命。从1644—1911年,有213年沿海各地都发生过不同程度的风暴潮灾,几乎年年发生,一年数次的情况也很平常。据宋正海、高建国等编纂的《中国古代自然灾异动态分析》一书中,运用现在已整理出的风暴潮灾的记录汇编的基础上,统计出"中国古代风暴潮间隔20年频次表",本书截取其中清代部分,绘制成"清代风暴潮间隔20年频次表"与频次图,试作分析。

表1-3　清代风暴潮间隔20年频次

时间间隔(年)	频次	时间间隔(年)	频次
1640—1659	22	1780—1799	28
1660—1679	32	1800—1819	14
1680—1699	14	1820—1839	24
1700—1719	15	1840—1859	18
1720—1739	23	1860—1879	19
1740—1759	26	1880—1899	23
1760—1779	18	1900—1911	14

在上面频次表的基础上,进而绘制成频次图,可以让我们更直观地观察清代风暴潮发生的活跃时间。

---

① (汉)班固:《汉书》卷26,《天文志》第六,清乾隆武英殿刻本。

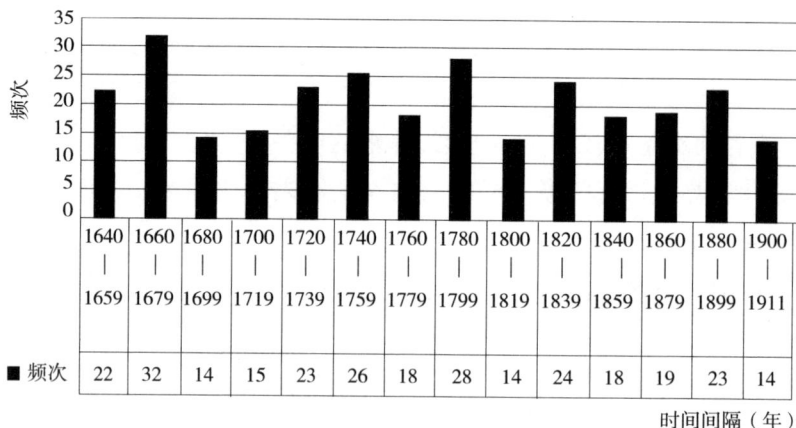

图 2-1　清代风暴潮间隔 20 年频次图

在上面的频次图中,可以很明显看出 1660—1679 年风暴潮灾爆发的次数高于 30 次,而一年中爆发频次超过 20 次的也有 1640—1659 年、1720—1739 年、1740—1759 年、1780—1799 年、1820—1839 年和 1880—1899 年可以说,这是清代风暴潮灾的活跃期。

接下来,按照中国沿海海域对清代风暴潮灾的分布、成因与特点试进行分析讨论。

一、清代大型风暴潮灾举要

在于运全的《海洋天灾》中所整理的明清时期的沿海地区较大潮灾分布年表的基础上,按照杨国桢先生的沿海地区划分法,对清代中国沿海地区的发生特大潮灾的分布做出初步整理。

（一）环渤海湾地区

清代环渤海湾地区较大潮灾分布与重大灾情举要:

表 2-2　清代环渤海湾地区较大潮灾分布年表

海　域	潮灾年份	合计　（次数）
渤海湾	1664、1737、1750、1811、1818、1832、1845、1894、1895、1905	10

续表

海　域	潮灾年份	合　计　（次数）
莱州湾	1667、1668、1673、1677、1693、1703、1714、1728、1749、1751、1752、1753、1755、1759、1763、1764、1770、1774、1778、1782、1783、1793、1818、1819、1820、1838、1839、1845、1852、1879、1883、1890、1892、1900	34
辽东湾及黄海北部海域（仅辽宁海域）	1811、1879、1896、1897、1906、1909	6
黄海山东海域	1671、1678、1735、1740、1748、1749、1807、1827、1835、1836、1843、1881	12
总　　计		62

按照上表可知,在环渤海湾地区中,渤海湾海域在清代发生重特大风暴潮灾的次数是 10 次;莱州湾 34 次,辽东湾及黄海北部海域(仅辽宁海域)6 次,黄海山东海域 12 次。莱州湾地区发生风暴潮灾的次数最多,其次一次为黄海山东海域,渤海湾与辽东湾及黄海北部海域(仅辽宁海域)。

清代环渤海湾地区严重潮灾记录有:

康熙七年(1668)三月二十九至四月初一日的一次温带风暴潮从渤海湾的下缘起,影响了整个大莱州湾海域。康熙《山东通志》载:"清康熙七年(1668),大风,海远啸四十余里,泛涨二昼夜。"①康熙《利津县新志》称:"清康熙七年(1668)三月二十九日,大风海溢数十里。"②乾隆《武定府志》则云:"清康熙七年(1668)三月,利津、沾化海溢数十里,人畜多伤。海丰潮水南溢八十里,溺死者无算。"③光绪《沾化县志》载:"清康熙七年(1668)三月,海溢数十里,人畜死者千百计。"④青州府沿海的方志也多记载"海水

---

① （清）《(康熙)山东通志》卷 63,《灾祥》。
② （清）《(康熙)利津县新志》卷 39,《祥异》。
③ （清）《(乾隆)武定府志》卷 14,《祥异》。
④ （清）《(光绪)沾化县志》卷 4,《记事》。

溢"①，莱州府的方志将潮灾发生的时间记作四月（应为初一日），乾隆《潍县志》称："清康熙七年（1668）四月，大风，海潮溢四十余里。"②民国《潍县志》也载："清康熙七年（1668）四月，大风海啸，沦四十余里，泛涨两昼夜。"③

康熙十年（1671），大雨引发的潮灾，从荣成、文登一直影响到胶州湾沿海。据方志载：六月十三日，胶州湾一带，"大雨海溢，漂损庐舍，禾稼尽淹，冲压田地二百五十余顷"④。荣成、文登沿海，"大雨三日，海啸，河水逆行，漂损庐舍，禾稼尽淹"⑤。

乾隆二十四年（1759）闰六月二十八日至七月初二日，同一次潮灾影响了整个山东沿海近十个县城和盐场：乾隆《利津县志补》称："水潮为灾。"⑥光绪《沾化县志》载："海水溢，漂没田禾庐舍，奉旨赈恤免本年田租。"⑦据当地地方官的奏报，"闰六月二十八、九、三十等日，沿海风雨甚大。时值海潮大汛，东北风两昼夜一不住，鼓潮而上，以致近海之沾安（化）、海丰、利津、乐安等四县及永利、官台、王家冈等四场民灶地亩秋禾被碱水淹没，房屋间有倒塌，盐垣坨盐多被冲淹，乐安县间有淹毙人口……"七月初一日、初二日，风雨两昼夜，海口潮汐涌入，山水又复陡发，以致近海之胶州、平度、高密、即四州县民房间有水冲塌，田禾亦有损伤。⑧"乾隆三十三年（1763）八月二十八日，海水泛溢，溺死者百余人。"⑨

光绪二十一年（1895）四月初三至六日，天津沿海特大风暴潮："大沽

---

①　（清）《（咸丰）青州府志》卷63，《祥异》。

②　（清）《（乾隆）潍县志》卷6，《祥异》。

③　（民国）《潍县志》卷3，《通纪》二。

④　（清）《（康熙）胶州志》卷2。

⑤　（清）《（道光）荣城县志》卷1，《灾祥》；《光绪文登县志》卷14。

⑥　（清）《（乾隆）利津县志补》卷6，《近岁祥》。

⑦　（清）《（光绪）沾化县志》卷14，《祥异》。

⑧　乾隆二十四年七月十六日山东巡抚阿尔泰奏，《清代黄河流域洪涝档案史料》，第221—222页。

⑨　（清）《（乾隆）利津县志补》卷6，《近岁祥异》。

发生一次大暴雨和灾害性的 20 尺海啸时,洪水达到极点。……1895 年在大沽发生的特大暴雨和海啸,在河口处及其附近,几乎把什么都毁了。"①天津《直报》记载:"沿海浪高 7 米,高潮越过新河,船只被冲走,塘沽和北塘间铁路被冲断,以大沽口到岐口一带的七十二连营基地都被冲得荡然无存,海挡全部冲没。""塘沽淹没土屋将及千数百家。"民国《沧县志》称:光绪二十一年四月初三至初五日,大风急雨,城内坏民房数万间,妇孺多避居庙宇,东北乡麦苗淹没殆尽。海啸,海防各营死者二千余人。② 民国《青县志》载:"光绪二十一年四月三日,海啸,淫雨七昼夜,房舍皆倾圮。"③

　　光绪二十二年(1896)年因大雨引发的潮灾,波及了辽东湾及北黄海沿岸:六月十三、四日,"大雨滂沱,连宵达旦,以致安东县属之大东沟地方海水暴涨,平地潮涌四五尺,漫淹至大东沟东北尚有五六里之遥,其西南一带尽成泽国,西北亦皆波及。该处居民猝不及防,房屋多被冲塌,间有压毙人口情事"。光绪二十二年(1896)七月十一日盛京驻防大臣依克唐阿等奏渤海辽东湾的盖平、态岳、宁远、绵县等处也因"淫雨兼旬"、"海潮盛涨";"各盐滩均受灾浸"。④

(二) 长江下游三角洲

表 2-3　清代长江下游三角洲地区较大潮灾分布年表

海　域	潮灾年份	重大潮灾	合　计
黄海江苏海域	1644、1645、1650（2 次）、1654、1659、1661、1665、1722、1724、1747、1749、1754、1755、1759、1778、1781（2 次）、1799、1804、1805、1846、1848、1851、1872、1873、1875、1876、1881	1668、1772	29

① 《天津历史资料》第九章《九十年代的伟大斗争》,第 52 页。
② (民国)《沧县志》卷 15,《事实志》,大事年表。
③ (民国)《青县志》卷 13,《祥异》。
④ 光绪二十二年九月二十九日(朱批)依克唐阿等片,辽档第 137—138 页。

海　域	潮灾年份	重大潮灾	合　计
长江口	1644、1647、1649、1652、1655、1666、1671、1687、1689、1696、1702、1705、1708、1715（2）1722、1724、1729、1731、1732、1733、1734、1738、1743、1751、1758、1766、1776、1771（2）、1782、1783、1784、1789（3）、1791（5）、1794、1802、1805（2）、1823、1830、1833、1833、1838、1839、1847、1852、1857、1866、1875、1876、1877、1882、1883、1885、1886、1902	1651、1653、1658、1664（4）、1665（2）、1670（2）、1680、1681（2）、1691、1693、1696、1723、1741、1831（2）、1835（2）、1848（2）、1861、1881、1901（2）、1905、1911	92
杭州湾	1644、1646（2）、1647、1649、1650、1655、1664（2）、1668（2）、1675、1682、1691、1709（2）、1713、1715、1717、1718、1719、1727、1730（2）、1731(2)、1733(2)、1734、1735、1736（2）、1740、1742、1744、1745、1752、1755、1761、1764、1774、1778、1780、1789、1790、1791（2）、1793、1794、1796(2)、1797(2)、1799(2)、1816、1817、1822、1823（3）、1824、1827、1837、1849、1851、1853、1854（2）、1859、1862、1863、1864、1867、1875、1886、1887、1888、1890（2）、1891、1896(2)、1898、1900、1901、1911	1663、1670、1690、1712、1714、1723、1725、1741、1749、1762（2）、1771、1776、1832、1835（3）、1836、1843（2）、1850（3）、1881、1883(2)	119
浙南沿岸	1737、1741、1795、1796、1802、1817、1820、1830、1832、1834（2）、1835、1836、1843、1852、1853、1854（2）、1864、1874、1890、1894	1712、1763（2）、1766、1854、1855（2）、1881（2）	26
总　计		99	266

　　按照上表可知,在长江下游三角洲地区,同环渤海地区相比,发生风暴潮灾的次数以及大型风暴潮灾的次数,大大多于环渤海地区,是中国受海洋风暴潮灾最严重的地区之一。长江下游三角洲地区中,黄海江苏海域在清代发生重特大风暴潮灾的次数是 29 次;长江口 92 次,辽东湾及杭州湾海域119 次,浙南沿岸海域 26 次。长江口与杭州湾是发生风暴潮灾次数最多的区域,其次为黄海江苏海域,浙南沿岸海域。

　　另,长江下游三角洲地区清代严重潮灾记录整理如下:

　　顺治十一年(1654)六月二十一、二十二日江苏沿海的风暴潮灾:强台风从长江口登陆,疯狂袭击了江苏沿海。《清实录》里载有:"江南苏州、常州、松江、镇江等府、飓风海溢。房屋树木、半被漂没倾拔。男妇溺死无算。"①嘉定县,"顺治十一年六月二十一日,大风雨,海溢出"。② 宝山县,"大风雨,海溢,平地水深丈余,官民庐舍悉倾,沿海人民溺死无算"。③ 崇明,"东北风大作,潮高五、六尺,居民溺死无算,越二日方退"。④ 川沙沿海,"大风雨,海溢,漂没人畜庐舍"。⑤ 南汇,"大风雨,海溢,人多漂没"。⑥ 上海县,"疾风暴雨,海水泛溢,直至外塘,人多溺死,室庐漂没"。⑦ 太仓,"大风雨,海溢"。⑧ 靖江,"海啸,平地水深丈余,漂没民房无数,溺死男妇千余口"。⑨ 直隶通州,"飓风涌潮,死者以万计"⑩。东台沿海,"风雨大作,海潮涨"。⑪ 这次潮灾波及范围达到苏州、常州、松江、镇江、扬州等府以及安徽部分县,死亡人口至少在数万人以上,这次潮灾是有史料明确记载的死亡人数达到万计的第一次特大潮灾。

　　顺治十八年(1661)七月十五、十六日,通州、东台沿海大潮灾:通州,"清顺治十八年(1661)七月十五日,海潮灌河,河水尽黑,鱼虾为之俱绝"。⑫ 东台,"海潮至,淹庐舍无算"。⑬ 时人作诗描述此次潮灾称:

　　"辛丑七月十六夜,夜半飓风声怒号。天地震动万物乱,大海吹起三

----

①　《清世祖实录》卷84,顺治十一年六月庚辰条。

②　(清)《(光绪)嘉定县志》卷5,《机祥》。

③　(清)《(光绪)宝山县志》卷14,《祥异》。

④　(清)《(光绪)崇明县志》卷5,《祲祥》。

⑤　(清)(光绪)《川沙厅志》卷14。

⑥　(清)(光绪)《南汇县志》卷22。

⑦　(清)褚华《沪城备考》卷三;(清)叶梦珠《阅世编·灾祥》,上海古籍出版社1981年版。

⑧　(清)《(嘉庆)直隶太仓州志》卷58,《祥异》。

⑨　(清)《(康熙)靖江县志》卷5,《祲祥》。

⑩　(清)《(乾隆)直隶通州志》卷32,《祥祲》。

⑪　(清)《(嘉庆)东台县志》卷7,《祥异》。

⑫　(清)《(康熙)通州志》卷1,《机祥》。

⑬　(清)《(嘉庆)东台县志》卷7,《祥异》。

丈潮,茅屋飞翻风卷土,男女哭泣无栖处。潮头驰到似山摧,牵儿负女惊寻路。四野沸腾那有路? 雨洒月黑蛟龙怒。避潮墩作波底泥,范公堤上游鱼渡。悲哉东海煮盐人,尔辈家家足苦辛。濒海多雨盐难煮,寒宿草中饥食土。壮者流离弃故乡,灰场蓄满地无卤。招徕初荣官长恩,稍有遗民归旧樊。海波忽促余生去,几千万人归九泉,极目黯然烟火绝,啾啾鸣鸟叫黄昏。"①

康熙四年(1665)七月初一至初三日,长江口一带及苏北沿海风暴潮:"七月初一日,大风,海潮溢,龙下糜场泾伤数人,禾湮八九里,破民居二十余家。"②"上海、嘉定、吴淞,飓风海溢。吴淞城水高六、七尺,岁大祲。"③靖江县,"大风拔树,潮涌,毁房屋甚多,凡三日始息"。④ 崇明"飓风猛雨大潮"。⑤ 如皋,"夏大风,海潮大上"。⑥

损失最惨者,莫过于清代海盐重要产区两淮盐场,尤其是东台,"飓风作,拔树,海潮高数丈,漂没亭、场、庐舍、灶丁男女数万人,凡三昼夜始息,草木咸枯死"。⑦ 盐城,"清康熙四年(1665)七月初三日,大风拔木,海啸入城,人畜庐舍漂溺无算"。⑧

这次潮灾甚至波及了江苏内陆以及浙江沿海地区,高邮"七月三日飓风大作,湖水涨城市,水涌丈余,民大饥"。⑨ 兴化"大水,漕堤决。七月初三日大风雨,海潮尽涌,诸湖涨溢,田禾没"。⑩ 徐州府"七月飓风大作,发屋拔木,河船复者无数"⑪。同治《重修两浙盐法志》:"康熙四年(1665)七月,松属下砂三场、袁浦场、海宁许村场、山阴钱清场、嘉兴西路场产盐之地,遭飓

---

① （清）《(嘉庆)东台县志》卷38,《艺文》。
② （清）《(嘉庆)直隶太仓州志》卷58,《祥异》。
③ （清）《(光绪)嘉定县志》卷5,《机祥》。
④ （清）《(康熙)靖江县志》卷5,《祲祥》。
⑤ （民国）《崇明县志》卷18,《杂事志之附灾异》。
⑥ （清）《(嘉庆)如皋县志》卷23,《祥祲志》。
⑦ （清）《(嘉庆)东台县志》卷7,《祥异》。
⑧ （清）《(乾隆)盐城县志》卷2,《祥异》。
⑨ （清）《(嘉庆)高邮县志》卷12,《灾祥》。
⑩ （清）《(咸丰)重修兴化县志》卷1,《祥异》。
⑪ （清）《(同治)徐州府志》卷25。

风霆雨海啸潮冲,房舍漂流,田禾淹没,各灶多有离散。"①

　　康熙三十五年(1696)六月初一日大潮灾。此次风暴潮灾因被灾害学界视为中国历史上最大的海潮灾害而广为记载。雍正《崇明县志》载:"康熙三十五年六月初二至初三日,海潮大灾,狂风骤雨,大树尽拔,民死约数万,禾棉尽淹,尸横河港,遍野哀号。"并按曰:"卅五年之潮,发于月初半夜,时久无海啸,人不设防,又黑夜无光,猝难求避,故随潮而没者至有数万人,沿海民人庐舍为之一空。河港壅塞,水至不流。至次年,田庐荒芜,野鲜人烟,以人没入潮者众也。"②上海地区康熙三十五年(1696)后置县的方志对此次潮灾的追述大多语焉不详且基本雷同:光绪《川沙厅志》载:"康熙三十五年六月初一日,飓风、大雨、海溢,漂溺人民无算,盐场尽没。"③光绪《南汇县志》称:"康熙三十五年六月初一日,暴风,海潮没盐场,民死亡枕藉。"④同治《上海县志》中记:"夏六月朔,飓风大雨,夜半海溢,漂没海塘庐舍人畜无算。"⑤光绪《奉贤县志》云:"康熙三十五年六月初一日,飓风大作,漂溺人民,盐场尽没。"⑥太仓州附属县志中,光绪《嘉定县志》称:"飓风,海滨平地水一丈四五尺,漂没庐舍,淹死万七千余人。"⑦光绪《宝山县志》云:"飓风,海滨平地丈四五尺,庐舍漂没殆尽,淹死一万七千余人。"⑧民国《宝山县续志》:"海水溢,漂没数万户。"⑨道光《璜泾志稿》:"大东北风,雨大潮浸,漂没民居,死者甚众。"⑩

　　康熙《三冈续识略》也载有:"丙子六月初一日,大风,暴雨如注。时方忧旱,顷刻沟渠皆溢,欢呼载道。二更馀,忽海啸,飓风复作,潮挟风威,势汹

---

　　① (清)《(咸丰)重修两浙盐法志》卷18,优恤,清同治刻本。
　　② (清)《(雍正)崇明县志》卷9,《蠲赈》。
　　③ (清)《(光绪)川沙厅志》卷14。
　　④ (清)《(光绪)南汇县志》卷22,《祥异》。
　　⑤ (清)《(同治)上海县志》卷30,《祥异》。
　　⑥ (清)《(光绪)奉贤县志》卷20,《杂志》。
　　⑦ (清)《(光绪)嘉定县志》卷50。
　　⑧ (清)《(光绪)宝山县志》卷14,《祥异》。
　　⑨ (民国)《宝山县续志》卷17。
　　⑩ (清)《(道光)璜泾志稿》卷7,《灾祥》。

涌,冲入沿海一带地方,几数百里。宝山纵亘六里,横亘十八里,水高于城丈许。嘉定、崇明、吴松、川沙、柘林八九团等处,漂没海塘五千丈,灶户一万八千,淹死者共十馀万人。黑夜惊涛猝至,居人不复相顾,奔窜无路。至天明水退,而积尸如山,惨不忍言。"①

康熙《续历年记》则称:"康熙三十五年六月初一日,大风潮,大雨竟日,河中皆满。宝山至九团南北二十七里,东海岸起至高行,东西约数里,半夜时水涌丈余,淹死万人,牛羊鸡犬倍之,房屋树木俱倒。狂风浪大,村宅林木什物家伙,顷刻漂没。尸浮水面者、压死在土中者、不可胜数。惨极惨极! 更有水浮棺木,每日随潮而下,高昌渡日过百具,四五日而止。"②

清人褚华著的《沪城备考》卷三《补遗》亦云:"康熙三十五年六月初一日,大风,暴雨如注,二更海溢,冲坏宝山城,水高二丈,漂没海塘五千丈,淹死数万千。"③

嘉庆《松江府志》:"康熙三十五年六月初一日,飓风大作,海潮溢,人民漂溺,盐场尽没。"④光绪《松江府续志》:"康熙三十五年六月间,忽遭海啸,漂没居民数千。"⑤

此外,受此次风暴潮影响,苏州沿江海的寿兴、永兴诸沙也因潮溢被淹。⑥

雍正二年(1724)七月十七、十八日江浙沿海台风风暴潮灾。该次强台风袭击了从长江口、浙江宁波沿海一直到苏北的盐城沿海。受灾地区包括江苏松江府属华亭、上海、南汇、金山、娄县、青浦,苏州府属吴县、昆山、吴江,常州府属常熟、江阴,太仓直隶州嘉定、宝山、崇明,通州直隶州之通州、如皋,扬州府属东台、兴化、泰州,淮安府属盐城等20余州县;浙江嘉兴府属

---

① （清）董含:《(康熙)三冈续识略》卷上,《海溢》,第3页。
② （清）姚廷遴撰《续历年记》康熙三十五年,见《清代日记汇抄》,上海人民出版社1982年版,第153页。
③ 《上海掌故丛书》第六册,第12页。
④ （清）《(嘉庆)松江府志》卷80,《祥异》。
⑤ （清）《(光绪)松江府续志》卷7,《山川志》。
⑥ （清）《(光绪)常昭合志稿》卷47。

嘉兴、海宁、海盐、平湖、桐乡,杭州府属仁和,绍兴府属上虞、会稽、山阴、萧山、余姚、嵊县,宁波府属鄞县、慈溪、象山、奉化、定海、镇海,温州府属永嘉等22县。雍正皇帝上谕:"七月十八十九等日,骤雨大风。海潮泛溢。冲决堤岸。沿海州县。近海村庄。居民田庐、多被漂没。"①"两淮巡盐御史噶尔泰奏称。七月内、海潮冲决范堤,沿海二十九场,溺死灶丁男妇四万九千余名口。盐地草荡,尽被漂没。"②

各受灾县县志中也均有记载。淮安府盐城县,"雍正二年七月十八日,飓风大作,海潮直灌县城,范堤外人畜溺死无算,浮尸满河"。③

扬州府沿海的盐场,"雍正二年七月十八日、十九日,风雨,东台等十场暨通海属九场,共溺死男女四万九千五百五十八口,冲毁范公堤岸,漂荡房屋牲畜无算"。④ 泰州,"海水泛涨,漂没官民田地八百余顷"。⑤ 兴化,"海溢"。⑥

通州沿海,"大风雨,海啸,市上行舟,潮涌范堤,沿海漂没一空"。⑦

苏州府沿江海地区,"潮溢,沿海诸沙居民均被淹"。⑧

太仓州沿海,七月十八、十九日,"骤雨大风,海潮泛溢,冲决堤岸,没州县近海村庄,居民田庐多被漂没"。⑨ 崇明县,"风潮海啸,平地水深数尺,禾棉尽淹,庐舍漂没,沿海淹死男妇二千余口"。⑩ 嘉定县,"飓风大雨,海溢,人庐漂没,棉花湮烂"。⑪ 宝山,"十八日飓风,海滨人庐漂没,岁祲"。⑫

---

① 《清世宗实录》卷24,雍正二年八月条。
② 《清世宗实录》卷25,雍正二年冬十月条。
③ (清)《(乾隆)盐城县志》卷2,《祥异》。
④ (清)《(嘉庆)东台县志》卷7,《祥异》。
⑤ (清)《(雍正)泰州志》卷1,《水旱祥异》。
⑥ (清)《(咸丰)兴化县志》卷1,《祥异》。
⑦ (清)《(乾隆)直隶通州志》卷12,《祥祲》;《(乾隆)如皋县志》卷24,《祥祲》。
⑧ (清)《(同治)常昭合志》册11,《祥异》。
⑨ (清)《(嘉庆)直隶太仓州志》卷58,《祥异》。
⑩ (清)《(雍正)崇明县志》卷9,《蠲赈》。
⑪ (清)《(光绪)嘉定县志》卷5,《机祥》。
⑫ (清)《(光绪)宝山县志》卷14,《祥异》。

松江府沿海，七月十八日，"大风雨，海潮溢，各团田庐盐场人畜尽遭淹溺"。① "飓风骤雨，自辰至酉势转剧，是日漂没民庐无算。"②上海县，"大风雨，海潮溢，田庐人畜尽溺"。③

常州府属江阴，"七月十九日夜飓风作，海潮溢。滨江及江心田岸冲坍，庐舍多圮，死者甚众"。④ 常熟，"七月飓风拔木，十九日潮溢，沿海诸沙居民均被淹"。⑤

此次风暴潮也影响了杭州湾沿海各县，且受灾程度有过之而无不及。雍正《浙江通志》载："雍正二年七月十八日，镇海大风雨，海水溢。鄞县、慈溪、奉化、象山、上虞、仁和、海宁、海盐、平湖、山阴、会稽、嵊县、永嘉，同时大水。镇海乡民避水者栖于屋脊或大木上。"⑥

浙江嘉兴府沿海，"海大溢，庐舍田禾被淹，溺民无算。风狂不已"。海盐县，"大风雨，海溢，塘圮"。⑦ 桐乡、石门，"飓风大作，海水入内河，味如卤"。⑧

杭州府之海宁沿海，"七月十九日，大风雨，海决，淹没良田，东南两路近一海处尤甚，漂去室庐无算。若大厦开门破壁，任水出入，幸留椽瓦；郭店、袁化诸桥梁无一存者"。⑨

绍兴府余姚县，"海溢，漂没庐舍，溺死二千余人"。⑩ 萧山县，"海风大发，潮冲西兴、昌泰、丰宁、盛盈、六围灶地庐舍倒坏，花息无收。"⑪余姚，"七月海溢，漂没庐舍，溺死二千余人。"⑫定海，"七月十九夜大风雨海潮倾塘，

① （清）《（雍正）分建南汇县志》卷16，《灾异》。
② （清）《（乾隆）娄县志》卷15，《祥异》。
③ （清）《（乾隆）上海县志》卷12，《祥异》。
④ （清）《（光绪）江阴县志》卷42，《祥异》。
⑤ （清）《（光绪）常昭合志稿》卷48，《祥异》。
⑥ （清）《（雍正）浙江通志》卷109，《祥异》。
⑦ （清）《（嘉庆）嘉兴府志》卷3。
⑧ （清）《（嘉庆）桐乡县志》卷12。
⑨ （清）《（乾隆）海宁州志》卷16，《杂志》。
⑩ （清）《（乾隆）余姚志》卷11。
⑪ （民国）《萧山县志稿》卷5。
⑫ （清）《（光绪）余姚县志》卷7，《祥异》。

漂没田庐"。①

　　宁波府沿海,方志称此次风暴潮灾为"海啸"②。雍正《象山县志》载:
"海啸,饭铺客商俱遭淹没。"③光绪《定海厅志》称:"大风雨,海潮倾塘溢
田,漂没庐舍。"④乾隆《镇海县志》载:"大雨,海水溢,乡民避水者栖于屋脊
或大木上。"⑤光绪《鄞县志》云:"海塘被潮冲决。"⑥

　　此次海啸正值农历大潮汛时出现,说明这次台风气压甚低、风力大、台
风强。台风可能路径:由于灾情分布于东部沿海地区(南起温州至北至江
苏赣榆),推断登陆点最有可能在浙江中部地区,然后沿岸北上。⑦

　　雍正十年(1732)七月十六、十七日,长江口特大风暴潮灾。此次潮灾
从长江口登陆,遍及沿海十几个县,近三十种地方文献记录了此次潮灾。从
文献记录的灾情来看,潮灾中心应在今上海市南汇区沿海一带。雍正《分
建南汇县志》载:"雍正十年七月十六日二鼓,海潮怒涌,浪如山,过外塘,驾
内塘,冲突而西,距内塘二十里而遥,平地水深三四尺,内塘东树高屋极者,
葱薪屋茅绕其杪。居民或全家漂没,统计死什六七,六畜无存,室庐皆为瓦
砾场,不辩里井,塘西险处亦如之。四、五、六团大酷,尸遍回畦、井渠如莽,
尽漂,未入土棺。水稍退,尸棺塞河,流水尽黑,脂膏浮面,味腥恶,鱼死,田
稼尽烂。"同书亦称:"雍正十年七月十六、十七日,海潮乘风大溢,内塘西二
十里而遥皆湮没,塘左右尤甚。"⑧

　　上海地区的其他方志亦多记载此次大型潮灾:乾隆《崇明县志》:"雍正十
年七月十六日夜,海溢,卯辰二时,天色如墨。居民背离死无算。岁大饥。"⑨

---

①　(民国)《定海县志》卷16。

②　(清)《(雍正)宁波府志》卷36,《祥异》。

③　(清)《(雍正)象山县志》卷7

④　(清)(光绪)《定海厅志》卷25,《机祥》。

⑤　(清)(乾隆)《镇海县志》卷4,《祥异》。

⑥　(清)(光绪)《鄞县志》卷69,《祥异》。

⑦　《影响华东500年历史资料重建》,上海台风研究所,http://data.typhoon.gov.
cn/TYDATA500/home.htm。

⑧　(清)《(雍正)分建南汇县志》卷16,《灾异》;卷6,《海塘》。

⑨　(清)《(乾隆)崇明县志》卷13,《禩祥》。

乾隆《上海县志》："雍正十年七月十五日，飓风大作。十六日大雨如注，海潮横溢，城内水溢于途，浦东沿海水至树杪，至十七日始息。"①光绪《嘉定县志》："雍正十年七月十六日夜，飓风海溢。"②乾隆《宝山县志》："雍正十年七月十六、十七日两昼夜，东北飓风，海潮溢岸丈余。吴淞城内，官署民房皆坍；沿海人民死者甚众。"③光绪《奉贤县志》："沿海之乡民田庐舍竟并遭淹没。"④光绪《金山县志》："秋七月连日飓风海溢，溺民居，蝗生食禾，岁大饥。"⑤光绪《川沙厅志》："雍正十年七月十六日黎明，东北风烈甚，大雨。午后大风，拔木仆屋，声如万雷。漏下二鼓，海潮怒涌过内塘，又冲突而西十余里，平地水深三四尺，居民或全家漂没，死无算"。⑥光绪《青浦县志》："秋七月大风大溢。"⑦乾隆《娄县志》："秋七月十六日，飓风，拔木覆屋，海溢，漂民居。"⑧同治《苏州府志》载："七月庚子大风雨，海溢，平地水丈余，漂没田庐，溺死人畜无算。"⑨民国《吴县志》也载有："大风雨海溢，平地水丈余，漂没田庐，溺死人畜无算。"⑩光绪《华亭县志》："雍正十年七月十六日，飓风，拔木发屋，海溢，漂民居。"⑪

地处江口内缘的常熟、镇洋等县也受到此次潮灾的侵袭，乾隆《支溪小志》："清雍正十年，潮灾大作，漂没田庐，淹死丁口以巨万计。"⑫光绪三十四年《常昭乡土历史教科书》："雍正十年七月，大风雨，海潮泛溢，平地水深

① （清）《（乾隆）上海县志》卷12，《祥异》。
② （清）《（光绪）嘉定县志》卷5，《机祥》。
③ （清）《（乾隆）宝山县志》卷3，《机祥志》。
④ （清）《（光绪）奉贤县志》卷4，《水利志》。
⑤ （清）《（光绪）金山县志》。
⑥ （清）（光绪）《川沙厅志》卷14，《祥异》。
⑦ （清）（光绪）《青浦县志》卷29，《祥异》。
⑧ （清）（乾隆）《娄县志》卷15，《祥异志》。
⑨ （清）同治《苏州府志》卷143，《祥异》。
⑩ （民国）《吴县志》卷55，《祥异考》。
⑪ （清）（光绪）《华亭县志》卷22，《杂志》。
⑫ （清）（乾隆）《支溪小志》卷1，《地理志》，《水利》。

丈余。"①道光《昆新两县志》："（昆山、新阳）七月十六日大风拔木，海溢，沿海民淹死无算，本邑田禾尽淹。"②道光《璜泾志稿》："雍正十年七月十四日，大风海溢。予所居水深一尺，三日始退；沿海深丈余，邑庐人畜漂溺无数。"③同治《常昭合志》："雍正十年七月十六日，大风雨，海溢。平地水深丈余，漂没田庐，溺死人畜无算。"④嘉庆《直隶太仓州志》："雍正十年七月十六日未刻，飓风，海潮大溢，没庐舍无算，人畜死者不可胜计。近海平地水深二丈余，延及内地四十余里。……"⑤

潮灾也影响了长江北岸地区，"雍正十年七月，风雨大作，坏屋拔木，江海溢"⑥。乾隆《如皋县志》："雍正十年秋，风雨大作，坏屋拔木，陆地水深尺许，江海溢。"⑦咸丰《兴化县志》："雍正十年七月，大风雨，海溢。"⑧乾隆《直录通州志》："雍正十年秋，风雨大作，江海水溢。"⑨乾隆《震泽县志》："雍正二年七月大风潮，以海啸故，太湖泛溢。"⑩

台风风暴潮甚至还激发了江潮泛溢为灾，民国《江阴县续志》："雍正十年七月，黄云盖天，飓风大作，江潮泛溢，声震山谷，拔木毁屋，平地出水数尺，继以暴雨不休，南北两门水及门板，北外浮桥漂没，傍桥里余民舍皆坏。濒江及各河溺死居民数千人，禾稼连根扫荡，为数百年未有之灾。"⑪

"清史稿"对此作了灾情综述，"雍正十年七月，苏州大风雨，海溢，平地水深丈余，漂没田庐人畜无算；镇洋飓风，海潮大溢，伤人无算；昆山海水溢；宝山飓风两昼夜，海潮溢，高丈余，人多溺毙；嘉定海溢；崇明海溢，溺人无

---

① （清）（光绪）三十四年《常昭乡土历史教科书》第四十七课，《水旱之灾》。
② （清）道光《昆新两县志》卷39，《祥异》。
③ （清）道光《璜泾志稿》卷6，《艺文志》。
④ （清）同治《常昭合志》册11，《祥异》。
⑤ （清）嘉庆《直隶太仓州志》卷58，《祥异》。
⑥ （清）嘉庆《扬州府志》卷70，《事略》。
⑦ （清）（乾隆）《如皋县志》卷24，《祥祲》。
⑧ （清）《（咸丰）兴化县志》卷1，《祥异》。
⑨ （清）《（乾隆）直录通州志》卷32，《祥祲》。
⑩ （清）《（乾隆）震泽县志》卷27，《灾祥》。
⑪ （民国）《江阴县续志》卷1，大事表，《灾异》。

算:青浦大风海溢"①。如此点到为止的描写,显然与事实中的风暴潮发生的真实场景与受灾程度相差甚远。时人对此次大型风暴潮灾评论是:"雍正二年七月十七八两日,飓风拔木,虞山吾谷枫林几为之凋,十九日潮水上岸,较康熙三十五年更高三尺。沿海诸沙居民多被淹,崇明及江北盐场尽没,本地犹幸潮退较速,稻禾花豆颇损,人民获全。至后十年之灾,乃从来未有者也。"②

乾隆十二年(1747)七月十四、十五日长江口风暴潮灾,也影响了杭州湾地区。受灾范围包括:江苏崇明、宝山、太仓、镇洋、松江、上海、南汇、华亭、青浦、金山、奉贤、嘉定、吴县、常熟、昭文、昆山、新阳、江阴、丹阳、海州、泰州、泰兴、靖江、兴化、山阳、阜宁、盐城、桃源、武进、邳州、宿迁、睢宁、铜山、沛县、安寿等30余州县,以及浙江海宁、镇海和福建莆田等。

《清史稿·五行志》载:"乾隆十二年七月,海宁潮溢;镇海海潮大作,冲圮城垣;苏州飓风海溢,常熟昭文大水,淹没田禾四千四百八十余顷,坏庐舍二万二千四百九十余间,溺死男女五十余人;昆山海溢,伤人无算;泰州大风海溢,淹盐城,伤人甚多。"《清高宗实录》中也有江苏巡抚安宁的奏稿:"苏松等属之崇明、宝山、上海、镇洋、常熟、昭文、南汇、江阴、各县,沿海沿江等处,于七月十四日夜,飓风陡作,大雨倾注,海潮泛溢,田禾被淹。人民房屋,亦有漂没冲坍。而崇明、宝山、为最重,上海、镇洋、似觉亦重。"③不过当我们翻阅诸沿海各地方志时,就会发现,真正的灾情要比官员们的描述严重得多,受灾范围也更广。

道光《苏州府志》载:"乾隆十二年七月十四日,飓风海溢。常熟、昭文二县境内淹没田禾四千四百八十余顷,坏庐舍二万二千四百九十余间,溺死男女五十三人。"④

---

① （民国）赵尔巽:《清史稿》卷40,《志》十五,《灾异》一本,民国十七年清史馆本。

② （清）郑光祖:《一斑录》杂述一,《海塘》,清道光舟车所至丛书本。

③ 《清高宗实录》卷296,乾隆十二年八月条。

④ （清）《(道光)苏州府志》卷144。

嘉庆《直隶太仓州志》称：七月十四日夜，飓风陡作，大雨倾注，海洋泛溢，田禾被淹，人民房屋亦有漂没冲坍。① 而崇、海、宝山为最重。宝山县，"飓风海溢，练祁土塘毁，田庐漂没，溺死甚重，岁祲"。② 该县亲历此次潮灾的居民杨以声有诗为记："飓风蹴浪海堤奔，一泻洪涛万屋倾。呼吸死生人似梦，模糊陵谷鬼犹惊。灶沈水底青烟绝，尸积塘坳白骨横。十五年来逢两厄，九重保障最关情。"③崇明县也是"海溢，溺人无算"的惨状。④

松江府沿海受灾甚重，嘉庆《松江府志》称："大风海溢，人民漂没，上海南汇两县溺死二万余人。"⑤

此次台风还影响了苏北沿海，嘉庆《东台县志》；《（道光）泰州志》记载："乾隆十二年七月十四、十五、十六日，大风海溢，淹损通、泰属盐场男妇。"⑥光绪《盐城县志》卷一七，杂记亦称："七月十五日，大风拔木伤禾，濒海居民多溺死。"

杭州湾的杭州、绍兴、宁波也受到此次潮灾影响。乾隆《海宁州志》载："大小山圩潮溢。"⑦乾隆《镇海县志》亦载："飓风大作，潮水冲决，北城尽圮。"⑧同书卷4，《祥异》称："海潮大作，东北风，冲决城塘尽圮，民舍亦多漂没。"《余姚六仓志》亦称："海啸。"⑨

此外，道光《莆田县志稿》载："乾隆十二年七月十四日，风雨大作，海溢，晚稻薯豆尽被淹没。"⑩可能也是受此次台风影响所致。

乾隆三十五年(1770)七月二十三日，绍兴府沿海的萧山等县发生特大风暴潮灾。当时在绍兴官府当幕僚的汪辉祖记云："七月二十三日大风雨，夕，海水溢入西兴塘至宋家娄八十余里，芦（广枣）河、北海塘大决，其余决

①　（清）《（嘉庆）直隶太仓州志》卷3，《祥异》。
②　（清）《（光绪）宝山县志》卷14，《灾异》。
③　（清）《（光绪）宝山县志》卷14，《灾异》。
④　（清）《（光绪）崇明县志》卷5，《祲祥》。
⑤　（清）《（嘉庆）松江府志》卷80，《祥异》。
⑥　（清）《（嘉庆）东台县志》卷7，《祥异》、道光《泰州志》卷1，《祥异》。
⑦　（清）《（乾隆）海宁州志》卷16，《杂志》。
⑧　（清）《（乾隆）镇海县志》卷3，《城垣》。
⑨　（民国）《余姚六仓志》卷19。
⑩　（清）《（道光）莆田县志稿》第二十册，《祥异》。

处甚多,塘外业沙地者,男妇淹毙一万余口,尸多逆流入内河,浮尸及殡厝旧棺无算,两日不能过舟。余家水深二尺余,越日而消。"①民国《萧山县志》作者按曰:"同日,西兴三都二图西江塘亦决,淹毙人口,漂没庐舍。"②当地士绅施元龙在此次潮灾中,"葬漂棺八百余"③。

风暴潮造成浙江特大潮灾,萧山、钱清、山阴、会稽、上虞、温州、宁波、乐清、瑞安、平阳、泰顺、玉环等沿海各县不同程度受灾。嘉庆《嘉兴府志》载:"乾隆三十五年七月二十三日,大风潮,东北风张甚,继转南风,塘多破损。"④乾隆《杭州府志》称:"乾隆三十五年七月,大风雨,山水江潮并至,仁和、海宁低田被淹。"⑤

乾隆四十六年(1781)六月十八、十九日风暴潮灾。此次风暴潮灾主要发生在长江口岸段,兼及杭州湾北岸地区。受灾州县有江苏崇明、上海、宝山、南汇、华亭、松江、娄县、青浦、吴县、常熟、昆山、新阳、江阴、太仓、通州、如皋、泰兴、靖江、泰州、东台、阜宁,以及浙江平湖、嘉善、桐乡、海盐等25州县。而受灾最重的当属太仓州之崇明县,"乾隆四十六年六月十八、十九两日风潮大作,淹死居民一万二千人,坏民房一万八千一百二十二间"。⑥宝山县,"飓风,潮倾土塘五、六处,折木毁庐,有溺死者。岁大祲"。⑦州治镇洋县,"海溢,岁饥"。⑧璜泾镇,"大风雨,海溢,沿海漂溺室庐无算,是岁饥"。⑨

松江府沿海受灾亦重,华亭、奉贤沿海,"六月十八日,大风雨,拔木覆舟,坏屋庐。……咸潮溢入内河,经半月水复淡。沿海官民癏舍多有漂没者"。⑩上海、南汇沿海,"乾隆四十六年六月十八日,大风雨,海溢,拔木

① (清)汪辉祖:《病榻梦痕录》卷上,续修四库丛书影印道光三十年刻本。
② (民国)《萧山县志》卷5,《田赋门》,《水旱祥异》。
③ (清)《(乾隆)绍兴府志》卷59,《人物志》十九。
④ (清)《(嘉庆)嘉兴府志》卷30,《海塘》。
⑤ (清)《(乾隆)杭州府志》卷56,《祥异》。
⑥ (清)《(光绪)崇明县志》卷5,《祲祥》。
⑦ (清)《(光绪)宝山县志》卷14,《祥异》。
⑧ (清)《(光绪)太仓直隶州志》卷3,《祥异》。
⑨ (清)《(道光)璜泾志稿》卷7,《灾祥》。
⑩ (清)《(乾隆)华亭县志》卷16;《(光绪)奉贤县志》卷20,《杂志》。

仆屋,漂没人畜无算"。① 月浦,"飓风海溢,塘外庐舍漂没,居民溺死二百余人"。②

此次台风还影响到了长江口内缘濒江地区及苏北沿海,苏州府沿江一带,"飓风大作,海潮至胥江"。③ 昆山、新阳"六月十八日戌时,大风雨,拔树损屋,古墓华表摄去里许而坠。海水泛溢,沿海州县人畜庐舍漂没无算,湖水赤色逾至和塘西流,直达苏州城壕,境内水骤涨长四五尺"。④ 江阴"六月大雨飓风并作,江潮溢沙州及濒江庐舍俱坏,居民淹死毙甚众"。⑤ 靖江"六月十九日大风雨,历三昼夜,潮涨平地水深数尺,庐舍倒塌,溺死者无算,岁大祲"。⑥ 常州府之靖江县,"潮涨,平地水深数尺,庐舍倒塌,死者无数"。⑦ 淮安府之阜宁县,"风潮浸溢,淹没田庐"。⑧

浙江嘉兴府、杭州府沿海也受到此次台风风暴潮侵袭,六月十八日,沿海一带,飓风陡作,大雨竟夜,海潮汹涌,海宁、海盐的海塘被风潮冲损,海盐部分海塘被冲坍。⑨ 平湖、海盐沿海,"濒海庐舍漂荡无算。海潮逾塘入湖,湖水皆咸。"⑩

嘉庆四年(1799)七月初二至初五日,台风风暴潮影响长江三角洲地区及苏北沿海:七月初二日,浙江嘉兴府沿海,"风潮,海塘坍损"。⑪ 上海沿海,南汇、川沙,"大风雨,海溢。"⑫宝山,"嘉庆四年七月三日,飓风,摄舟云

---

① （清）《（嘉庆）上海县志》卷19,《祥异》;《（道光）川沙抚民厅志》卷12,《杂志》。

② （清）《（光绪）月浦志》卷10,《祥异》。

③ （清）《（道光）苏州府志》卷144,《祥异》。

④ （清）《（道光）昆新两县志》卷39,《祥异》。

⑤ （清）《（光绪）江阴县志》卷16。

⑥ （清）《（光绪）靖江县志》卷16。

⑦ （清）《（光绪）靖江县志》卷8,《祲祥》。

⑧ （清）《（光绪）阜宁县志》卷21,《祥祲》。

⑨ （清）《（嘉庆）嘉兴府志》卷30,《海塘》;（民国）《杭州府志》卷50,《海塘》四。

⑩ （清）《（乾隆）平湖县志》卷10,《外志》,《祥异》;《（道光）嘉兴府志》卷12,《祥异》。

⑪ （清）《（嘉庆）嘉兴府志》卷30,《海塘》。

⑫ （清）《（光绪）川沙厅志》卷14;《（光绪）南汇县志》卷22。

际,堕成两截,水势腾空,飞舞掷地,坏者不可胜计。海潮溢,平地水高四、五尺,土塘倾坍"。① 崇明,"清嘉庆四年七月三、四、五日,大风雨,海溢,民多溺"。② 黄海沿岸的东台,"嘉庆四年七月初三、初四日,大风、海溢,范公堤决,淹损民禾、拼茶、角斜等场,庐舍漂没"。③ 阜宁县沿海,"嘉庆四年七月初三、初四日,海潮溢,民溺"。④

（三）台湾海峡两岸地区

表2-4　清代台湾海峡两岸较大潮灾分布年表

海　域	潮灾年份	合　计
福建海域	1652、1659、1683、1685、1691、1710（3）、1721、1737、1741、1747、1748、1749、1752、1754（2）、1770、1774、1782、1784、1794、1795、1799、1809、1816、1831、1832、1834、1836、1848、1856（4）、1859、1861、1868、1877、1898、1899、1900、1901、1904、1909	45
台　湾	1691、1707、1720、1721（2）、1735、1740（3）、1743（2）、1744（2）、1745（3）、1748（2）、1749、1750、1751、1752、1753（2）、1754（5）、1758（2）、1763、1782、1787、1789、1790、1797、1806（3）、1809、1810（2）、1811（3）、1814、1821、1831、1845、1848、1851、1874、1877、1878、1880、1881、1882、1885、1892	60
总　计		105

＊据《清史稿》、《清实录》以及福建省天文资料组编印《福建省潮汐资料汇编》与徐泓《清代台湾自然灾害史料》整理而成。

台湾海峡两岸地区,也是中国遭受风暴潮灾最多的地区之一,但因台湾岛的阻隔,福建沿岸的大型风暴潮灾次数少于台湾岛。其清代主要大型风暴潮灾记录有:

① （清）《（光绪）宝山县志》卷14,《祥异》。
② （民国）《崇明县志》卷17,《灾异》。
③ （清）《（嘉庆）东台县志》卷7,《祥异》。
④ （清）《（光绪）阜宁县志》卷21,《祥祲》。

康熙三十年(1691)福建沿海海水暴涨。连江县"大风又作,海水暴涨,淹及沿海田户,人畜死者不计"①。罗源县也是如此,"三十年秋,潮水骤溢,渰死五里渡,陈家男妇十二口"②。闽侯、惠安两县以及晋江被波及,"海溢数丈"③,"民余(舍)漂没"。④

康熙四十九年(1710)五月,漳州海澄县"海溢伤稼"⑤,同年闰七月初五夜,"潮水暴涨,漂没沿海庐舍千有余家,棺枢无数,民皆架梁夺命,死少伤多,崩海岸八十余丈"⑥。漳浦"海水暴涨,飓风大作,漂民舍一千八百五十余间"⑦。龙溪"海潮堤岸皆圮"⑧。

乾隆二年(1937)八月初五夜,福建沿海受飓风侵袭,福鼎、霞浦"海潮大作,鱼虾游于秦岭道上"⑨、长乐"飓风海涨,沿海人居多漂溺"⑩。宁德"大风雨,海水溢"⑪、闽侯"乾隆二年八月十五日夜,飓风海溢,南台江水漫大桥"⑫、连江"飓风夜作,水溢南关外近东城垣马道间复颏"⑬。

乾隆四十七年(1782)四月二十二日台湾猝被台风。《清高宗实录》记载了闽浙总督等报奏福建台湾四月二十二日灾情,"福建台湾地方,于四月二十二日猝被飓风,海潮骤涨,致衙署、仓廒、营房、民居、多有倒塌,田禾人口亦有淹浸"。乾隆帝听后着令"该督抚务须督饬所属,详加查勘,实力抚恤,毋使一夫失所,以副朕轸恤海疆之至意。"督促其抓紧时间勘灾"其衙署、仓谷、课盐、战船等项,有倒塌冲失之处,并着查明实在数

---

① (清)《(乾隆)连江县志》卷13。
② (清)《(康熙)罗源县志》卷10。
③ (清)《(乾隆)泉州府志》卷73;《(乾隆)晋江县志》卷15。
④ 《福建省历史上自然灾害记录》,铅印本。
⑤ (清)《(乾隆)海澄志》卷18。
⑥ (清)《(乾隆)海澄县志》,卷18。
⑦ (清)《(乾隆)漳州府志》卷47;《(道光)重纂福建通志》卷272;《(光绪)漳州府志》卷47。
⑧ 《福建省历史上自然灾害记录》,铅印本。
⑨ (清)《(嘉庆)福鼎县志》卷7。
⑩ (民国)《长乐县志》卷3。
⑪ 《福建省历史上自然灾害记录》,铅印本。
⑫ (清)鲁曾煜《(乾隆)福州府志》卷75,《祥异》,清乾隆十九年刊本。
⑬ (清)《(乾隆)连江县志》卷2。

目,照例详悉妥议具奏"①。得旨之后,福建水师提督黄任简勘灾后汇报:"至台湾府属自入春以来,遁雨变获匀调,早禾秀发,府城于四月二十二日寅刻至未刻,猝被飓风大雨,海潮骤涨,口内停泊商哨船只多断碇,飘出外洋击碎。未进口之船,亦有漂没,并沉失谷石,淹毙人口,衙署、民居、营房间有倒塌,现经文员确查抚恤,分别妥办。海外素有风潮,而于此次为甚。"②

嘉庆二年(1797)八月二十八、二十九日台湾全岛与澎湖遭受台风,中、北部灾情严重,南部稍轻。道光《澎湖续编》中仅记载"(嘉庆)二年丁巳八月,风灾"。③ 看似轻描淡写的灾害记录,在官方的记载中,却是严重异常。如《清仁宗实录》载当年台湾镇总兵哈当阿等曾专门奏"台湾猝被飓风吹损晚稻民居"的折子。嘉庆帝得知:台湾"此次风势猛烈,致吹损禾稻,刮倒房屋,压毙人口"。令台湾镇总兵哈当阿迅速勘灾,"务须查明户口,并成灾分数,应行蠲缓之处,据实奏明办理。其坍塌民房,照例给与修费,总期各使得所,不可靳费"。④ 不久,台湾镇总兵哈当阿等勘灾后覆奏:"窃查本年八月二十八、九等日,台地猝被风灾,经臣□□□□□日恭折奏闻后,臣季学锦督同该府遇昌,分赴各厅县确勘被灾轻□□□□□督臣魁橔委粮道庆保,携带赈银二十万两来台,确查□□□□□覆勘灾分,面商核实赈恤,并已经垫给□理房费银数……该府汇册详报:淡防厅竹南保等乡共应赈灾户九千八百八十八户,内大口二万二千四百口,小口一万八千八十二口;台湾县大穆降(今台南县新化市)等乡共灾户一万五千三百五十九户,内大口三万四千二百五十二口,小口二万□千口;凤山县竹山里等乡共灾户一万七千六百三十四户,内大口三万六千六百八十九口,小口二万九千口;嘉义县大糠榔保(今云林县北港镇一带)等乡共灾户二万一千九百八十一户,内大口四万三千零九十口,

---

① 《清高宗实录》卷1158,乾隆四十七年六月条。

② 转引徐泓《清代台湾自然灾害史料汇编》之台湾洪灾和风灾史料,第85条,《宫中档》,台北故宫博物院藏,福建人民出版社2007年版。

③ (清)《(道光)澎湖续编》卷上,《祥异记》。

④ 《清仁宗实录》卷23,嘉庆二年十月条。

小口三万九千口;彰化县大肚保等乡共灾户一万九千一百二十户,内大口四万一千七百零一口,小口三万三千一百口,取具印委各员切结,并加结前来。……"①

光绪二十四年(1898)八月十五。连江"夜,飓风大作,海潮逆涌……"②长乐"因海啸塘复冲坏……"③霞浦"飓风狂雨,昼夜不息,海水陡涨,滨海之村,受害尤烈"④。

(四)珠江下游三角洲与环北部湾地区

表2-5　清代珠江下游三角洲与环北部湾地区较大潮灾分布年表

海　域	潮灾年份	合　计
潮惠海岸	1664、1666、1669(2)、1676(3)、1696、1701、1717、1718、1719、1750、1758、1770(3)、1773、1775、1800、1814、1821、1822(2)、1827、1832、1858、1881	27
珠江口海岸	1647、1662、1669、1673、1674、1683、1684、1687、1709、1717、1726、1738、1745、1761、1773、1795、1800、1848、1849、1856、1862、1863(2)、1874、1879、1887	22
雷琼廉海岸	1651、1653、1662、1672、1674、1685、1735、1737、1749、1750、1802、1808、1818(2)、1897、1899	19
总　计		68

因该地区港湾较多,有些呈半封闭型,当受到大型强热带气旋的影响下的海洋大潮来临时,无法宣泄,极易形成大型风暴潮灾。该地区的潮惠海岸海域发生大型风暴潮灾的次数最多,有27次,其次是珠江口海岸22次,最后是雷琼廉海岸19次。该地区清代大型风暴潮灾如下:

康熙十一年(1672)闰七月二十三日,海南岛飓风灾。"飓风怪作,平地水涌数尺。同日,三州十县城垣尽圮,官舍民居片瓦不存。合抱之树拔根飞

---

① 《明清史料戊编》卷9,《福建水师提督哈等奏折》,第877—878页。
② (民国)《连江县志》卷3。
③ (民国)《长乐县志》卷5。
④ (民国)《霞浦县志》卷3。

空,班船行空中,自东海过西海,飞腾数十里,伤人民数千,田禾尽淹。父老言:'自古来未有。'"①此次强台风席卷了整个海南岛,琼州府属各县方志均称受灾。在澄迈县:"清康熙十一年闰七月十七日至二十五日,连日飓风,二十五日震荡催撼更甚,崩崖拔木,倒折棁星柱石,城中陨折公廨,乡居倾尽民房,伤败高田坡稻,摧折园林罗殖,海水涨溢,海边田禾咸灌失收,蛋场村址,几经水灾,从无若此之甚。是日漂流屋宇,溺死六人,淹没牲畜,民居荡然。"②崖县,"倾倒城垣署舍,不可胜计,山水海潮汇溢,淹死男女十多口"。陵水县,"飞瓦倒屋,人无立足之处,吹拔椰树过半"。临高县,"海水与井水并涨,城内水深八尺。定安,飞瓦走石,树拔城毁,官舍民房倒塌殆尽"。文昌县,"淹覆民舍数十间"。琼山县,"城垣塌十五丈,雉堞全堕,拔木淹禾"。③

康熙十三年(1674)六月初二日风暴潮灾。六月初二日,海南岛再次遭遇台风风暴潮侵袭,沿海各县,"海水溢,漂没人畜无算,崖州尤甚"。④ 琼山县,"飓风大作,海水涨溢,漂没人畜房屋无算。是年大饥"。⑤

康熙五十七年(1718)五月二十八日至六月初、七月二十九至八月初一日,潮州沿海台风风暴潮。"海阳、潮阳、饶平、澄海、普宁、南澳地区,夏秋飓风连作,海潮浸溢,损船只,坏民庐,溺死者不可胜计。"⑥五月二十八日,惠州府海丰县,"台风淫雨,半夜海水泛溢,浪高数丈,杨安都村落民畜淹没殆尽"。归善县沿海亦飓风淫雨,"覆商、渔船二百八十二只,溺男妇二十余人"。潮州府海阳县,五月二十八日夜,"台风拔木","北门东厢二三铺,南厢江东诸堤俱溃。"⑦潮阳、普宁等县均称:"台风、大水。"七月二十九日,饶平县沿海,"飓风大作,海潮汹涌,沿海田庐俱受其患"。⑧ 南澳岛"飓风大

---

① (清)康熙《昌化县志》卷1,《风土》。
② (清)康熙《澄迈县志》卷9,《杂志·记灾》。
③ 《广东省自然灾害史料》,第103页。
④ (清)道光《琼州府志》,《杂志·事记》。
⑤ (清)咸丰《琼山县志》卷29,《事记》。
⑥ (民国)《潮州志·气候志》第12页。
⑦ (清)(光绪)重刊乾隆《潮州府志》卷11。
⑧ (清)康熙《饶平县志》卷13,《续灾祥》。

作,海潮漫溢,三日夜乃止"。① 八月初一日,海阳、潮阳等县,"大飓,海潮涌入,城垣损坏,北堤崩溃,沿海淹死无数"②。

康熙五十八年(1719)八月十九日夜,潮州沿海各县,又遭台风袭击。南澳岛,"飓风大作,光如磷火,海涛涌起,损坏民房船只,淹毙人民无算"。海阳县,"台风,风中带火,损屋伤人无算"。澄海县,"舟吹陆地,屋起空中,压死人民无算;新溪涵、华富、下窖、三村堤岸俱决,被灾未有如此酷烈者"。③

乾隆三十五年(1770)六至八月,潮州沿海接连遭遇三次台风风暴潮侵袭。乾隆《揭阳县志》载:"乾隆三十五年六月初十夜,飓风大作,潮水涌坏民居无算。秋七月初三日夜,飓风作,大水至,初日午后方退。八月初五日,飓风大水,拔木伤禾稼。"嘉庆《澄海县志》亦称:"七月飓风,海溢;八月飓风连作,海潮暴溢,咸水淹城,近海村落俱殃,大水济至,东州堤决,晚禾不登。"光绪《潮阳县志》卷13,《灾祥》载:"八月十八日,海溢,沿江稻田淹没,谷多不登。"民国《潮州志·气候志》载:"乾隆三十五年八月,飓风海溢,拔伤禾稼。"惠州府海丰县沿海,"夏,大飓风,似从地吼出,坏东门城垣二处,计长十余丈;秋又飓,引咸潮上田,淹伤禾稼"。④

嘉庆十九年(1814)八月初十日夜,潮州沿海"飓风水涨"。嘉庆《澄海县志》载:初十日大飓,海潮溢,沿海港内,漂没船只,淹死者不可胜计。《韩江见闻》称:八月十一日丑寅刻潮作,飓异常,海水暴涨,雨味变苦。⑤

嘉庆五年(1800)五月初二日,澳门风暴潮灾。"飓风拔木,海水忽涨八九尺,禾稼尽伤,人物被淹者不知其数。"⑥

---

① (民国)《南澳县志稿·灾祥》。
② (清)(乾隆)《潮州府志》卷11,《灾祥》。
③ 分见:《(乾隆)南澳县志》、《(光绪)海阳县志》、《(嘉庆)澄海县志》,载《广东省自然灾害史料》,第107页。
④ (清)同治《海丰县志续编》卷1,《邑事》。
⑤ (清)(光绪)《潮阳县志》卷13,《灾祥》;《广东省自然灾害史料》,第114页。
⑥ (清)道光《澳门志略》,转引《广东省自然灾害史料》,第113页。

同治元年（1862）七月初一日广州府巨大风暴潮灾。广州府沿海诸县，"飓风、迅潮，覆舟坏屋无算，溺死数万人"。① 新会县，"六月三十日午后狂飓来，七月一日巳时暂息，午后忽大作，远近覆舟不可胜计"。香山县，"雨甚，水暴至，高丈余，濒海民居淹没甚夥"。顺德县，"平地水深数尺，覆舟坏屋、伤人无算"。东莞，"台风迅潮，漂民居无算，蛋户沉溺尤多"。番禺，"台风大作，水深数尺，人畜田庐逐波臣以去者十万计，至掀巨舶于市廛屋瓦上，四邻尽倾圮。有叶氏祠前石坊高三丈余，极坚牢，拔起。元武庙侧巨榕大四五十围亦仆，其他城乡，古木大半摧折"。南海县，新建制府行台，"亦多倾圮"。此次台风还影响至内陆的清远县，民国《清远县志》称："清远吹塌民房，文昌庙吹塌中座，覆舟坏屋，伤人无算。"该志还载："七月初一日飓风从澳门起，省城河面覆舟溺死者以数万计，省河捞尸八万余"。② 显然相关灾情是录自他志，但这次强台风还影响了内陆地区并造成珠江中的船只大量沉没是完全有可能，至于死亡人数有无八万之多，还需进一步考证。据高建国先生的研究③，此次台风影响了整个珠江三角洲地区，沿海地区风暴潮的潮位可能高达 7.6—8.5 米。

同治二年（1863）八月十五日夜，一次强台风袭击了雷州半岛及海南岛北部，雷州府海康县沿海，"飓风大作，海堤崩溃，东西两洋田舍悉被漂没，居民淹死者，约数千人"。琼州府琼山、定安等县，"八月初九飓作，十五复大飓，自西北角起，至午转正西而南，至东南而止。此日伤屋极多，溪水海水相礴，海南（琼州）海北（雷州）居民没入海者数万。吾邑（定安）瓦千枚价至三千钱有奇。此灾从来未有，各郡报风，两广总督毛公批：琼雷叠遭飓风"。④

同治十三年（1874）八月十三日，广州府沿海特大台风风暴潮。光绪

① （清）（光绪）《广州府志》卷82，《前事略八》。

② 以上均见《广东省自然灾害史料》，第119—120页。

③ 高建国：《历史灾害资料在当前减灾工作中大有作为：以1862年珠江三角洲的风暴潮为例》，《灾害学》1992年第2期。

④ （民国）《海康县续志》、（清）《（光绪）定安县志》，载《广东省自然灾害史料》，第120页。

《广州府志》卷82《前事略》对此作了灾情综述："风从东南海上起,顷刻潮高二丈,浊若泥滓。澳门坏船千余,溺死者万人,捡得尸者七千;香港死者数千,缉私船亦坏,自参将以下武弁死者十余人,香山、顺德围破塘决,沿海民被淹,受伤最重;东莞、新会、新安次之;南海、番禺又次之。风由东南上,西北至肇庆止。"①飓风并潮大作,坏房屋船筏无算。据方志的记述,此次风暴潮灾,当以澳门、香港受灾最重。此外,台风还波及惠州沿海,海丰县,"同治十三年八月十一日,大飓风,咸潮冲壤土茔,沿海禾没殆尽,船只房舍亦多损失"。②

光绪二十五年(1899)八月二十二日雷州半岛风暴潮灾,是日"飓风大作,海堤崩陷,淹没田庐无算,溺死男妇千余人"。③

大范围台风风暴潮是南海海域潮灾发生的一个重要特点。南海海域的风暴潮灾绝大部分是受台风影响,强台风来临之时,影响的海区极为广泛,有时多次在沿海地区登陆,造成大范围的风暴潮灾。清代光绪年间,三次席卷整个广东沿海的特大风暴潮是此类台风风暴潮的典型代表。

光绪三十二年(1906),一次强台风影响了广东珠江口及雷州、廉州沿海,引发特大风暴潮灾。八月初一日,台风影响珠江口各县,以香港的灾情最重。在南海:"八月初一日,飓风,香港尤甚,轮帆船沉没无算。"④宣统《东莞县志》亦载:"广州大飓风,香港轮船帆船覆没无算,邑万顷沙围堤多溃。"⑤"1906年9月18日(农历八月初一日),香港飓风仅二小时,塌屋沉船伤亡在十万以上,财产损失百万以上,据事后港政府报告,沉大船六十七艘,篷艇五十四,小汽轮沉毁七十余艘,其余小艇百余艘,灾情空前未有。"⑥

八月初三日,台风影响到高州府、廉州府沿海各县。民国《合浦县志》载:"八月初三申时大飓,初四日寅时息,圮墙倒屋,拔木,覆舟,卷人流畜。

① (清)(光绪)《广册府志》卷82,《前事略八》。
② (清)蔡逢恩纂,《(光绪)海丰续志》,《邑事》。
③ (民国)《海康县续志》,《广东省自然灾害史料》,第125页。
④ (清)《(宣统)南海县志》卷2。
⑤ (清)《(宣统)东莞县志》卷36。
⑥ 《广东省自然灾害史料》,第125页。

飓起时,挟猛雨,掣电空际,火球大如斗,外海内河,沉船无算,溺濒海居民逾千,均安亦溺277丁口,门扇远飞里许,巨舟吹入田匡,奇灾也。"钦县,"飞瓦拔木,塌屋崩基"。高州、廉州甚至广西省内陆的有些县也受到台风的影响:高州府石城县,"倒塌城堞垛子六十七个,坏衙署民房,伤禾稼,崩基围"。廉州府灵山县,"折屋拔木"。《兴业县志》(广西省)载:"八月大风,拔木倒屋,禾稻歉收,遭殃者以北海、香港、广东省城外为甚;盖北海、廉州屋无完瓦,树无立根,洋船、小船俱仆没,香港、广东大小船只十没五六,溺死者数千人。"①台风还在合浦等县引发了风暴潮,据20世纪60年代的调查资料,"清光绪三十二年八月初三日,飓风忽起,入夜更大,潮水掀高数尺,沉舟溺人无算。……民屋倾圮,田禾没,灾情不堪目睹。许瑞棠有诗记其事。诗云:百岁老人皆叹息,眼中未有此灾凶"②。

光绪三十四年(1908)七月、九月,广东沿海又发生了两次强台风风暴潮灾。

据方志记载:"光绪三十四年七月,飓风灾,大树尽拔,米益贵,平籴如曩岁,善后局拨款六万两,合商捐凑集二十余万,设立平籴公所,分西关、南关、河南、黄沙四大厂并接济各乡平籴米石。省港保安轮船夜触礁沉溺,毙多命。七月初一丑刻,飓风陡作,辰巳益烈,省河沉溺船只,伤毙人命千余,屋宇倒塌无算。"③

民国《清远县志》则称:七月初一日风灾,总督奏疏云:七月初一日,飓风自东南来,热极剧烈:省河吹沉民船八百余艘,扒船三号,火船三十艘,缉私轮船四艘,缉私勇船十一艘;溺死水勇三十名,都司一名,救回溺者百余人;倒塌房屋祠宇无算,死伤百余人。南(海)、番(禺)、东(莞)、顺(德)、清(远)各县,沉船塌屋,伤毙人命,所在多有。时东、西、北三江,潦水骤发,三府、一州、廿余县同时被灾,惨剧之情,前所未有。④

---

① 《广东省自然灾害史料》,第125页,载陈公哲编:《香港指南》(民国二十七年刊)。
② 《钦州地区历史自然灾害文献记载摘编及台风暴潮灾害实地调查记录》,第83页。
③ (清)《(宣统)南海县志》卷2,《舆地略》,《前事》。
④ 《广东省自然灾害史料》,第125页。

九月的这次台风风暴潮灾影响更为广泛,灾情几乎遍及广东沿海各县。据两广总督张人骏光绪三十四年十月十七日奏称:"广东省九月中旬,飓风陡作,潮水暴涨,广州府属之南海、香山、新会、新宁、三水,肇庆府属之高要、高明、新兴、开平、鹤山、德庆,罗定州及所属之东安、西宁,阳江州及所属之恩平,潮州府属之海阳、潮阳、揭阳、澄海、饶平,高州府属之电白,雷州府属之海康、遂溪、徐闻,琼州府属之琼山、临高,廉州府属之合浦,钦州及所属之防城等州县,或倒塌房屋伤毙之口,或损沈船只,或冲决围堤,或坍塌城垣,或淹浸田亩,灾情轻重不等。"①此外,民国《合浦县志》载:"光绪三十四年九月十二日,复飓,潮大涨。"民国《香山县志》称:"九月十七日,有怪风向邑之南方陡起,声势猛烈,邑城祠宇房屋多被倒塌。""潮州沿海各县,九月二十日大飓,损失甚重。"②

二、清代沿海风暴潮灾的特点

第一,严重的风暴潮灾多由飓风引起的热带风暴潮所致,间有温带气旋引起的温带风暴潮,不过,温带风暴潮灾远远不能与热带风暴潮所带来的危害度相比较。大型飓风来之前往往是严重持续的旱情或虫灾。如:康熙三十五年(1696),"华亭夏五月亢旱。六月,飓风大作,损拓林等处海塘"。③"康熙三十五年六月初一日,大风暴雨如注,时方状亢旱,顷刻沟渠皆溢,欢呼载道。二更余,忽海啸,飓风复大作,潮挟风威,声势汹涌,冲入沿海一带地方几数百里。宝山纵亘六里,横亘十八里,水面高于城丈许;嘉定、崇明及吴淞、川沙、柘林八、九团等处,漂没海塘千丈,灶户一万八千户,淹死者共十万余人。黑夜惊涛猝至,居人不复相顾,奔窜无路,至天明水退,而积尸如山,惨不忍言。"④常熟,"旱,五月蝗,七月飓风拔木,十九日潮溢,沿海诸沙居民均被淹"。⑤ 雍正二年,太仓州"夏有蝗自西北向东南去所伤禾数十顷,

---

① 《清代珠江韩江洪涝档案史料》,中华书局1988年版,第187页。
② (民国)《潮州志·气候志》,《广东省自然灾害史料》,第126页。
③ (清)《(光绪)重修华亭县志》卷23,《祥异》。
④ (清)《(康熙)三冈续识略》上卷,第3页。
⑤ (清)郑钟祥:《(光绪)常昭合志稿》卷48。

是岁七月十三日飓风作海潮溢"。① 嘉定县"二年春民饥,七月螟螣,十八日飓风岁祲"。②

第二,风暴潮发生的时间和空间都有一定规律。就空间而言,首先最受其害的是受强热带气旋风暴潮灾的影响的长江下游三角洲、台湾海峡两岸、珠江下游三角洲与环北部湾地区,即主要集中在东南部江苏、浙江、福建(台湾)、广东、广西的沿海地区。其次是位于温带风暴潮圈内的环渤海湾沿海地区。

按其发生时间来讲,长江下游三角洲地区风暴潮灾受强热带气旋影响多集中在6—9月份,此外每年6—10月份登陆福建北上的强台风亦造成长江下游三角洲地区风暴潮灾的原因。如,"清顺治十八年(1661)七月十五日,(通州)海潮灌河,河水尽黑,鱼虾为之俱绝。"③"康熙三十五年六月初一日,飓风大作,海潮溢,人民漂溺,盐场尽没。"④

台湾海峡两岸地区也是受热带气旋影响的多发区。本地区多发生在6—10月,而台湾岛常年受热带气旋袭击,影响时间为4—11月,以7—9月较为集中。因台湾岛地形差异,大型风暴潮灾主要集中在浅滩较多的西岸和东北海岸,东部海岸因地势较高,很少造成潮灾。如乾隆二年(1737)八月十五日夜,闽侯县"飓风海溢,南台江水漫大桥"⑤。乾隆四十七年(1782),福建台湾地区"于四月二十二日猝被飓风,海潮骤涨,致衙署、仓廒、营房、民居、多有倒塌,田禾人口,亦有淹浸"⑥。

珠江下游三角洲与环北部湾地区也是遭受热带气旋风暴潮灾影响多发区之一,该地区多集中在5—10月,因该地区港湾较多,有些呈半封闭型,所以极易发生风暴潮灾。如:"清康熙十一年(1672)闰七月十七日至二十

① （清）《（嘉庆）直隶太仓州志》卷58,《杂缀》一,清嘉庆七年刻本。
② （清）《（嘉庆）直隶太仓州志》卷58,《杂缀》一,清嘉庆七年刻本。
③ （清）《（康熙）通州志》卷1,《机祥》。
④ （清）《（嘉庆）松江府志》卷80,《祥异》。
⑤ （清）《（乾隆）福州府志》卷75,《祥异》,清乾隆十九年刊本。
⑥ 转引徐泓:《清代台湾自然灾害史料汇编》之台湾洪灾和风灾史料,第八十五条,《宫中档》,台北故宫博物院藏,福建人民出版社2007年版。

五日,连日飓风,二十五日震荡摧撼更甚,崩崖拔木,倒折棂星柱石,城中陨
折公廨,乡居倾尽民房,伤败高田坡稻,摧折园林罗殖,海水涨溢,海边田禾
咸灌失收,蛋场村址,几经水灾,从无若此之甚。是日漂流屋宇,溺死六人,
淹没牲畜,民居荡然。"①光绪二十五年(1899)八月二十二日,雷州半岛,
"飓风大作,海堤崩陷,淹没田庐无算,溺死男妇千余人"。②光绪三十二年
(1906),"(南海)八月初一日,飓风,香港尤甚,轮帆船沉没无算"。③

环渤海湾沿海地区主要是受温带气旋影响,多发生在春季4—5月,增
水值相对较小。寒潮带来的大风也是诱发北部沿海地区风暴潮灾的一个因
素之一。当冬季和初春节,西伯利亚或蒙古等地的冷高气压东移南下,其前
方冷锋到达渤海和黄海北部,造成偏东北大风,再加上渤海湾地区呈喇叭口
状,潮水不亦宣泄,极易造成风暴潮灾。如:利津"清康熙七年(1668)三月
二十九日,大风海溢数十里。"④青州府,康熙七年(1668)"四月,海溢"。⑤
潍县也同时"清康熙七年四月,大风海啸,沦四十余里,泛涨两昼夜"。⑥康
熙十六年(1677)"四月,海水溢溺死渔人六百有奇"。⑦乾隆十六年(1751)
"三月,潍县海水溢,掖县大风雨,死者甚众"。⑧光绪二十一年四月初三至
初五日,"大风急雨,城内坏民房数万间,妇孺多避居庙宇,东北乡麦苗淹没
殆尽。海啸,海防各营死者二千余人"。⑨

第三,风暴潮灾的突发性与狂暴性。在记录沿海潮灾时,常用的词汇
有:"陡"、"猝"、"猛"、"骤"等词语来形容风暴潮灾的突至。如嘉庆二十五
年十一月二十四日嘉庆帝谕旨中载有:"据阮元等奏,粤东滨海地方本年
九月间,猝被飓风大雨。"⑩"雍正九年,以中营把总巡哨外洋,猝遇飓风,自

---

① (清)《(康熙)澄迈县志》卷9《杂志·记灾》。
② (民国)《海康县续志》,《广东省自然灾害史料》,第125页。
③ (清)《(宣统)南海县志》卷2。
④ (清)《(康熙)利津县新志》卷39,《祥异》。
⑤ (清)《(咸丰)青州府志》卷63,《祥异》。
⑥ (清)《(乾隆)潍县志》卷3,《通纪》二。
⑦ (清)《(乾隆)武定府志》卷63。
⑧ (民国)《清史稿》卷40。
⑨ (民国)《沧县志》卷16,《事实志》,大事年表。
⑩ (清)《(道光)广东通志》卷2,《训典》二,清道光二年刻本。

小洋山飘至定海县之长白屿,舟碎。"①"本年(雍正十三年(1735))六月初二日夜,陡遇飓风大作,雨骤潮涌,冲破塘堤。石草塘身并附石土塘坍卸甚多,兼之冲有缺口"。②

第二节　风暴潮灾带来的社会危害

风暴潮灾,在历史文献中往往被记载为"飓风"、"海溢"、"海侵"、"海啸"、"大海潮"等。它给中国沿海地区以及台湾、海南岛等岛屿带来了巨大的危害,是清代沿海主要自然灾害之一。它不但造成了大量人口及生命的巨大损失,破坏农业、盐业等沿海生产,而且对海防以及社会稳定造成很大的破坏。

一、风暴潮灾害来临时的惨状

以乾隆四十六年六月十八、十九日,波及江苏、浙江两省沿海各县乡的飓风灾害为例。在长江下游三角洲地区的府志、县志中都有对于这次飓风来袭的记载:

乾隆四十六年六月己丑(十八日),飓风大作,海潮至胥江。③

乾隆四十六年六月十八日,大风雨,海溢,沿海漂溺室庐无算,是岁饥。④

乾隆四十六年六月十八、十九两日风潮大作,淹死居民一万二千人,坏民房一万八千一百二十二间。⑤

乾隆四十六年辛丑夏大旱,六月十八日大风雨,海溢拔木,仆屋漂

① (清)《(嘉庆)直隶太仓州志》卷13,《学校》上,清嘉庆七年刻本。
② (清)《两浙海塘通志》卷6,清乾隆刻本。
③ (清)《(道光)苏州府志》卷144,《祥异》。
④ (清)《(道光)璜泾志稿》卷7,《灾祥》。
⑤ (清)《(光绪)崇明县志》卷5,《祲祥》。

没,人畜无算,岁祲。①

因为是半夜众人熟睡时发生的灾情,所以大部分人都没有准备,海水溢时,仓皇逃到高处。在《唐市志补遗(一)》中,就有人详细记载了当时的情景,令人读之不禁感叹灾难来临时的惨烈无情。

飓风之惨

乾隆四十六年(1781)六月十八日,飓风大作,自寅卯时起,交一更至五更。风声中似有雷声,一风炮冲至,如开大将军一般,房屋为之撼动。同时淫雨倾盆,兼杂冰雹,家家室中水溢没胫;而市河以及各处支河反顷刻干涸,俱若阳沟,有天浮地溃之势。至十九日平明,忽转西南风,河水仍汪洋满足,一夜中坍坏墙屋者,不胜屈指。乡间草屋、船坊、茅柴,十去其九;二三合抱大树,无不连根拔起。事后闻得福山游击死于海中,未带家眷,裸体入棺。福山有沈姓者,系是富室,墙垣四围如城,中间另造厅房堂楼,家中四十余口,登楼避水,再无他虑。谁知海舶断维,趁风直泻,正打墙上。墙堕,楼失其屏障,不支,楼亦倒。全家四十余口尽葬鱼腹。崇明沿乡、寿兴、青草等三沙镇,共淹死二万七千余人,飘没无存。浏河新镇,淹死二万余人。嘉兴、南得两处,不但风潮之苦,更兼天火延烧,又死万余人。昆山及正义镇,风炮势猛,坍屋二百余家,压死三百余人,正在睡乡故也。宝山县堂,水深四五尺,城外乡村又死千余人。沙头浮桥,沿海诸镇,死者无算。江北浮来大树一具,其中救起妇人七口。水退后,杨舍桥上搁一靓妆女尸,已经烂去一足。又有一人,水至升树,树巅先有巨蛇盘上,被咬不休,仍旧堕水而死。王江泾著名古大墓,是夜出蛟一坟,大树尽倒。约计共死数万人,较之雍正十年风潮更惨。此一大劫数也。吾乡仅仅颓垣墙塌房屋而已,后反得田禾成熟。岂非天堂大福,未知何修而得此乎?后发赈,查沿海一带地方

---

① (清)《(同治)上海县志》卷31,《祥异》。

共淹死念七万五千四百馀人，裹尸芦席卖至四钱一张。①

作者相对详细地记述了乾隆四十六年六月十八日这场风暴潮灾的时间，即从"寅卯时起，交一更至五更"，即约从凌晨 3:00—7:00 时起，一直到第二天的"五更"。形象而又具体地描述了当时风潮爆发时的情景以及灾后惨状，风声、雨声、人们为了保命而挣扎的情形。

二、风暴潮带来的严重影响

风暴潮到来后，潮水漫溢，海堤溃决，冲毁房屋和各类建筑设施，淹没城镇和农田，造成大量人员伤亡和财产损失。风暴潮还会造成海岸侵蚀，海水倒灌造成土地盐渍化等灾害。据统计，汉代至 1946 年的二千年间，我国沿海共发生特大潮灾 576 次，一次潮灾的死亡人数少则成百上千，多则上万乃至十万之多。风暴潮灾带来的危害具体有：

首先，屋毁人亡。因强大的风力同时再加上海潮的冲力，沿海的海堤、民房甚至是百姓，都如同渺小的蚂蚁一样，被冲走。如果恰逢晚上人们熟睡之时发生风暴潮灾，死亡的人一定会比白天多好几倍。顺治四年（1647），"海溢，漂没人民庐舍无算"。② 顺治四年九、十月，"屡溢，城乡水深数尺，时方获，禾稼尽腐，民多溺死"。③ 顺治七年（1650）九月十日，"屡溢，城乡水深数尺，时方收获，霞雨浃旬，禾稼腐，溺死居民无算"。④ 顺治八年（1651），"海啸，平地水深数丈余，漂没民房无数，溺死男妇千余口。……"⑤顺治十一年（1654），"海啸，平地水深丈余，漂没民房无数，溺死男妇千余口"。⑥ 康熙三年（1664）六月，"飓风大雨，东津、江东、南桂堤皆溃，

---

① 《唐市志补遗（一）》，《常熟乡镇旧志集成》之《飓风之惨》。
② （清）《（乾隆）如皋县志》卷 34，《祥祲》。
③ （民国）《崇明县志》卷 17，《灾异》。
④ （清）《（光绪）崇明县志》卷 5，《祲祥》。
⑤ （清）《（康熙）常州府志》卷 3，《祥异》。
⑥ （清）《（康熙）靖江县志》卷 5，《祲祥》。

迁界男妇之流寓者淹毙过半"。① 清康熙壬子十一年七月二十三日，"飓风
怪作，平地水涌数尺。同日，三州十县城垣尽圮，官舍民居片瓦不存。合抱
之树拔根飞空，班船行空中，自东海过西海，飞腾数十里，伤人民数千，田禾
尽淹。父老言：'自古来未有'"。② 康熙三十五年（1696）六月初二至初三
日，"海潮大灾，狂风骤雨，大树尽拔，民死约数万，禾棉尽淹，尸横河港，
遍野哀号。（按卅五年之潮，发于月初半夜，时久无海啸，人不设防，又黑
夜无光，猝难求避，故随潮而没者至有数万人，沿海民人庐舍为之一空。
河港壅塞，水至不流。至次年，田庐荒芜，野鲜人烟，以人没入湖者众
也）"。③ 雍正元年（1723）七月十八、十九日，"大风拔木，禾棉俱伤。海
溢、溺死人以万计"。④ 雍正十年（1732），"潮灾大作，漂没田庐，淹死丁
口以巨万计"。⑤

其次，毁堤破城。风暴潮的到来不仅会冲毁沿海的海堤海塘，大型的风
暴潮灾还会倒灌入内地，冲塌城墙。如："清顺治元年（1644）甲申秋，大风
海溢，咸潮自歇浦来，漂庐舍，淹禾稼，坏捍海土塘五百余丈。"⑥"清顺治六
年（1649）己丑三月，海溢，坏石堤百余丈。"⑦"康熙五十七年（1718）八月初
一日，大飓，海潮涌入，城垣损坏，北堤崩溃，沿海淹死无数。"⑧"雍正二年
（1724）七月十九日，大风雨，海决，淹没良田，东南两路近海处尤甚，漂去室
庐无算。若大厦则开门破壁，任水出入，幸留椽瓦；郭店、袁化诸桥梁无一存
者。"⑨"清道光十二年（1832）八月十九日戌刻复起东北飓风，大雨如注，势
甚猛烈，至二十一日寅刻忽转东南，风狂浪大，适当潮至之时，互相冲击，涌
过塘面数尺，人力难施，致将尖汛西字号冲刷缺口十二三丈，西及字号缺口

① （清）《（光绪）潮州府志》卷11，《灾祥》。
② （清）《（康熙）昌化县志》卷1，《风土》。
③ （清）《（雍正）崇明县志》卷9，《蠲赈》。
④ （清）《（咸丰）紫堤村（在今上海市嘉定县境内）志》卷2，《灾异》。
⑤ （清）《（乾隆）支溪小志》卷1，《地埋志》，《水利》。
⑥ （清）曹家驹：《海塘议》。
⑦ （清）《海盐县续图经》卷7，《杂记三》。
⑧ （清）《（乾隆）潮州府志》卷11，《灾祥》。
⑨ （清）《（乾隆）海宁州志》卷16，《杂志》。

六七丈,化、场两字号毗连坍卸一十丈余。其余各工破损一千余丈,塘内棉花间及淹损。又翕汛埽工柴工载汛柴工亦有破损数百余丈,并柴盘头五座,并有坍至行路沟槽,深至腰桩及底桩之处。又东塘念汛地,当顶冲潮水侵塘处所,土堰附塘,均已被潮矬陷。间段泼土面石并土借塘涵洞石闸各一座,亦被冲坍,淹及塘内禾棉,并坍坏民房灶舍。又镇汛自字都字东字等号、载汛积临映容笃和六号石塘亦间段坍卸一百五十余丈。……海盐县同被风潮,亦报坍损四十余丈。"①

最后,船毁人亡。正在海中航行的船只,如果猝遇风暴,那么就只有九死一生了。幸运的话被海潮推到岸边获救,不幸的话,即使躲过风暴,船只被风吹损,缺乏粮食淡水,最后还是难逃葬身鱼腹的命运。据刘序枫在其《清代档案中的海难史料目录(涉外篇)》中统计,涉外海船海中遭难船只中,琉球1418件,西洋473件,朝鲜452件,东南亚412件,日本150件,其他23件。② 当然,这里面仅是涉外的船只遭遇海难,而且在清代档案中有记载的,另外那些中国沿海,未出中国海的遇难船只,没有记载在官方档案中的中国民间海难数量,只会比涉外的海难数量,有多无少。康熙二十三年(1684),"台湾知府蒋集公家人翁总管,于康熙二十三年(1684)自台湾归,过澎湖遭风折舵。急安橹,橹亦折,遂斫去其桅,割断篷索,舟中惟本锭四具,以缆沈之海中,随风浪飘泊,任其所之耳。凡二十八日,水久竭矣,舟中二百余人渴死者四分之一,死者之尸,以毡裹之,从水门投海中。巨鱼日俟其下,随取吞之,惨甚矣"。③ 雍正元年(1723),"暹罗贸易船被风漂至浙省,其贡使请遣贡伴,赴浙就便,发卖行令,该抚委官监看,并将原船交贡伴领回"。④ (康熙)四十一年"琉球贡使回国,飓风坏船,柯那什库多马二人以拯救免,奉旨着地方官加意赡养,竢便资

---

① (清)《浙江续通志》(稿)第24册,《海塘》。

② 刘序枫编:《清代档案中的海难史料目录(涉外篇)》,台北"中央研究院"人文社会科学研究中心,"前言"。

③ (清)《广阳杂记》第5卷。

④ (清)官修《大清会典则例》卷94,《礼部》,《朝贡》下,清文渊阁四库全书本。

给发"。①

　　而且,风暴潮灾发生后,还会带来很多次生灾害。潮灾过境,不但沿海的田亩庄稼被海水淹渍,发狂的海水还会沿内陆河床深入内地江河,甚至淹毁沿江地区的田禾,使得滨海以及内陆沿江地区农田盐渍化,庄稼绝收。顺治三年(1646)八月初一日,"绍兴大风拔木,海溢。山阴、会稽禾稼淹腐"。② 顺治七年(1650)八月,浙江乌青镇"海水溢塘,河味如卤"。③ 清顺治八年(1651)八月,广东海康县"风雨大作,咸潮漂没田禾,东西两岸尽成泽国"。其后的附记中载时人郑俊的评述:"雷之飓风常也,是年暴风兼雨,雨中又有火团飞满天地,二洋之田尽为咸潮所没,郡中官衙民舍无一存者。"④康熙五十一年(1712)八月,"大风雨,太平(今浙江省温岭县)海溢。据邑人林�《风灾变异记》:'先五年,戊子(四十七年)七夕之变,坏学宫县署,拔大木……至是,大雨三日,飓风复起,海潮暴涌,男女漂没,有全家无存者,有仅存一二人者,棺骸随波上下,遍野皆是。时秋禾方茂,淹浸七八日,根俱坏烂。'"⑤海阳、潮阳、揭阳、澄海、普宁于"丁酉年(即康熙五十六年,1717)秋七月,飓风海溢,大舟挂树梢,禾损民溺"。⑥ 康熙六十年(1721),"莆田、漳浦、海澄、诏安、龙溪、惠安、同安及马港近海地洼田禾,猝被海潮淹没"。⑦ 嘉庆十三年(1808)九月十六日,文昌县境内"飓大作,海潮自铺前涨至乌树岭下有十余里,居民死者十余人,经年田咸不可耕种"。⑧ 这田被潮水卤坏,经年不能耕种,沿海居民无以为业,只能远走他乡,谋求生计。顺治六年(1649),靖江县"海啸,伤禾稼,民饥"。⑨ 雍正十年(1732)七月十六日,南汇县"狂风起东北,暴雨如注,潮入海塘,声如雷,平地水

---

① (清)官修《大清会典则例》卷94,《礼部》,《朝贡》下,清文渊阁四库全书本。

② (清)康熙《绍兴府志》卷13,《灾祥》。

③ (清)(乾隆)二十五年《乌青镇志》卷1,《祥异》。

④ (民国)《海康县志》卷45,《前事志》,《国朝第一》。

⑤ (清)《(光绪)台州府志》卷330,《大事略四》。

⑥ (清)(乾隆)二十七年《潮州府志》卷11,《灾祥》。

⑦ (清)《重纂福建通志》卷52,《蠲赈》。

⑧ (民国)《文昌县志》卷18,《灾祥》。

⑨ (清)《(康熙)靖江县志》卷5,《禩祥》。

高三四尺,巨木多拔,地撼如震,漂庐舍,溺人畜,什居六七。五、六团尤甚,至不辨井里。新旧尸塞河,脂浮水黑,禾稼尽烂,鱼亦死,岁大饥"。①"大饥"又触发了流民的产生,使得原本稳定的沿海社会开始流动,破坏了社会稳定。

第三节　其他海洋灾害

海洋灾害除了风暴潮灾给沿海地区的人们带来无可挽回的巨大损失之外,其他诸如海冰、海雾、赤潮等海洋灾害也有发生,只不过它们带来的影响较之风暴潮灾更具有行业性。

一、海冰与海雾

古往今来,海冰与海雾一直是造成海难的重要气象因素。海冰灾害主要发生于渤海海域,一般每年的 11 月至次年 2 月是渤海的冰期,历史时期最大的一次海冰灾害曾将渤海全部冰封。海冰发生时,船舶无法正常航行,严重的会将船体损坏,漂浮的海冰如礁石般有巨大危害。世界海难史上有名的泰坦尼克号游轮便是因撞上漂浮的冰山而沉没的。

中国古代由于海洋观念的缺乏,远航技术限制,对于此类灾害的记载甚少。

与今天的海冰灾害情形相似,历史时期的海冰灾害多发生于北方海域。《山东省自然灾害史》收录了中国古代山东沿海的五次严重海冰灾害,分别是:

1745 年、1776 年黄县海冰灾害;1809 年黄县海冻,1814 年招远、黄县海冰;1877 年威海港冻,冰连刘公岛,蓬莱海冰两月,"舟楫不通,各岛饥"。其中最为严重的海冰灾害发生于乾隆四十一年(1776)山东黄县近海,是年冬大寒,"海冻数十里,船滞海中,履冰溺死者多"。"龙口(今山东黄县龙口

---

① （民国）《南汇县志》卷22。

港)海冰数十里,外有风帆三只自大连来,冻滞海中十数日,人多粮少,共商履冰登岸,因冰结不坚,42人葬身海底。"[1]

海雾的主要危害在于严重影响船舶驾驶者的视线,使得船只偏离正常航线,触礁毁坏或两船相撞。咸丰二年(1852)二月,山东荣成湾海面大雾弥天,渔民多受其害,过往船只有撞礁毁坏。1888年、1899年的两次大雾也造成船只触礁沉没。[2]

清末民初,《申报》记录了许多进出上海港的船只遭遇的海雾灾害,从中可知海雾的巨大危害性,兹将摘录的相关报道胪列如下:

清光绪二年闰五月初一(1876年6月22日),有轮船从宁波来沪,天未明驶至吴淞口外、宝山北面,其时积雾未开,适撞着宁波"金宝森"钓船,顷刻沉溺,人无恙,船内装米一百四十石、杂货四百余担尽付水滨矣。[3]

清光绪十三年五月(1887年6月),有某沙船满载豆饼由牛庄赴宁波,行至大戢山外洋面,适值大雾,遽致失事。有兵轮经过,所有船上二十三人悉数救起。[4]

清宣统三年三月二十五日(1911年4月23日),(三月)二十六日文汇报称,招商局"美富"轮船昨日晚间避雾于"爱乐桀岛"(音译)附近,被该局"广利"轮船撞沉,罹灾者40余人。[5]

虽然海雾与海水也是造成洋面海难频发的原因之一,但相对于风暴潮灾的突发性、广泛性与狂暴性来讲,海雾灾害所危害到的多是出海船只,范围与影响远没有风暴潮灾的严重。

三、赤潮

赤潮是一种自然现象,它并不是现代工业化进程加快后才出现的海洋

---

[1]　魏光兴、孙昭民主编:《山东省自然灾害史》,地震出版社2000年版,第98—99页

[2]　魏光兴、孙昭民主编:《山东省自然灾害史》,地震出版社2000年版,第99—100页

[3]　《申报》,光绪二年闰五月初二。

[4]　《申报》,光绪十三年五月。

[5]　《申报》,宣统三年三月二十五日。

灾害。笔者查阅了中国自然科学界与赤潮相关的著作,较早关注赤潮现象的是1994年出版的《赤潮灾害》。作者华泽爱在书中叙述了中古代赤潮现象,他引用的史料后多为其他与赤潮相关著作所转引。

> 据说,我国早在2000多年前就发现了赤潮现象,在一些古代文献或文艺作品中也有一些有关赤潮方面的记载。例如,清代蒲松龄在《聊斋志异》的一文中就形象地记载了海水发光现象。①

按其所述,中国的"赤潮现象"在2000多年前就已被发现,但这是靠传说得来的结论。虽在"一些古代文献或文艺作品中"有记载,却作者仅用距今不到200多年的《聊斋志异》中的文章为例来说明,实有提前赤潮记录时间之嫌。之后,2003年齐雨藻等著的《中国沿海赤潮》②和2006年王洪礼、冯剑丰主编的《赤潮生态动力学与预测》③中就直接转引了《赤潮灾害》中的说法。梁松、钱宏林、齐雨藻在《生态科学》2000年第4期中发表了《中国沿海的赤潮问题》,2003年《中国海洋志》编纂委员会编著了《中国海洋志》,两者对赤潮历史的观点也源自《赤潮灾害》一文,但其描述却演变成"中国赤潮的记录在2000多年前就有记载"④、"中国赤潮的历史记录可以追溯到2000年以前"⑤,再无"据说"等含糊之语,直接将中国古代赤潮的历史记录推到了2000年以前,使其成为定论。

这段证明中国古代有赤潮记录的文字,从最初的"据说"2000多年前就有"赤潮现象",到后来直接删掉不确定词汇,变为中国"赤潮记录"可追溯到2000年以前的定论。相关研究在得出这样结论的同时,依据的材料仅是距今不到200年的志怪小说《聊斋志异》,这样的论证方式难以令人信服。

---

① 华泽爱:《赤潮灾害》,海洋出版社1994年版,第1页。
② 齐雨藻等:《中国沿海赤潮》,科学出版社2003年版,第10页。
③ 王洪礼、冯剑丰主编:《赤潮生态动力学与预测》,天津大学出版社2006年版,第1页。
④ 梁松,钱宏林,齐雨藻:《中国沿海的赤潮问题》,《生态科学》2000年第4期。
⑤ 中国海洋志编纂委员会编著,曾呈奎、徐鸿儒(执行)王春林(执行)主编:《中国海洋志》,大象出版社2003年版,第815页。

由于没有细致缜密的考证研究问世,目前2000年前即有赤潮发生的观点不断被自然科学论文甚至是科普读物不加辨析地引用,影响十分广泛。这样的后果是模糊了历史真相,易使学界赤潮研究产生基础性认识偏差,并导致错误的判断。下面笔者从古今记述来辨析中国海洋赤潮是否在2000年前就已发生。

中国海洋赤潮发生的最早记录,有学者认为至民国时期才出现。"我国的赤潮,自1933年首次记录发生于浙江镇海至台州、石浦沿岸海域的夜光藻赤潮。"①《中国大百科全书》中对赤潮有这样的定义:"赤潮(red tide)水域中一些浮游生物爆发性繁殖引起水色异常的现象,主要发生在近海海域。又称红潮。……江河、湖泊中出现类似的现象,通常称为'水花'或'水华'。"②按照这个标准,笔者虽没有找到2000多年前中国赤潮的记录,却在明代县志中发现了最早的淡水"水华"现象的记录:

> (西晋)晋武帝太康五年夏六月,任城鲁国池水皆赤如血。③
> 齐东昏侯永元元年七月辛未淮水变赤如血。④
> 陈文帝(应是陈宣帝)大(太)建十四年秋,江水赤如血。⑤
> 绍兴三十二年春,淮水泛溢,中有赤气如凝血。⑥

从上可知,即使假定淡水中的水华也可看作是赤潮现象,那也只能将赤潮现象的最早记录推至公元284年,距离自然科学论著中的"2000多年前"还差了将近200多年;况且这些县志中的记载已明确记载"水华"是发生在"池水"、"淮水"、"江水"和"河水",并不能视为"海洋赤潮"。因而根据《中国大百科全书》中的赤潮定义,我们只能说明这些县志中的描述只是淡

---

① 冷科明等:《深圳海域赤潮研究》,海洋出版社2004年版,第1页。
② 《中国大百科全书·环境科学》,中国大百科全书出版社1983年版,第17页。
③ (明)《(嘉靖)山东通志》,嘉靖刻本。
④ (明)《(江苏)淮安府志》,万历刻本。
⑤ (明)《(江苏)仪真县志》,隆庆刻本。
⑥ (明)《(江苏)淮安府志》,万历刻本。

水水华记录,而非赤潮记录。

其次,《聊斋志异》中的相关记载。《聊斋志异》卷3《江中》这样描述
"赤潮":

> 王圣俞南游,泊舟江心,既寝,视月明如练,未能寐,使童仆为之按
> 摩。忽闻舟顶如小儿行,踏芦席作响,远自舟尾来,渐近舱户。虑为盗,
> 急起问童,童亦闻之。问答间,见一人伏舟顶上,垂首窥舱内。大愕,按
> 剑呼诸仆,一舟俱醒。告以所见。或疑错误。俄响声又作。群起四顾,
> 渺然无人,惟疏星皎月,漫漫江波而已。众坐舟中,旋见青火如灯状,突
> 出水面,随水浮游,渐近舡则火顿灭。即有黑人骤起屹立水上,以攀舟
> 而行。众噪曰:"必此物也!"欲射之。方开弓,则遽伏水中不可见矣。
> 问舟人,舟人曰:"此古战场,鬼时出没,其无足怪。"①

文中所谓"旋见青火如灯状,突出水面,随水浮游,渐近舡则火顿灭",
应是描述夜晚会发光的引发水华的水中微生物,王圣俞等众人所见的异象
很可能就是夜光藻富营养化后形成的现象。将前引《中国大百科全书》中
的赤潮定义与之相对照,我们确定《聊斋志异》中的记述应指江水发光现
象,也就是淡水"水华"现象。古代记载文字虽然简略,但无论是从题目还
是内容,亦是明显的江中而非海中,也就是"众坐舟中,旋见青火如灯状,突
出水面,随水浮游,渐近舡则火顿灭"。所以,《聊斋志异》中所描述的"赤
潮"实际应是对江中水华现象的记录。

《聊斋志异》是清人蒲松龄在康熙十八年(1679)所写,他生活的年代距
今只有300多年的历史。这不能作为中国在2000多年前就有赤潮记录的
证据。另外,蒲松龄开篇《自序》中就已言明,此书虽含有"永托旷怀"之意,
但其内容也有荒诞之处:"然五父衢头,或涉滥听;而三生石上,颇悟前因。
放纵之言,或有未可概以人废者。"②鲁迅也曾经对《聊斋志异》评价为:"用

---

① （清)蒲松龄:《聊斋志异》卷3《江中》,岳麓出版社1988年版,第84页。
② （清)蒲松龄:《聊斋志异》《自序》,岳麓出版社1988年版,第1页。

传奇法,而以志怪。"①细按作者原意,当是指《聊斋志异》是用传奇的文学手法,来表现志怪式的题材或内容,即以花妖狐魅的奇幻故事为内容的短篇神怪荒诞小说集,它本身就是作者经过艺术加工过的故事。虽然小说的内容来源于作者的生活环境,但经作者的想象和虚构后,小说的内容就超脱于生活,更富于趣味性、娱乐性、寓意性,所以仅可为旁证、辅证,而不能作为严谨的历史资料来引用。

据笔者查阅沿海地方志发现,到了明清时期,沿海发生海水变色的明显赤潮记录,相对于明代之前多了起来。

> 弘治十三年庚申,海潮赤如血。②
>
> 嘉靖四年福州长乐梅花镇,海水忽变赤色,经旦复清,鱼虾可数。③
>
> 嘉靖三十五年夏黑眚见。(华亭县志)④
>
> 嘉靖三十七年十月二十四日,漳州诏安红水随潮上,濒海居民取蚝食者多死。⑤
>
> 崇祯二年牡蛎血,生南头海滩,剖之有血,遍滩皆然,民不敢采食。⑥
>
> 顺治六年(1649)五月,海上流血。⑦

通过以上史料可知,在沿海地方志中,明清沿海关于赤潮的记录稍有增加,但是亦存在有很多转引现象。赤潮记录的增多,除明清时期地方志修纂

---

① 鲁迅:《中国小说史略》,齐鲁书社 1997 年版,第 178 页。

② (民国)八年刊本《太仓州志》。

③ (明)何乔远:《闽书》卷 148,明崇祯刻本;见《(乾隆)福州府志》卷 74,清道光十九年刊本。

④ 《松江府志》卷 80,《祥异志》。

⑤ (清):《(康熙)诏安县志》卷 2,清同治十三年刻本;《(同治)福建通志》卷 271,成文出版社。

⑥ 《(康熙)新安县志》卷 11,《防省志》,成文出版社 1967 年版。

⑦ 《(光绪)广州府志》卷 80,《前世略六》(引自:番禺志),清光绪五年刊本;张渠撰,程明校点,《粤东闻见录》卷下,《鱼苗》,广东高等教育出版社 1990 年版。

兴盛的记述原因外,社会经济因素起了主要作用。

明清时期,朝廷上下都注重发展农业,鼓励开辟耕地。东南沿海各省适应濒临海洋的自然地理环境,开展了大范围的以工筑沙田形式为主的围海造田活动。在明代以来,对如珠江三角洲那些被围筑而来的田地,都统称为沙田。潮田也是其中一种。宋代以前,东南沿海地区的发展较为缓慢,沙田的形成主要由河流入海挟带泥沙淤积而成。明清时期开发进一步加快,植被破坏严重,各河道不断淤浅,新生沙坦不断浮露,人们将流沙淤涨的沙坦加以围筑,以防止被水冲走。“据不完全统计,明代河岸堤围总长达22.0399 万丈,约 181 条”①,“自洪武年间至崇祯初年,广州府属各州县屡年报增达 11 万顷”②。而清代“从乾隆十八年至嘉庆二十三年(1753—1818),共开垦了 5300 余顷。咸同年间,又新开垦了 8000 顷”③。沙田垦辟后多采用“果基鱼塘”、“桑基鱼塘”的基塘特色养殖方式。基塘当中的塘泥含有大量的有机质和氮磷钾等肥料,每当潮水来时,这些有机物会随之流入海中,使沿海的藻类一时间过度增殖,产生赤潮灾害,使沿海渔业、养殖业受损。因此,明清时期海水变色的异象记录增加,与围海造田和基塘养殖不无关系。此外,清代屈大均曾在《广东新语》中说过“潮田则不然,愈低则愈肥,新生之沙则更肥。以海上淤泥,随潮而积,人居所流之恶归焉。流至田裙,旧沙母之,新沙则其子也。子尝肥于母,以污垢多而新也”。④ 而“现代研究表明,99%的有机物来自泥沙。由于吸附在泥沙中的有机物质可能停留几年到几十年,因此人类活动对海洋所造成的影响是潜在的、长期的”。⑤所以,随着沙田的扩大,再加上人为的因素,沿海的泥沙当中所含有的有机物质越积越多,造成赤潮的现象也是极有可能的。

---

① 转引自谭棣华:《清代珠江三角洲的沙田》,广东人民出版社 1993 年版,第 24 页。

② 转引自杨国桢:《明清土地契约文书研究》修订版,中国人民大学出版社 2009 年版,第 335 页。

③ 谭棣华:《清代珠江三角洲的沙田》,广东人民出版社 1993 年版,第 25 页。

④ (清)屈大均:《广东新语》卷十四《食语·谷》,中华书局 1985 年版,第 375 页。

⑤ 冼剑民、王丽娃:《明清珠江三角洲的围海造田与生态环境的变迁》,《学术论坛》2005 年第 1 期。

第三章 对潮汐的认识与灾害预防

对沿海地区造成最大影响的风暴潮灾,除了受地理、气候影响外,潮汐的周期性运动与风暴潮之间也有着密切的联系。通过潮汐的观测预报,可以预先知道潮位高度,及时采取加固堤坝,加强堤防检查等预防措施,可以最大限度地减轻灾害损失。此外,修筑海塘堤坝和仓储备荒,都是沿海地区人民多年积累下来的经验,这些经验同灾后的各种赈济措施相比,更为积极主动。

第一节 对潮汐的认识与利用

住在海边的人很熟悉海洋潮汐现象,即指海水在天体(主要是月球和太阳)引潮力作用下所产生的周期性运动,习惯上把海面垂直方向涨落称为潮汐,而海水在水平方向的流动称为潮流。是沿海地区的一种自然现象。"潮汐皆海水也,来以朝,故曰'潮'。来以夕,故曰'汐'。其来而往往而复来者,乃气之生生不息,非以既往之水,复为方来之水也。"①即白天的潮汐为"潮",晚上的称为"汐",合称为"潮汐"。

中国古代对海洋潮汐现象的观测,利用当地的地形等作为估算潮高等方式,记录下了历代的各地潮汐,在漫长的历史岁月里积累了丰富的宝贵资料。战国时《黄帝内经》就提出了潮汐与月亮圆缺有密切关系:"故潮汐之

---

① (明)林希元:《(嘉靖)钦州志》卷1,《山川》,明嘉靖刻本。

消长,应月之盈亏"①。西汉枚乘《七发》首次描述了长江口暴涨潮的过程。"八月之望,与诸侯远方交游兄弟,并往观涛乎广陵之曲江。"②"八月之望"定为观潮日期,也就是说,当时对农历八月的十五日前后望月（满月）之时,必会涨潮,这一自然现象与月亮变化之间的关系是已经有相当认识了,否则不会专门选择望日去交游观潮;东晋顾恺之《观涛赋》是首次描写钱塘江潮之诗赋,曰:"临浙江以北眷,壮沧海之宏流。水无涯而合岸,山孤映而若浮。既藏珍而纳景,且激波而扬涛。其中则有珊瑚明月,石帆瑶瑛,雕鳞采介,特种奇名。崩峦填壑,倾堆渐隅。岑有积螺,岭有悬鱼。谟兹涛之为体,亦崇广而宏浚;形无常而参神,斯必来以知信,势刚凌以周威,质柔弱以协顺。"③东汉王充在其《论衡·书虚篇》中,批驳了伍子胥之怒气形成潮灾传言,明确指出:"涛之起也,随月盛衰,小大满损不齐同。"④他已认识到潮汐运动周期与月亮运动同步。唐代天文学家窦叔蒙写了中国第一部潮汐学专著《海涛志》,并创制了适用于正规半日潮地区的《高低潮时予报图》。遗憾的是该图没有流传下来,不过我们仍可以从《海涛志》卷3《论涛时》中的描述里"涛时之法,图而列之。上致月朔、朏、上弦、盈、望、虚、下弦、魄、晦。以潮汐所生,斜而络之,以为定式,循环周始,乃见其统体焉,亦其纲领也"⑤想象出其形式为一个有纵横两轴的坐标系统。自窦氏之后,历代均有"潮汐表"出现。目前可以看到的当推北宋至和三年（1056）吕昌明订正绘制的"浙江四时潮候图"。该表按季度分列全年每日杭州地区钱塘江的高潮时即大概高度。既是改订那定有原作。可在吕昌明的潮候图中没有说明,无法考证。不过按照表前文字"至和三年八月十三日将仕郎将作监主簿监浙江税场吕昌明重订"⑥来看,很有可能出自北宋科学家燕肃（961—1040）之

① （清）张志聪:《黄帝内经素问集注》卷四之八正神明论篇第二十六,清康熙刻本。
② 《四部备要》集部,《文选》卷34,转引自中国古代潮汐史料整理研究组编:《中国古代潮汐论著选译》,科学出版社1980年版,第10页。
③ （唐）欧阳询:《艺文类聚》卷9,《水部》下,《涛》,清文渊阁四库全书本。
④ （汉）王充:《论衡》,论衡卷第四,《书虚篇》,四部丛刊景通津草堂本。
⑤ （清）俞思谦:《海潮辑说》卷上,《潮原第一》,清艺海珠尘本。
⑥ 《中国古代潮汐资料汇编第二分册——潮候》,1978,浙江—2。

手。燕肃曾"大中祥符九年冬奉诏按察岭外,尝经合浦郡,沿南溟而东,过海康,历陵水,陟恩平,往南海,迨由龙川抵潮阳,泊出守会稽移莅句章。是以上诸郡皆沿海滨,朝夕观望潮汐之候者有日,得以求之刻漏,究之消息,十年用心,颇有准的。"①在天圣四年(1026)在浙江明州(今浙江宁波市)任内著《海潮论》及《海潮图》。遗憾的是燕肃的《海潮图》至今未发现,这一仅可做推论而已。

窦叔蒙与吴昌明的潮汐预报图对中国历代的潮汐表的制定有着巨大的影响。吕昌明的较之窦叔蒙的图更为简明实用,历代地方志中多以吕氏潮汐预报图为模板,仅因地区不同所列时间各有差异。

一、潮汐特征

中国大陆海岸线上各个地方的潮汐类型也是千差万别。有的地方一天涨落两次,叫作半日潮;有的一天涨落一次,叫作全日潮;有的兼有半日潮和全日潮,叫作混合潮。而中国大部分海区是典型的半日潮区。

环渤海湾地区,渤海潮汐以不规则的半日潮为主,潮汐性质较为复杂。除大沽与冀鲁交界沿海规则半日潮,秦皇岛为规则全日潮外,该区其他海岸都是不规则半日潮。黄海以规则半日潮为主,成山头与苏北以东局部沿岸为不规则半日潮。

长江下游三角洲地区,东部海域以不规则半日潮为主,东部沿岸,镇海至舟山的局部小区域为不规则半日潮类型。西部海域则是规则半日潮。

台湾海峡两岸地区,台湾海峡的潮汐情况比较复杂,福建沿岸、澎湖列岛和海口泊地以北台湾的西海岸为正规半日潮;海口泊地以南台湾西海岸为不正规半日潮;其中冈山至枋寮段为不正规全日潮。潮差西部大于东部,西部金门岛以北为4至6米,往南显著减小;东部中间大于两端,后龙港达4.2米,海口泊地和淡水港为2.6米,海口泊地以南为0.6米,澎湖列岛1.2至2.2米。后龙港至海坛岛一线以北,涨潮流向西南,落潮流向西北,流速0.5至2节;以南流向与上述相反。流速在澎湖列岛附近较大,东南部可达

---

① (宋)《(嘉泰)会稽志》卷19,《杂记》,清文渊阁四库全书本。

3.5 节。

　　珠江下游三角洲与环北部湾地区,以南海为主,该海域的潮汐性质较其他海域更为复杂,规则半日潮、不规则半日潮、规则全日潮及不规则全日潮分布在该海域。珠江口至粤西,湄公河口和马来西亚南部等区域史不规则半日潮的分布区,与规则半日潮相比,范围分布相对较大。规则半日潮不但范围小,而且分布分散。不规则日潮是该海域分布最广,范围最大的潮汐类型,其空间可跨越 10—20 经纬距以上,广泛分布于整个深海、马来西亚北部和苏禄海南部等区域。规则全日潮大致分为北部湾、吕宋岛西岸、泰国湾中、东部、南沙群岛以及苏门答腊与加里曼丹之间,略大于规则半日潮的范围。

二、潮汐的利用

　　在有历史记载的数千年间,中国勤劳智慧勇敢的沿海居民,在中国广阔的沿海地区,利用潮汐,进行海上航行、灌溉耕地、晒制海盐、捕捞鱼虾以及利用海水潮汐在海上作战等。这些史实都大量散落在历代正史、笔记以及地方志中,是沿海地区劳动人民智慧的结晶,它充分说明了,中国沿海地区的居民,通过实践,对与潮汐的规律不断增强,利用潮汐为人们的生产生活服务。

（一）航海方面

　　到了清代,在继承了前面历代对潮汐现象的认识和航海经验的基础上,人们利用潮汐航海的技术进一步提高。许多占验潮汐的诗词民谚已广为流传,"月上潮长,月没潮涨;大信潮光,小信月上。水涨东北,南东渐复;西南水回,便是水落。系定且守,船走难缆;纽定必凶,直至沙岸。走花落碇,神鬼惊散;要知碇地,大洪泥硬"。[1]

　　描绘 17 世纪台湾最详尽的地理游记著作《采硫日记》中,作者因康熙三十五年(1686)去台湾北部的北投硫磺产地采硫,"二十七日,自南嵌越小岭,在海岸间行,巨浪卷雪拍辕下,衣袂为湿。至八里分社,有江水为阻,即

---

① （清):《(道光)厦门志》卷4,《海防略附占验》。

淡水也。深山溪涧汇为此出水,广五六里,港口中流有鸡心礁,海舶畏之,潮汐去来,深浅莫定"。① 因有暗礁,所以进出港时需乘涨潮,如果外地船只不知该地潮汐和海洋地理,很容易触礁沉船。这也可为利用潮汐航海之例。

还有如清代诗人叶廷琯曾写有"黄浦航船有定程,去乘潮落返潮生。风帆转过龙华渚,一墙依依管送迎。(注:各乡镇航船日赴上海,朝北暮南,视潮信递为早晚。每月惟十二、廿六两日航船不出,以落潮过晚,船不能归耳。)"②的诗句。诗中简洁明了地描绘出黄浦一带去上海时,航船舟人利用潮汐时间来进行出港远航的情形。

另外,沿海地区还流传着很多与潮汐相关的航海职业谚语,如:"老大勿识潮,吃亏伙计摇"航行时不但要掌握住一般潮流规律,更要掌握住沿途各个港湾和航行目的地的具体潮流变化情况,以及涨潮、落潮的时间的潮面的高低等,使在航行中多驶顺流,少驶逆流。这样,就能缩短航行时间,减轻在航行中的劳动强度。要是计算不准确则会费时费事。

"石米舟山,无米舟山"和"有风走一天,无风走一年"这两条谚语讲的是古代的风帆船在海上行驶,全要看风潮行事。从大陆上乘坐帆船渡海到舟山,如果风好潮顺,不用半天就可以到达,所以"无米舟山",即不需要准备伙食。反之,风潮不顺,或突遇大风,航程就难以预计,则"石米舟山",粮食必须多多准备。而另一句"有风走一天,无风走一年"与其含义也一样。

(二) 制盐业

海盐都是露天生产的,依靠太阳的辐射热,使海水在大面积的盐田内,通过自然蒸发,逐步浓缩析盐。按产品计算,每生产 1 吨盐需要蒸发水量 $100m^3$ 以上,占进滩海水体积的 90% 以上;海盐生产中的蒸发面积,一般占盐田总面积的 92%—95%。影响海盐生产的气象因素有潮汐、蒸发、降雨、气温、湿度,以及风速及风向等。

古代的煮盐之法就是利用海水涨潮,把海潮纳入到了盐田,如雍正《浙江通志》中转引《嘉泰会稽志》里的会籍亭户利用海潮煮盐之法:"会稽亭户

---

① (清)郁永河:《采硫日记》卷中,《清粤雅堂丛书本》。
② (清)叶廷琯:《楙花盦诗》,《附录:浦西寓舍杂咏有序》,清涤喜斋丛书本。

煎盐法。以海潮沃沙暴日中,将夕刮醾,聚而苦之。如是五六日,乃淋醾取卤,灌以竹筒取石莲五枚,纳卤筒中。若三莲浮,则卤将成,四五莲浮,则卤成可用,谓之'头卤'。"①

《山东盐法志》里介绍更详细:"煎盐之法。临海置滩,潮汐时至弥漫,四走既退而醾留。则渗灰于上,而吸其液,别于滩外皁处。土逾尺,隆起于地,而为牢缭以细垣,视牢有半厥形,正方穴,其一面以为溜下承以坎聚灰,牢中淋以海水而为卤。厥民蓬跣卤蚀,肤剥四时皴,坼常如严腊。卤成而试之,投以石莲,莲沉而下者澹浮,而横侧者半淡,淡则煎费菹薪。故必俟浮而立于卤面者,乃注盘而煎之。周盘四围护以织苇,固以蜃泥,自子至亥为一伏火,可煎六盘。盘凡百觔足充二引有奇,诘旦出牢中灰,更晒之。夙卤未销得新益旺,映日浮花散若轻雪,复纳诸牢渍卤尤壮,故蓄灰之法以久。"②

因雨水会冲淡海潮中的的盐的浓度,所以盐场工人在经过历代实践积累后,总结出"雨后纳潮尾,长晴纳潮头"的谚语。另外,又因秋天夜间潮大于白昼,经过一天日晒蒸发,夜间纳进的海水盐度当然就高,而且可以纳入更多的海水,产量就会增加;到了夏天则相反,白昼时长大于夜晚,有时可以一天纳入两次潮水,也是取得高产量的时机,也就有了"秋天纳夜潮,夏天纳日潮"的说法。所以,即使是我国当今的沿海海盐场,按照此种分法分为3类:

第一种:一年两季旺产型淮河以北各海盐场大都属于这一类型。当地冬季气温低,为淡产季节;春、夏、秋三季气温升高,本应为连续旺产期,但由于七、八月雨量大而集中,因此生产期被分割为两段:上半年的"春晒"和下半年的"秋晒"。

第二种:半年旺产期东南沿海的海盐场大都属于这一类型。当地春季回暖后,随即进入"黄梅雨季",1—6月份降雨频繁,蒸发量低,甚至出现较大的负值。旺产期基本上在下半年。

第三种:跨年度旺产型我国南海及北部湾地区的海盐场属此类型。当

---

①　(清)《(雍正)浙江通志》卷104,《物产》,清文渊阁四库全书本。

②　(清)莽鹄立:《山东盐法志》卷6,《灶籍》,《晒盐法》,清雍正刻本。

地冬季气温较高,雨量少,6—10月份降雨量较大,从而生产旺季成为跨年度的冬春联晒季节。

这种分类,虽看似以降雨量和日照时间为主,也不能否认其中含有对当地潮汐规律的利用。

（三）渔业

渔业更重视对潮汐利用,如溯河洄游性鱼类鲟鱼,一生主要生活在海洋中,产卵洄游时进入长江,上溯数千公里抵达长江上游进行产卵繁殖,所以,就有了"鲟随潮上下,浙江渔者往往得之"①的渔业知识。不同区域潮汐时间也不尽相同:"广州潮以朔日长,至初四而消,以望日长,至十八而消,谓之'水头'。以初四消,至十四,以十八消,至廿九三十,谓之'水尾'。春夏水头盛于昼,秋冬盛于夜;春夏水头大,秋冬小,故防倭者,自清明前三日至大暑前一日,谓之'春汛'。'春汛'为大以水头,故言'大汛'也。自霜降前一日至小寒前一日,谓之'冬汛'。'冬汛'为小以水尾,故言'小汛'也。渔者歌云:'水头鱼多,水尾鱼少,不如沓潮,鱼无大小。'沓潮者,潮之盛也。一名'合沓水'。水之新旧、着去来相逆。故日沓沓重沓也。当重沓时,旧潮之势微劣不能进退,鱼去而复来,故多鱼。大者始能乘潮,故大沓潮者,渔人所喜。又粤人以为期约之节予,有沓潮曲云;'与郎如沓潮,朝暮不曾暇,欢如早潮上,依似暮潮下。'又云:'两潮相合时,不知早与暮,与郎今往来,但以潮为度。'"②此外,还有"乌贼让大水"、"潮水乌贼摆个样"、"鱼随潮,蟹随暴"、"一潮夜东涨,高产有指望"等许多沿海渔民利用潮汐捕鱼的民谚。这不但是历代对潮汐知识的积累,更是我国古代人们智慧的结晶。

（四）军事

潮涨潮落在军事方面也起着很重要的作用。了解潮汐规律往往可以在关键战役中起到决定性的作用。如明代著名的戚家军在宁德抗倭期间,正值壬戌夏秋之间,沿海一带常有台风袭击,眼看军民的生命财产遭受严重损

---

① （民国）《杭州府志》卷80,《物产三》,民国十一年本。
② （清）屈大均:《广东新语》卷4,《水语》,《广州潮》,中华书局1985年版。

失，戚继光忧心忡忡，食不甘味。为了免除由于自然灾害给人民群众造成苦难，他查阅有关资料，到处留心察访，研究生物动态结合天象变化，摸清潮候规律，根据实地观察所得，写了一支通俗易诵的《风涛歌》在军民中广为传唱。歌词写道：

> 日晕则雨，月晕则风。何方有阙，何方有风。日没脂红，无雨风骤。反照没前，胭脂没后。星光闪烁，必定风作。海沙云起，谓之风潮，名曰飓风。大雨相交，单起单止，双起双消。早晚风和，明日更多。暴风日暮，夜起必毒。风急云起，愈急必雨。雨最难晴，应防暴生。春易传报，早生晚耗。一日南来，一日北到。南风防尾，北风防头，南吹愈急，北必不专。云多车形，大主风声。云下四野，如雾如烟，名曰风花，主有风天。云若鳞次，不雨风颠。雨陈西北，风如泼墨。起作眉梁，风雨先。雨急易霁，天晴无妨，水生靛青，主有风行。海燕成群，风雨便临。白肚风作，乌肚雨淋。海猪乱起，风不可已。逍遥夜叫，风雨即至。一声风，二声雨，三声四声断风雨。虾龙得纬，必主风水。蛇盘芦上，水高若干；头垂立至，头高稍延。月尽无风，来朔风雨。廿五、六若无雨，初三、四莫行船。春有廿四番花信风。梅花风打头，楝花风打尾。正月忌七、八，北风必定发。二月忌初二，三月忌清明，五月忌夏至。正月落雪起，算至百廿日，期内必难止。欲知彭祖忌，六月十二日，前后三四宵必不爽，此朝七、八三日内，必有北风还。九九当前，后三、四日内难消。十月忌初五，三、四日前后，冬至风不爽。腊月二十四间，月临箕、毕、翼、轸四宿，风起最准。①

据《宁德县志》评语："当时倭寇猖狂，戚继光作此歌，水师中无不传诵者。其言近谚，实观天察地之精神寓然。不特行军者宜知也，即商艘贾舶，小艇渔船往来海上无不当熟察风候，确守前言，以期利涉焉。"可见戚继光的《风涛歌》在当时传唱之广与影响之深。而且通过写这首《风涛歌》，戚继

---

① （清）《连江县志》卷2，《纬候表》。

光利用了当地潮汐的规律,多次歼灭侵扰海疆的倭寇。

而在顺治十五年(1658)三月,郑成功也曾利用潮汐规律,抗击清军:"令左武卫林胜同左右虎卫之兵南下攻许龙。港水忽涨,舟师直入,许龙率众而逃,获其辎重,焚其巢穴,清海澄守将刘进忠等率兵献城迎降。后冲镇华栋逼前所,守将刘崇贤亦降。"①这件事详细地记载在《海上见闻录》中,利用潮水上涨郑成功的兵船得以靠近海港,一举攻下长踞南洋"五虎乱潮"之一的许龙,取胜的事例。

又如清巡台御史黄叔璥所著的《台海使槎录》中,谈到在康熙辛丑年平定台湾朱一贵为首的农民起义时,写道:"康熙癸亥年(康熙二十二年,1683)克郑逆舟进港时,海水乍涨,康熙辛丑年,克朱一贵舟进港时,海水亦乍涨。前后若合符节。盖由圣人在上,海若效顺,王师所指,神灵呵护,理固然耳。"②此中虽有鬼神之说法,但我们也可以从中窥出清官兵利用潮汐进攻取胜之例。

第二节　防潮御卤工程

在屈大均的《广东新语》中写到"雷州海岸"时,是这样描述的:"雷郭外,洋田万顷,是曰万顷洋。其土深而润,用力少而所入多,岁登则粒米狼戾,公私充足,否则一郡告饥。然洋田中洼而海势高,其丰歉每视海岸之修否。岁飓风作,涛激岸崩,咸潮泛滥无际,咸潮既消,则卤气复发,往往田苗伤败。至于三四年然后可耕,以故洋田价贱,耕者稀少,故修筑海岸,最为雷阳先务。"③即对雷州海岸线来讲,筑堤防御海潮侵袭,是最积极的防灾办法。事实上,"修筑海岸"不仅是雷州海岸的先务,对于所有的沿海地区来讲,筑堤御潮都是最首要的积极防灾工作。

① (清)阮旻锡:《海上见闻录定本》卷上,福建人民出版社1982年版。
② (清)黄叔璥:《台海使槎录》卷4,《朱逆附略》,清文渊阁四库全书本。
③ (清)屈大均:《广东新语》卷2《地语》,中华书局1985年版。

一、清代沿海海堤工程概况

为了更好地预防潮灾,我国沿海的海塘工程一直在发展,到清前期沿海地区已形成完整的海塘系统,许多石塘至今仍在发挥作用。清代修竣与新筑海堤54次(这是指清代朝廷过问的,一般民间的或是小范围的都不在此数内)。一道漫长的海堤屏障自南向北绵延,屹立在海岸。大体情况如下。

(一)渤海湾地区海堤

渤海湾地区海堤主要建于渤海南岸,该处海堤比较零散简陋,距海较远。这一带海岸,背负辽阔平原。由于黄河、海河泥沙的大量堆积,海涂特别宽广,地势低洼。开发利用迟缓,海塘建设工程并不发达。到了清代,沿海堤塘仍旧是寥寥无几,是沿海防潮工程最薄弱的地区。

天津塘沽沿海位于渤海湾湾顶,是风暴潮灾的多发区和严重区,其灾害多发生在盛夏台风活动季节和春、秋过渡季节。[1] 但是关于天津的海堤记载基于史料的原因,比较匮乏,在徐宗亮著的《(光绪)重修天津府志》卷20,《舆地二》中,仅有对海堤遗址的记载:"张家沟在母猪港东,水落时有沟形深丈余,下通歧河入海,旧有横堤一道以限海潮。"[2]再向南就是现在的黄河三角洲地区,主要是山东省沿海。其中清代光绪年间的《昌邑县续志》卷二堤堰中有修筑海堤的记载:"海堤在瓦城社北二十里,相传始于周末,沿海一带,资其防卫,是为古堤。……(乾隆)四十四年,蒙东抚国泰奏准,发防卫,是为古堤。……(乾隆)四十四年,蒙东抚国泰奏准,发汕币,并檄附近州县,于古堤南修堤一道,东西长六里有奇,自此呼为大小重崖。六十年,瓦城王始文倡修护庄小堤,而故堤遂弃。道光、咸丰、光绪间,瓦城赵钦、赵梦全、孙际唐,潮海社恩贡生孟广名等,各于护庄堤先后重修。十年复大潮,堤尽没。遇大潮,海滨以南三十余里,田皆成卤,三年后乃可耕种。"[3]

---

[1] 吴少华等:《渤海风暴潮概况及温带风暴潮数值模拟》,《海洋学报》2002年第3期。

[2] (清)《(光绪)重修天津府志》卷20,《考十一舆地二》,清光绪二十五年刻本。

[3] (清)《(光绪)昌邑县续志》卷2,《堤堰》。

（二）长江下游三角洲地区海堤

随着该地区社会经济的发展,这一区域在历代王朝的经济地位也越来越重要。而且该地区也是中国历代风暴潮灾多发区,随着该地区开发程度的逐渐提高,受到海洋风暴潮灾所造成的损失也就越大。因此,自唐宋以后,历代官府都重视在此区域修筑堤堰,以保护堤内庄稼与沿海煮盐业。长江下游三角洲地区海堤由北自南分别是:范公堤、崇明海塘、浙西海塘、浙东海塘。

范公堤　始建于唐代大历年间,由淮南节度判官黜陟使李承实筑,自楚州高湾至扬州海陵县境,延袤142公里,名为常丰堰。宋代开宝年间,泰州知事王文佑增修捍海堰,后因年深月久逐渐倒塌。宋代天圣二年,范仲淹征集兵夫四万余人兴筑海堰。天圣五年(1027),转交张纶负责捍海堰工程指挥,于当年秋施工,第二年春完成,前后历时四载,终将捍海堰修成,人们为感谢范仲淹的功绩,把这段堤堰称为"范公堤"。"范公堤"自阜宁射阳河起,南至启东大江止,堰长25696.6丈(合71公里),堰基宽3丈(合10米),高1丈5尺(合5米),顶宽1丈(合3.3米)。到了清康熙五十一年(1712)秋,"飓风簸荡,海水泛滥,堤决拼茶、角斜、丰利等场,漂没田庐人畜。他场虽未冲决,而惊涛漫涨,亭荡波沉,溺死男妇千余口,民情惊恐"。该地方台司遂下令重修,"溃者堵之,卑者培之,高厚完固如旧制"。[①] 雍正十一年(1733)正月,谕旨"江南范公堤,为沿海之藩篱,盐场之保障,原系商人捐办工程,闻现在残缺甚多。急应修筑坚固。现据两江总督魏廷珍、委员确勘料估。着即一面具题,一面乘二三月间,作速兴工。使沿海穷民,得以佣工糊口。但工程绵远,需大员董理。着交与协理河务西柱,即行督率各工。悉心查办"。[②] 随后,"命海望、李卫察勘浙江海塘,修范公堤。"[③]乾隆六年(1741),总办江南水利工程,大理寺卿汪隆等疏,请修补泰兴盐阜四州县内范堤残缺,共估用银一万八千八百八十一两五钱,另动支商捐银两部复

①　丁世隆:《重修范公堤碑记》,(清)《(嘉庆)东台县志》卷37,中国方志丛书(27),第1483—1485页。
②　《清世宗实录》卷127,雍正十一年正月条。
③　《清史稿》卷9,《本纪第九》。

准其动给兴修。① 据载,从宋庆历元年(1041)至清光绪九年(1883)的842年间,范公堤的重修工程就达55次,其中规模较大者有9次,平均每15年修建1次。②

崇明海塘　崇明岛为江口之沙岛,地处江海要冲,内有洪流冲刷,外受海潮荡击。过去就有修筑海堤工程,只是到了清代这方面更被重视,并有了大规模的兴建。初时崇明海堤以土为原料建造,到雍正二年(1724),时任松江府海防同知的俞兆岳,看到是年风暴潮灾的惨况,认为"海塘易溃宜易土以石。"请筑石塘,得旨批准修筑。到雍正五年(1727)时,江南海水溢决,"坏海塘数处,惟公(俞兆岳)所筑塘屹如旧。督抚言诸朝特擢公太仆寺卿总理海塘,时崇明湮没,死者相枕藉,公出赏格募人掩胔骼,招流民赴工就食,阅七载成石塘七千一百二十八丈,自柘林城至金山城,凡四十五里。复于金山濛缺险要地,捐俸筑片石小塘,五百五十丈以卫之,民得安堵"。③ 另一处是在岛西南,西起乎洋沙,西南至蒲沙套以东,称西南堤,离海较远,堤长亦约50里。后来在光绪年间,又曾多次修筑过石塘,由于石塘建造坚固,防潮作用也比较明显,崇明岛上海塘总计约157里,还未形成环岛海塘的局面。

浙西海塘　以钱塘江口为界,北岸称浙西海塘,自杭州狮子口起,至平湖金丝娘桥止,包括杭州江塘及海宁、海盐、平湖海塘,绵亘300余里。以乌龙庙为界,以西称江塘,以东称海塘。该海岸段海塘大规模修筑记载始于唐代。《唐书》地理志有"捍海塘堤长二百二十四里,开元元年重筑"④。自浙江杭州起,地形势险要,自古为海塘工程重点,修筑最繁。清代时,动用大量的人力物力筑海塘,才始得一劳永逸,从而形成了一个最坚固最完善的海塘体系。其工程特点,除大部为抗潮能力很强的鱼鳞石塘外,塘身的外

① 参见凌申:《范公堤考略》,《盐城师范学院学报(人文社会科学版)》2001年第3期。

② 参见凌申:《范公堤考略》,《盐城师范学院学报(人文社会科学版)》2001年第3期。

③ (清)李文藻:《南涧文集》卷下《吏部左侍郎俞公传》,清光绪刻功顺堂丛书本。

④ (清)《(雍正)浙江通志》卷62,清文渊阁四库全书本。

护工程也很完备,有的地方在大塘以内还另筑有土备塘,以御石塘溢水。康熙五十九年(1720)浙江巡抚朱轼在老盐仓筑鱼鳞大石塘五百丈①,雍正、乾隆时增修了千丈,一直使用到1949年以后。乾隆末年潮势南趋,灾情减缓。

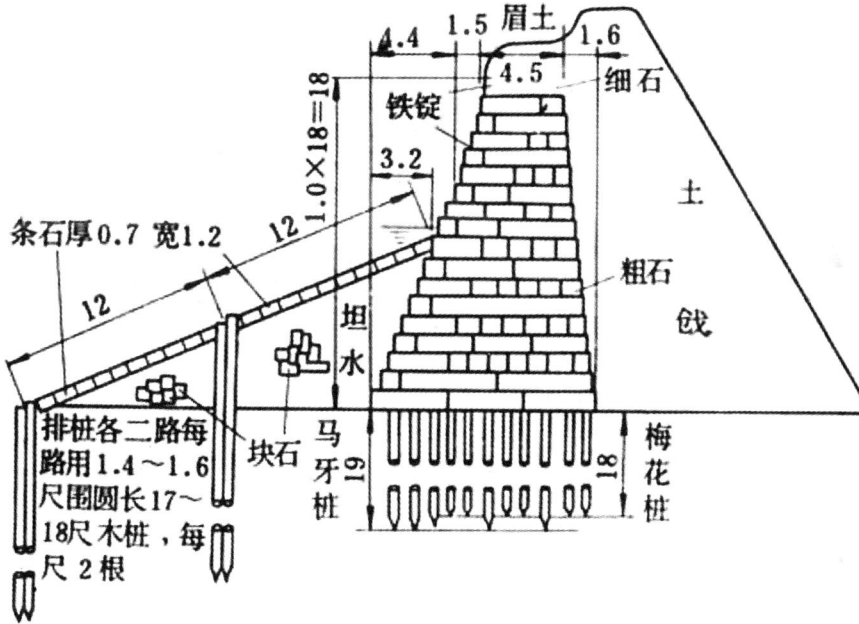

图 3-1　清代鱼鳞石塘剖面图(单位:尺)

浙东海塘　钱塘江南岸海塘通称浙东海塘,自萧山至上虞县境为江塘,其中萧绍段(萧山至绍兴)长103公里,百沥段(上虞县百官至上虞夏盖山、沥山)长39公里,夏盖山至镇海段为海塘,长115公里自萧山至镇海总长257公里。因钱塘江口南岸有山,潮灾较轻,历代修治工程规模较北岸小。清代南岸潮灾加重。康熙五十九年冲坍上虞夏盖山以西土塘,后改修为石塘1700余丈。雍正二年(1724)大风潮水冲毁会稽、上虞、余姚三县石塘7000丈。乾隆二十一年绍兴一带发生险工,"六月丁酉朔,工部议准。闽浙总督喀尔吉善疏称:山阴县之宋家溇杨树下一带旧土塘三面被水,汕刷殆

① (清)《两浙海塘通志》卷1,清乾隆刻本。

尽。应于南岸改建石塘四百丈"。① 嘉庆年间萧山、山阴（今绍兴一部）两县改土塘为柴塘②，这些都是较大工程。浙东海塘之南，鄞县及浙南之平阳、瑞安等十余县自宋元也有修塘记载，但灾情不严重。另福建长乐海塘也有修补记载。

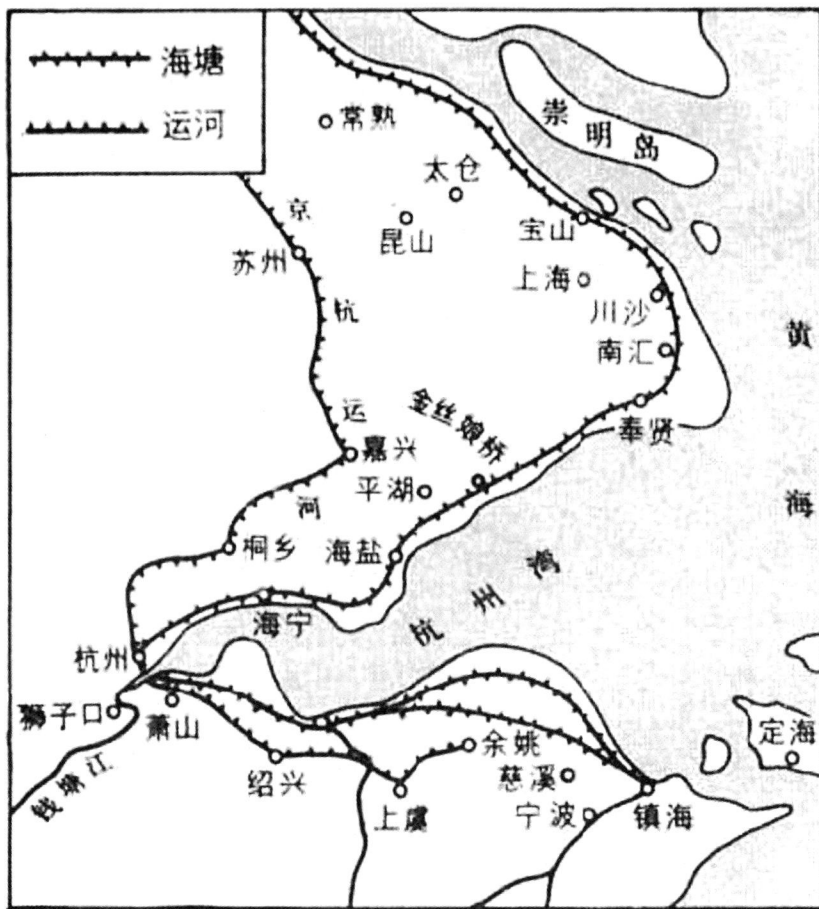

图 3-2　古代浙江海塘分布图

① 《清高宗实录》卷 514，乾隆二十一年六月条。
② （清）穆彰阿：《（嘉庆）大清一统志》卷 294，四部丛刊续编景旧钞本。

（三）台湾海峡两岸海堤

清代台湾海峡两岸的海堤修筑工程记录较少,主要是福建莆田县海堤修筑次数较多。究其原因可能是福建、台湾沿海山多,采石筑塘比较容易,所以海堤受损的次数也较少。

福建沿海海堤　这里的海岸以岩石岸段为主。凡河口及其附近则为非岩岸段,多受期灾之苦,所以才有修塘之必要,致使海塘为零散地分布。不过相对而言,莆田县境内的海堤较多,总计约 400 余里,占了福建省内的80%,全省海堤总长约 500 里。《厦门志》中载有兴泉永道周凯就曾经在道光十三年(1833)十二月,亲勘厦门沿海海堤并动工修筑之事。厦门沿岸土堤,在道光初年兴泉永道倪琇在兴办义仓时兴建,以"甃石为堤,三百丈强",但因经年"为海潮所啮,堤崩","计外堤长二百一十七丈,需石计用石二千八百余丈;内堤长一百一十丈,需土工省,统计工费五千余两",动工于"(道光)十五年(1835)正月十有四日。六月,石堤成;闰六月,土堤成"。①

台湾岛海堤　台湾岛是太平洋台风常经过之地,所以风暴潮经常肆虐那里。但是海岸几乎全部为岩岸。所以"台地依山临海,所有田园,并无堤岸保障"。②

（四）珠江下游三角洲与环北部湾

广东、广西和海南岛的海堤　这里海岸线漫长,又有我国的第二大岛。不过该处防三江洪水工程多于防潮灾筑塘工程,而且加上记录较少,所以难窥全貌。对于该处记录除本节开头所提《广东新语》中外,还有:康熙五十七年(1718)"广东雷州府海康、遂溪二县有洋田万顷逼近海潮设有堤岸包围。因年久失修,以致海潮泛溢、侵损民田"。工部议覆后,批准:"查海康、遂溪二县东洋塘堤岸十七处、水闸十三处每年用土修筑。今改用木石大工,以免随时修筑之劳。应如所请。令该抚修筑坚固。"③之后,多次整修。乾隆八年(1743),乾隆帝下旨准对其经行翻修:"工部议覆。左都御史管广东巡抚王安国疏称:海康、遂溪二县滨海堤岸,前经加筑四千九百余丈。应请

---

① （清）《(道光)厦门志》卷 9,《艺文略》。
② （清）《淡水厅志》卷 15 上。
③ 《清圣祖实录》卷 278,康熙五十七年三月条。

于保固三年后,如遇冲激过甚、民力难施者,准地方官勘明估报,动项兴修。应如所请。从之。"①

二、清代风暴潮灾害与海塘修筑

中国沿海,尤其是长江下游三角洲地区、台湾海峡两岸和珠江下游三角洲与环北部湾是遭受风暴潮灾最多的地区。当大型风暴潮来临时,海潮强大的冲击力,使得沿海堤塘坍塌破损,进而潮水进入沿海城镇,甚至进一步灌入沿江内陆地区。清代海塘的修筑在前代的基础上进一步完善,其修筑的海宁大石塘就已经有了十分复杂的结构。不过,因石塘修筑需要大量财力与人力做支持,所以土制海塘仍旧是清代海塘修筑的主要材料之一。

雍正二年(1724)七月十七、十八日,强台风袭击了从长江口、浙江宁波沿海一直到苏北的盐城沿海。受灾地区包括江苏松江府属华亭、上海、南汇、金山、娄县、青浦,苏州府属吴县、昆山、吴江,常州府属常熟、江阴,太仓直隶州嘉定、宝山、崇明,通州直隶州之通州、如皋,扬州府属东台、兴化、泰州,淮安府属盐城等 20 余州县;浙江嘉兴府属嘉兴、海宁、海盐、平湖、桐乡,杭州府属仁和,绍兴府属上虞、会稽、山阴、萧山、余姚、嵊县,宁波府属鄞县、慈溪、象山、奉化、定海、镇海,温州府属永嘉等 22 县。据雍正皇帝实录中载:"七月十八十九等日,骤雨大风。海潮泛溢。冲决堤岸。沿海州县。近海村庄。居民田庐、多被漂没。"两淮巡盐御史噶尔泰奏称:"七月内、海潮冲决范堤,沿海二十九场,溺死灶丁男妇四万九千余名口。盐地草荡,尽被漂没。"②九月初四,江苏布政使鄂尔泰汇报沿海海堤冲毁情形,并奏请以工代赈,迅速修复堤坝:"再查松江府属之海塘土堤冲决三千六百七丈;上海护塘冲决九百一十丈,均应急为抢筑,以防秋潮大汛。请权动正项地丁,给发堵筑。即以被灾之民充役给以工食,一举而塘工民命并可两全",雍正帝谕旨同意:"应如是行。筑堤之策,甚属良法。去岁山东挑浅,大得其益。"③到了十二月初四,雍正帝依然关心着浙江沿海海塘修筑工程进展程度,特谕

---

① 《清高宗实录》卷之 206,乾隆八年十二月条。
② 《清世宗实录》卷 25,雍正二年冬十月条。
③ 《清世宗实录》卷 24,九月甲辰条。

吏部尚书朱轼："浙江沿海塘工最为紧要。……朕已谕令法海、佟吉图作速详议具奏矣。但恐法海等初任，不谙地方情形。尔曾为浙江巡抚，必深悉事宜。着驰驿前往浙江作何修筑之处，会同法海、佟吉图详查定议，交与法海等修筑。朕思海塘关系民生，务要工程坚固，一劳永逸，不可吝惜钱粮。江南海塘亦为紧要。俟浙江议定，即至苏州会同何天培、鄂尔泰，将查勘苏松塘工。如何修筑之处，亦定议具奏。"①

据《两浙海塘通志》记载此次海塘坍塌与修筑的具体情况："沿塘溃决八十三处，大坍成腾等号石塘一百五十丈，小坍天地等号石塘一千四百三十八丈五尺，附石土塘坍陷一千五百四十五丈五尺。二十日署县先将决口计长八百四十三丈一尺，抢堵工费银九百七十五两六钱零，皆盐邑绅士同署县捐给。……自刘王庙至白马庙在白洋河旧河身取土，将官土塘堤加高三四五六尺，帮宽一丈二三四尺不等，计长二千八百五十丈。又嘉兴知府江承玠，捐挑白洋河自石屑圩至白马庙，宽一丈二三尺，深五六七八尺不等，连白马庙浮图墩石屑圩三泾口，共长二千七百九十三丈，又石屑圩南至陡门南石堰止，挑浚白洋河一段长二百五十七丈。"②

除此次修筑外，清各代修筑沿海海堤不下百次，先就大型的海塘修筑工程表，罗列于下：

表3-1　清代大型修筑海塘工程

时　间	地　点	工　　程
顺治二年 （1645）	松江府	知府张锐修筑江南海塘南段溁缺土塘2余里，又筑拓林东西坍塘约1里
顺治七年 （1650）	松江府	知府密文元，修筑溁缺沿海两端崩塌土塘，西起梅林泾，东至周公墩，约4里
顺治十二年 （1655）	松江府	松江知府李正华修筑华亭县土塘13里
康熙三年 （1664）八月	海宁县	海宁县海塘冲决约12里，发工料费修筑，次年九月石塘成。并筑尖山石堤50丈

① 《清世宗实录》卷27，十二月癸酉条。
② （清）：《两浙海塘通志》卷4，清乾隆刻本。

续表

时　间	地　点	工　　程
康熙四年 （1665）	海盐县、华亭县	修筑海盐县大坍石榴53丈，土塘约4里。该年又修筑松江府华亭县漈缺土塘约7里。又重修范公堤全堤，自此次大修后，连续50年再无崩决之患
康熙七年 （1668）	松江府	修筑松江府拓林土塘12里
康熙十一年 （1672）	松江府	修松江府柘林一带蔡家马头土塘约5里
康熙十四年 （1675）	松江府华亭县	修筑松江府华亭县土塘5余里
康熙十五年 （1678）	浙江镇海县	修浙江镇海县灵绪塘（又名万弓塘）35里
康熙二十四年 （1685）	浙江海盐县	浙江海盐修筑石塘约6里
康熙三十一年 （1683）	浙江定海县	筑浙江定海县舟山本岛芦花塘2里。次年，再筑舟山本岛青山塘，长6里
康熙三十四年至五十二年 （1695—1713）	浙江定海县	浙江定海县令缪燧在其长期任职内，广筑舟山环岛海塘凡40余处，大者至五六千丈，小者亦三四百丈，运使境内再无海潮冲决之患
康熙五十四年 （1715）	浙江海宁县	浙江海宁大风潮，冲坍海塘数千丈，修筑约19里。同年，民筑江南海塘宝山县沿江27塘17里
康熙五十五年 （1716）	浙江	连雨江涨，冲坏钱塘县江海塘7余里。总督罗觉满保会同巡抚朱轼委杭州府修筑。五十七年（1718）三月竣止。同年，绍兴知府俞卿鉴于山阴土塘连年潮冲决堤，乃改筑石塘起九墩至宋家溇接会稽界，长40里，五十六年时（元1717）告竣，称俞公塘
康熙五十七年 （1718）	绍兴府会稽县	绍兴府会稽县仿山阴例，改筑境内龛支山一带沿海上塘为石塘。计长16余里。同年，又修浙西海宁石塘6余里，并于新旧石塘外筑坦水17里；修东、西土塘28里；并于堤内开浚备塘河43里。工超浩大，共用工料银十五余万两，至五十九年（1720）全工始成
康熙五十九年 （1720）	浙江海宁县	总督罗觉满保、巡抚朱轼奏请建筑浙江海宁县老盐仓、上虞县夏盖山等处大石塘。工程始于五十九年，完工于六十一年（1722），共筑得鱼鳞大石塘在海宁县者约3里，在上虞县者13余里，又筑海宁草塘8余里。共用银十三万三千余两

时　间	地　点	工　　程
雍正三年（1725）	海宁、海盐、上虞、会稽、余姚等松江府华亭县	吏部尚书朱轼奉上谕来浙查看海塘，奏请修筑海宁、海盐、上虞、会稽、余姚等县石塘，至四年（1726）7月先后完工。共筑以上五县石塘61余里。同年，朱轼又奏请创筑江南松江府华亭县石塘21里，亦于次年完工
雍正七年（1729）	松江府华亭县	续建松江府华亭县捍海石塘，历3年完成，与原筑石塘相接，通长40里，起自金山卫城北10里，再北至华家角。是年，又于石塘外再筑护外土塘一道，计长25里，底宽4丈5尺，高1丈
雍正九年（1731）	松江府华亭县、浙西海盐县	松江知府修筑华亭外护土塘37里，以护石塘。是年，又修浙西海盐县土塘6里，新筑石塘约8里
雍正十年（1732）七月	奉贤、南汇、上海、宝山浙西海盐县	台风卷潮，猛击浙西、江南海岸，沿岸原有土塘几尽溃坍。苏州巡抚乔世臣请修奉贤、南汇、上海、宝山等四县江、海塘。是年，修奉贤县土、石二塘，自五墩涵水庙，西至华家角，绵长55里，底宽5丈，面宽2丈5尺，高1丈2尺。而后，又筑浙西海盐县条石塘约5里，筑海宁草塘12里
雍正十一年（1733）	松江府南汇县海宁县宝山县海盐县	松江府南汇县知县钦连筑南汇捍海外塘30里，后名钦公塘。是年，宝山县筑江东土塘，自黄家湾起，至工尾长23里。修浙西平湖县土塘6里；修海盐县土塘74里；筑海宁县土备塘一道，长78里。修江北范公堤泰州草堰场、小海场、丁溪场，兴化刘庄场、盐城新兴场等五处共8里
雍正十二年（1734）	东台县	江北东台县县治南，至拼茶范公堤，筑新堤一道，长约30里，形如半月，后人称稽公堤
雍正十三年（1735）	宝山县浙西仁和、海宁、海盐福建兴化府莆田	筑江南海塘宝山县护城土塘一道，自胡巷桥起，至顾泾港止，延袤30里，面宽7尺，底宽3丈，高8尺，以御江潮顶冲。并修筑华亭县内贴石土塘72里。同年，抢修浙西仁和、海宁、海盐三县冲塌石塘35里、草塘34里。同年，福建兴化府知府苏本洁奉旨筑莆田遮浪石堤6余里
乾隆二年（1737）	浙西海宁	大学士嵇曾筠题请筑浙西海宁鱼鳞大石塘自普儿兜大石塘起，至尖心段塘头止，共应筑约34里。自二年（1737）起工，至八年（1743）远塘竣工
乾隆三年（1738）	南汇县宝山县	筑江南海塘南汇县五团至九团圩塘40里，高1丈5尺。又筑宝山县江东土塘约7里

时　间	地　点	工　　程
乾隆四年 （1739）	宝山县	筑江南海塘宝山县顾泾港北面起，至镇洋县交界止土塘 12 里
乾隆五年 （1740）	镇洋县 宝山县 浙西海盐县	筑江南海塘镇洋县江塘土工，起宝山县界，至楚城泾北。长 8 里，高 1 丈 2 尺。又筑宝山县护城石塘 7 里，南自吴淞炮台起，北至车家园，于八年（1743）竣工。筑浙西海盐县土塘，约 8 里
乾隆七年、九年 （1742、1744）	浙西平湖县	抢修浙西平湖县土搪，附石土塘共计 29 里
乾隆十四年 （1749）	南汇县 余姚县	江南海塘南汇县所属土塘约 76 里，进行通塘修补。同年，浙东余姚县大修土塘 38 里
乾隆十七年 （1752）	太仓州 浙东萧山、山阴、会稽三县 镇海县	大修江南海塘太仓州浏河口至昭文县界，共 50 里。同年，又修浙东萧山、山阴、会稽三县海塘共 72 里。又新建镇海县利济塘，计长 10 余里
乾隆十九年 （1754）	昭文县	筑江南海塘昭文县江塘，自太仓州界至常熟县界，计长 60 里
乾隆二十四年 （1759）	沾化县	筑山东省沾化县利国镇一带海堤 24 里。高 3 尺，基宽 5 尺，顶宽 3 尺
乾隆二十七年 （1762）	崇明岛	知县赵廷健筑崇明岛，海塘亘百余里，人称为赵公堤
乾隆三十二年 （1767）	浙江舟山岛	筑浙江舟山本岛万丈塘 10 余里
乾隆四十一年 （1776）	通州海门厅	筑江北岸通州海门厅海坝，计长 10 里
乾隆四十四年 （1779）	山东省昌邑县	筑山东省昌邑县海堤 6 里
乾隆四十五年 （1780）	浙江海宁	高宗第 3 次亲临浙江海宁巡视塘工，指令将老盐仓石塘迤上之柴塘数千丈尽量改建石工。于四十七年（1782）3 月开工，至次年 7 月工竣，共筑鱼鳞大石塘 8 余里，耗资银七十九万八千余两。同年，修平湖县石、土塘各 20 余里

续表

时　间	地　点	工　　程
乾隆四十八年 （1783）	广东省琼山县	筑广东省琼山县海堤 10 余里
乾隆五十一年 （1786）	杭州	高宗亲临杭州，巡视江塘。命将老盐仓至章家庵沿海建鱼鳞大石塘。4 年后工成，共建石塘 25 里，耗银八十七万余两
嘉庆五年 （1800）	浙东象山县	始筑浙东象山县大泥塘，历时四载工成。为象山最大海塘
嘉庆六年 （1801）	华亭县	抢修江南华亭坍塘 14 余里
嘉庆十一年 （1806）	华亭县	修江南华亭土塘 15 里
道光元年 （1821）	松江府奉贤县	松江府奉贤县民于海塘外筑圩塘 10 余里，以便开垦
道光四年 （1824）	浙东萧山县	筑浙东萧山县西兴坍塘石工约 2 里。筑定海县舟山本岛蒲西塘，长 8 里
道光七年 （1827）	福建莆田县	重建福建莆田县镇海石堤 6 余里。底宽 8 尺，面宽 4 尺，高 1 丈 1 尺；并筑附石土堤，底宽 5 尺，面宽 3 尺，高与石堤齐
道光十四年 （1834）	浙西海宁县	浙西海宁县鱼鳞石塘经年无修，多有坍损，是年通塘大修，3 年工成。计修各工总长 90 余里
道光十五年 （1835）	宝山县	苏南宝山县江东、江西海塘 28 里为大风潮冲坍，巡抚林则徐奏请修筑所坍土石各工，3 年完工
道光二十九年 （1849）	浙东定海县	浙东定海县岱山岛居民公筑南浦大塘 11 余里
同治七年 （1868）	华亭县	江苏巡抚丁日昌奏请大修华亭县捍海石搪西工，越四载工竣。共计长 17 余里
同治十一年 （1872）	太仓　镇洋 昭文　宝山	大修苏州府所属太仓、镇洋、昭文、宝山等四州县江塘坍溃处，共计长 18 里，越五载工竣。共用银三十三万余两
光绪七年 （1881）	松江府川沙厅	筑松江府川沙厅外圩塘，自川沙八团至九团，长 15 里，高 9 尺，面宽 8 尺，底宽 2 丈 8 尺

续表

时　间	地　点	工　　程
光绪九年 （1883）	松江府南汇县	松江府南汇知县王椿荫于钦公塘外增筑外土塘，南起泥城，北到川沙界，共筑土塘 63 余里，人称王公塘
光绪二十九年 （1903）	浙江定海县	筑浙江定海县岱山岛南浦大塘 11 余里
光绪三十三年 （1906）	松江府南汇县	松江府南汇县塘外涨沙宽广，知县李超琼于王公塘外筑外圩塘一道，以便垦殖。塘自南汇一团起，到川沙厅界，长约 60 里，民称李公塘

* 据《中国海塘工程简史》第六章第二节"历朝的重大修筑"制成。

　　由上面表中可以看出，长江下游三角洲地区是遭受风暴潮灾最多的地区，而且该区也是清代重要的海盐与粮食产区，该区域的安全关系到清代皇朝的粮源与盐源。因此，该区也是修筑、修补海塘最多的地区。其中宝山县、定海县、华亭县、海宁县、南汇县、海盐县为最多。此外在上表中我们还可以看到，在清代大型海塘修筑工程多集中在嘉庆朝以前。这是因为康熙、雍正、乾隆三朝，是清朝国内最安定，国力最强的时期，所以国家才有大量的精力、物力、人力进行重大海塘工程的建设。

　　除修筑海堤外，清代的官员已经注意到利用植物固堤的可行性，并且多次试验，找到有利于防潮固堤的植物，并大力推广，如乾隆二十四年江苏巡抚陈宏谋就曾多次深入民间，了解植物属性，发布《通饬海塘御浪檄》：

通饬海塘御浪檄

　　沿海所筑各塘，专防潮水为患，每遇潮来之期，又值东北之风，则海水风浪拍岸漫塘，柳枝不能堵御，芦苇亦席卷而去。本部院连日经见有海滩所生之草，土名甘柯，草根盘结，枝叶丛生，且柔弱绵软，可以随波上下。若于土塘坦坡，偏种甘柯护卫塘身，再于塘外三丈余地偏种甘柯，则潮水至此不能起浪飞花。现在自宝山之川沙，以及太仓昭文境内塘身有此草者，上年水到无浪，不能伤塘已有明验。又有一种枝杨，又名白杨，种地即生，柔条长藤用绳扎结，俨如竹篱，随长随偏，数年之间，俨如墙壁而又稀疏柔软，可以随波起立，不致激水生怒，均属以柔治刚之一策。此二物者当此春融正宜种植,仰该官吏立即饬行管塘印官佐杂,督率塘长徧种此物,塘身则多种甘柯,塘外皆有除粮余地三丈,皆可徧植甘柯,其枝杨不宜种于塘身,止宜种于塘根编篱卫护,塘外余地亦可兼种枝杨。总以塘身,塘外数丈皆有此二物以作卫护,俾潮水至此不能鼓浪兴波,塘身自然受益如塘外余地。原止减则未曾除粮者,今既种草即为除粮,或宜甘柯,或宜枝杨,随地酌种应变通者,亦即变通,总期可以御浪卫塘。至于塘长原无工食不能枵腹办,地方官每丈给银以资种力,已种未足者,补之务令如法种植,小心照管,期于成活,不得虚应草率,有种无成,所需种力,县佐等官酌定数目,不拘何项发给,事竣详候一面拨给,一面委验。甘柯成丛之后潮汛已过,仍准塘长刈割卖用以作工食,不妨使之便宜踊跃从事。有能设法变通渐致广盛者,另行给赏。急宜及时种植以待潮汛,不可因循迟误。柳株不能御浪有伤塘根不必种植。①

在清代,尤其是早期,沿海海塘多为土造结构,土塘建好后,在其四周广种柳树,以希望柳树根可以固堤防潮。但是经江苏巡抚陈宏谋的亲自考察发现,其植物特性并不适合在堤岸栽种,而且会损坏海塘根基。而另外两种岸边常生植物甘柯与枝杨却是"草根盘结,枝叶丛生,且柔弱绵软,可以随波上下"或是"种地即生,柔条长藤用绳扎结,俨如竹篱,随长随徧,数年之间,俨如墙壁而又稀疏柔软,可以随波起立"。借这两种植物的柔韧性,在"塘身则多种甘柯",塘外余地"皆可徧植甘柯"。因枝杨成长茂盛后,根编成篱状,因此,"止宜种于塘根编篱卫护,塘外余地亦可兼种枝杨"。如此一来借植物特性,可以起到以柔克刚,防潮固堤的作用。同时,甘柯成熟后,还可以成为经济作物,种植甘柯与枝杨可谓一举数得。此外还有水松、水杉,也是护堤固岸的常见植物。"闽广海塘边皆生之,如凤尾杉,又如松,其根浸水生须,如赤杨。"②

---

① (清)贺长龄:《清经世文编》卷120,《工政二十六》,中华书局1992年版。
② (清)方以智:《通雅》卷43,清文渊阁四库全书本。

清代的防潮御卤的经验，在继承了前代的基础上，不断完善，以石易土，建起涵盖中国沿海的长堤，是沿海人民智慧的结晶，为沿海地区抵抗风暴潮灾的侵袭，作出了不可磨灭的贡献。

三、避潮墩的修建

所谓的"避潮墩"，就是指沿海灶民或居民"一遇大潮猝至，煎丁奔走不及，即登墩避潮，名为'避潮墩'，以保生命"[1]。也有"济民墩"、"救命墩"之别称。即沿海地区为防止涨潮来不及回到安全的陆地，就人工挑挖，筑成高大的潮墩，供滨海劳作的盐民渔民暂时避让海潮之用。沿海各地在居民常住地区，设置多处"避潮墩"，以防潮灾。以直隶太仓州为例，该地区的"济

图 3-3　位于今盐城大丰市小海镇江北村五组的小海黄墩

民墩"（即避潮墩）就有五十一座。[2] 最初，这只是民间自发修筑，是主要针对盐区灶民的自救措施。因大海逐渐东徙，离沿海范公堤越来越远，"旧时

---

① （清）王定安：《两淮盐法志》卷 36，《场灶门》，清光绪三十一年刻本。
② （清）《（嘉庆）直隶太仓州志》卷 5，《营建下》，清嘉庆七年刻本。

距海不远,今则海沙涨起数十里变为沙坦,亭场距海既远,卤气不升渐移向外,虽违例禁实就时宜"。① 而盐区煮盐需用大量海水,所以盐区常常设在海堤外。猝遇海潮,奔跑不及的话,灶民就会被冲走淹死。筑设此类避潮墩,就可以让灶民及时跑到高处以避不断汹涌上涨的潮水。但是,"筑墩自救,顾其数有限"②,民间自发建筑的避潮墩的数量远远不能满足灶民人数的需要。于是,便有了官方组织筑墩之举。雍正十年(1732)七月十六、十七日,长江口爆发特大风暴潮灾。此次风暴潮灾从长江口登陆,遍及沿海十几个县,近三十种地方文献记录了些次潮灾。此次潮灾过后,直隶太仓州知县高国楣,"筑墩四十有二,每墩基地二亩一分,照田挑筑"③。乾隆十六年(1751)崇明县知县王纬"令民照旧挑筑,并详请另设九墩,以济沿海居民"④。光绪八年,左宗棠也提议修护避潮墩:"淮南通泰场范堤,为范文正公所议建,自盐城北接阜宁,南抵海门,亘六百余里,灶户萃居其下,堤外设潮墩数百,为风潮猝至避居之所。堤积久侵毁,潮墩故处去海益远,前一岁飓风大作,海潮挟势奔溢,漂没庐舍千数百所,淹毙不可胜计,公与运使行视,议集资先筑潮墩以御异患。"⑤

康雍乾三朝,滨海地区潮灾频繁,随着时间的推移,沿海的避潮墩逐渐被海风潮水等侵蚀,且日益严重,当地盐政与地方士绅商贾,多次自己捐款兴修避潮墩,以卫盐区平安。例如乾隆十一年(1746)三月,盐政吉庆奏称:

> 两淮灶户居住海滨,每年伏秋大汛,恒虞潮患。臣前于查场时见亭场煎舍处所间有土墩,而多寡有无,或远或近并不一律,询因,煎舍离场窎远,一遇大潮猝至,煎丁奔走不及,即登墩避潮,名为"避潮墩",以保生命。比因年深日久不加培筑,以致十墩九废,每遇潮患,煎丁多有损

---

① (清)王定安:《两淮盐法志》卷16,《图说门》,清光绪三十一年刻本。
② (民国)《阜宁县新志》卷9,《水工志》。
③ (清)《(嘉庆)直隶太仓州志》卷5,《营建下》,清嘉庆七年刻本。
④ (清)《(嘉庆)直隶太仓州志》卷5,《营建下》,清嘉庆七年刻本。
⑤ (清)罗正钧:《左文襄公年谱》卷10,清光绪二十三年湘阴左氏刻本,台湾商务印书馆1981年版。

伤,是潮墩之修废,灶丁之生命系焉。正饬运司通查勘估议详间据,通河商众以盐从灶产灶,赖丁煎商与灶丁实有休戚相关之谊情,愿公捐工费,无烦动帑。并据运司查明通泰分司所属必需修建之避潮墩共一百四十三座,估需土方银九千二百余两,臣即饬商人分司其事兴修坚固,以垂永久。①

同年五月,吉庆复奏:

> 通泰二分司所属原议必需修建之避潮墩,共一百四十三座,复又续添五座,各商俱已修筑完固,委员覆勘无异,除责令各场大使将旧存有益而见系完整各墩,同今次修建各墩,造册通详存案外,嗣后仍不时亲加查勘,如少有残损即随时修补,并于升迁事故离任时,一体造册交代,仍照造清册咨部以备场员交代时考核。②

修筑避潮墩因涉及盐商与灶民自己本身的利益,因此众多民间力量参与进来。如歙县人郑世勋,适逢海啸,灶民溺死无算,于是他"相高皐,筑大墩七余座,为避潮之所。自是岁遇风潮,安睹如故"③。巡盐官员焦连与"嘉靖十九年巡盐两淮,值潮变初平,上陈灾异,乞赈□疏。招抚流亡,及投充民灶六百四十余名,给养灶妇二千三百余口,创盐课司十有一区,筑避潮墩二百二十余所"。④ 乾隆九年奉命巡盐两淮的官员吉庆"规画以潮墩为灶丁避灾所,亟于一百四十八座之外,复增八十五座"。⑤

修筑避潮墩,地方官员尤其是基层的官员,对此并不是一味地听命行事,他们有的亲自去勘察实际情况,根据不同地形与情况来修筑,这往往更能起到事半功倍的效果,如光绪九年三月,两淮候选训导严作霖,对官方刊

① （清）王定安:《两淮盐法志》卷36,《场灶门》,清光绪三十一年刻本。
② （清）王定安:《两淮盐法志》卷36,《场灶门》,清光绪三十一年刻本。
③ （清）《(嘉庆)两淮盐法志》卷44,《人物二》。
④ （清）王定安:《两淮盐法志》卷137,《职官门》,清光绪三十一年刻本。
⑤ （清）王定安:《两淮盐法志》卷137,《职官门》,清光绪三十一年刻本。

刻的《救命墩说》中是否该连墩为堤一项,亲自勘察实际情况,禀称:"前年海潮漫溢,各场民舍漂没甚多,前人遗制本有救命墩之设,以避风潮。爰刊刻《救命墩说》,广为劝募。《说》者谓风潮泛滥恐非墩所能御,故又有连墩为堤之议。或谓筑堤则卤气不能上达,有妨出产,或谓西水下注,无从宣泄反有溃决之虞,仍不如筑墩为便。查前年水灾之后,曾令各灶户将屋基加高以防后患,去年风潮复至,人民无恙。是筑墩一节业已卓有成效,拟仍照初议,规仿前人旧制于泰属各场下,下灶每灶屋后筑一救命墩,民捐民办不请公款,不求奖叙,乞免报销,经盐政。"①该办法得到当时的两江总督左宗棠的批准支持。

据严作霖勘察与实践,认为筑墩便于筑堤,而且已经经实践检查,"前年水灾之后,曾令各灶户将屋基加高以防后患,去年风潮复至,人民无恙。是筑墩一节业已卓有成效"。所以,在盐区兴建避潮墩,比海塘修筑更具有实效,且民捐民办,节约官方开支,是利国利民之好事。

第三节　仓储备灾

仓储作为一项重要的备荒救济措施,"盖农村社会之安定,系于农民经济之荣枯,农民经济之荣枯,又系于粮仓之盈虚,故欲免天灾人祸,旱潦荒凶,使民无离散之苦,沟壑之厄,则均输平准之利,常平仓储之制,应运兴矣"。② 故自汉唐以来逐步建立并发展的仓储制度,到了清代愈加完善,在明末原有制度之下,又于康熙十八年,在乡村设立社仓,市镇设立义仓之诏,此外还有营仓,专为士兵借籴而设。清末,朝廷内部腐化,仓储制度逐渐废弛,在饥荒年月,赈济灾民亦不足也。

一、常平仓与预备仓

常平仓的思想渊源,尽管可上溯到春秋时期管仲的"通轻重之权"思

---

① (清)王定安:《两淮盐法志》卷37,《场灶门》,清光绪三十一年刻本。
② (民国)于佑虞:《中国仓储制度考》,山西人民出版社2014年版,第1页。

想,以及战国时期李悝在魏国推行的平籴之法,但它的正式出现是在西汉昭帝时。大司农中丞耿寿昌"令边郡皆筑仓以谷贱时增其贾,而籴以利农谷贵时减贾,而粜名曰常平仓"。① 即所谓的常平仓就是官办机关,其基本作用就是官方在荒年平粜,丰年平籴。随着时间的发展,逐渐加入了赈济与借贷的作用。

清承明后,兵马倥偬,未尝顾及民生,饥馑之末,继以兵灾。故到顺治中期,常平仓之制才得以恢复重建。清初国内处于战乱状态,社会经济受到严重破坏,农民死亡逃徙,土地大量荒芜,到处呈现一片荒凉萧条景象。当灾荒发生时,甚至出现了欲赈无谷的情形。顺治帝遂多次颁谕,责成各地方官员恢复常平等仓。顺治十一年(1654),因直隶地区水灾,灾民甚重,即谕直隶大臣巴哈纳等:"近京地方,米价腾贵。饥民得银,犹恐难于易米。殷实之家,有能捐谷麦或减价出粜,以济饥民者,尔等酌量多寡,先给好义扁额,及羊酒币帛,以示旌表。"② 又令各府、州、县清查前代所设常平等仓,"稽查旧积,料理新储"。③ 顺治十二年(1655),题准"各州县自理赎锾春夏积银、秋冬积谷,悉入常平仓备振[赈],置簿登报布政使司,汇报督抚,岁终造报户部。其乡绅富民乐输者,地方官多方鼓励,毋勒以定数"。④ 后历代清帝也屡颁诏旨,要求各地推行常平仓,并采取劝谕官绅富民捐输、贡监捐纳、按亩摊征、截漕增补、拨帑银采买等多种措施充实仓廒,常平仓由此在全国范围内得到了普及。

从沿海各州县志的记载来看,清代沿海地区的常平仓多为康熙、雍正、乾隆年间建立。如,盐城常平仓在县署东,雍正八年(1730)知县孙荫孙建仓廒13间,雍正十年知县崔昭建仓廒9间,乾隆五年知县程国栋增仓建9间,乾隆十年知县黄垣增建9间。⑤ 如皋县常平仓在县署左,雍正五年(1727)知县丁铨建东西廒各5间,八年知县彭履仁建北廒4间,乾隆五年

---

① (汉)班固:《汉书》卷24上,清乾隆武英殿刻本。
② (清)《清世祖章皇帝实录》卷82。
③ (清)《(嘉庆)松江府志》卷28,《田赋志》,《积贮》。
④ (清)官修《大清会典则例》卷40,《户部》,《积贮》,清文渊阁四库全书本。
⑤ (清)《(乾隆)盐城县志》卷7,《公署》。

知县邹廷模建南廒 6 间、东廒 14 间。通州常平仓在州署后堂东北，雍正十一年（1733）知州胡廷琦建，十三年（1735）知州张桐改建治北，乾隆三年（1738）桐复改署东慎贮楼为之，十二年（1747）知州董权文增建天宁寺北。① 江宁县常平仓在县署仪门外右首，雍正五年（1727）知县孔毓珠倡建；昆山县常平仓在天区三㕑，雍正几年增建；上海县常平仓在县西侧，雍正七年（1729）知县于本宏建。② 直隶太仓州有常平仓两所，在州治大堂左右。知州翁甫生建造廒房十八间，知州江之瀚添建廒房七间，俱坐落大堂西首。知州江之炜续建廒房二十五间，坐落大堂东首，东西共计五十间。乾隆二十七年（1762）七月被风潮坍塌，重修。③ 广东香山县，"常平仓在仪门右，张府志豫备仓在仪门外西侧三间"。④

为使常平仓发挥应有的功能，清朝统治者对其管理制度、营运方式、救助范围以及积谷规模等方面采取了适应当地自然条件的具体规定。

在管理上，由于常平仓是官仓，因此清政府明确了沿海地方官员的管理责任。康熙三十九年（1700）准议，"凡州县收贮米谷遇飓风大雨等灾，挽运江海漂流并霉烂者，该督抚题参着革职离任，原阙别补限一年之内赔完，免罪复还原职别补。如逾限一年赔完，免罪不复原职，二年之内如不赔完，仍照律例治罪，着落家产追赔"。⑤ 康熙五十九年（1720）又议准，"州县霉烂仓谷不论在任，解任以及分赔之，知府果能一年限内全完者，皆一例准其开复"。⑥ 雍正元年（1723），对常平仓的管理更加严格。"各省存仓米谷虽有知府盘察，司道管理不能保其一无徇隐，当责之督抚核实严察，年终造册保题至督抚。升转离任将册籍交代新任督抚，限三月察核奏闻。如有亏空即行题参。倘新任督抚徇隐不行，据实参出后经发觉，一并照例议处仍令分赔。"⑦每年年终检查造册，升转离任时，新的代任督抚"限三月察核奏闻"，

---

①　（清）《（光绪）通州直隶州志》卷 3，《仓廒》，中国方志丛书（43）。

②　（清）《（乾隆）江南通志》卷 22，《舆地志》，清文渊阁四库全书本。

③　（清）王昶：《（嘉庆）直隶太仓州志》卷 4，《营建上》，《仓储》，清嘉庆七年刻本。

④　（清）《（光绪）香山县志》卷 6，《建置》，清光绪刻本。

⑤　（清）官修《大清会典则例》卷 16，《吏部》，《盘查》，清文渊阁四库全书本。

⑥　（清）官修《大清会典则例》卷 16，《吏部》，《盘查》，清文渊阁四库全书本。

⑦　（清）官修《大清会典则例》卷 16，清文渊阁四库全书本。

盘查清楚后，方许交接。

在运营上，清代常平仓通常采用"存七粜三"的办法，即每年只准粜出三成积谷，其余留仓。仓谷粜出后，需趁谷价低廉之机买谷还仓；如被灾州县仓粮动用过多，以致所剩无几，须在秋收丰年之时，奏请上司拨银买补①。但是因南北气候、温度、湿度等自然环境的不同，如在沿海尤其是南方地区也通用此法，不切实际。雍正十三年（1735），内阁学士方苞就曾经指出这种弊端："惟河北五省地势爽垲，风气高燥，仓谷数年不坏，存七粜三之法尚可遵行；若江淮以南地气卑湿，民间三二百石之仓，每遇伏暑稻必发热，若不盘仓米，多折碎味，亦发变，价值大亏；五岭以南但逾一年，底面即有霉烂，若通行存七粜三之法，则南方诸省，每至数年必有数百万石霉烂发变之谷。有司惧罪，往往以既坏之谷抑派乡户强授富民是化有用之物，为无用本以利民，而转重以为民累也。"②于是，乾隆元年（1736）定沿海地区常平仓储："广东广州等七府，南海等39州县，新安等二县丞所管属沿海卑湿之区，亦如四川例。"③即"四川龙安、宁远、茂州所属及雷波卫、黄螂所等处，地居边荒，风土较异，兼积贮杂粮性不耐久，令每年粜半存半"④。至乾隆七年（1742），重申谕遏粜之禁令，谕该被灾地方督抚可按照实际情况自行酌量，不需拘泥于"存七粜三"的成例："各州县买补仓谷。时值岁歉价昂不能买补，而该处所存尚可接济，准其展至来年买补。若谷价不敷，而贮仓又系不足该，州县即详明上司，以别州县谷价之盈余添补采买，为酌盈剂虚之计。其减价出粜在寻常出陈易新之际，照市价每石核减一钱，若岁荒价昂，该督抚即临时酌量不拘减一钱之数，其平粜亦视岁歉轻重，毋拘存七粜三成例。"⑤该与当地自然气候环境相适应的常平仓运营法，在沿海各地均妥善奉行，如：广州香山县在康熙四十四年（1705）时，"递修建各仓贮，凡捐输积

① （清）官修《清通典》卷14，《食货》，《轻重下》，清文渊阁四库全书本。

② （清）方苞:《望溪集》外文卷一奏札，《请定常平仓谷粜籴之法札子》清咸丰元年戴钧衡刻本。

③ （清）官修《清通典》卷14，《食货》，《轻重下》，清文渊阁四库全书本。

④ （清）官修《清通典》卷14，《食货》，《轻重下》，清文渊阁四库全书本。

⑤ （清）官修《清通志》卷88，《食货略》，清文渊阁四库全书本。

赎捐纳纪监裁并卫所之项,及奉添拨西谷,共二万四千六百石,奉行粜七存三……乾隆元年,部行香山县仓,以沿海卑湿,谷易霉,粜半存半。八年,部行广属常平仓谷分别粜米粜谷,各从民便,香山仓米谷俱粜"。①

关于粜出的价格,初时,按照市价而定,后因遇灾,为杜绝有人趁机贱籴贵粜,扰乱社会,故也有减价平粜的情形发生,而且随着实际情况的变化而变动。乾隆七年(1742)就提出粜出的价格应按照实际市场定价的规定:"之前苏抚奏请减价粜谷于成熟之年,每石照市价核减五分,米贵之年每石照市价减一钱,此盖欲杜奸民贱籴贵粜之弊也。但思寻常出陈易新之际,自应遵此例行假,令荒歉之岁谷价甚昂,止照例减价一钱,则穷民得米仍属艰难不沾恩泽。嗣后着该督抚临时酌量情形,应减若干豫行,奏闻请旨,如有奸民贱籴贵粜之弊,严拿究治。"②

因常平仓为官办,时间长久,积弊愈重。雍正一朝,对于仓储积弊进行了大力整顿,率派大臣赴各省查核仓储。雍正四年(1726),规定了严格的盘查追赔制度:"仓谷亏空处分,以谷一石比照钱粮五钱定罪,嗣后亏空仓谷系侵盗入已者,千石以下照,监守自盗律,拟斩,准徒五年;千石以上,拟斩监候,秋后处决,不准赦免,将侵盗谷数动支正项买补,着落本犯妻子名下,严追系那移者。除数止千百石,照律准徒,五千石至万石,照律拟流外;万石至二万石,发边卫充军;二万石以上者,照侵盗例拟斩,其亏空之谷动正项银买补于各犯名下,勒限一年追赔。"③次年又谕直隶各省"仓谷若有前任官折价存库者,不许新任官接受交代,仍令前任官买谷交仓,不许颗粒短少,其该管督抚上司亦不得徇情宽纵。倘有故违定,将本官及该管官分别从重治罪,永着为例"。④ 至乾隆四年(1739),乾隆帝重申警告平粜官员,"地方时值偏灾,民食匮乏,蠲免振[赈]济倘有不肖,书役于蠲免振[赈]贫之时,暗中扣克,诡名冒领,该州县漫无觉察者,降二级调用;至平粜借谷原因地方收成歉薄,米价腾贵,藉以惠济小民,如地方州县官不实力稽察,以致书役包买渔

① (清)《(光绪)香山县志》卷7,《经政》,清光绪刻本。
② (清)官修《大清会典则例》卷54,《户部》,清文渊阁四库全书本。
③ (清)官修《大清会典则例》卷40《户部》,清文渊阁四库全书本。
④ (清)官修《大清会典则例》卷13《吏部》,清文渊阁四库全书本。

利抑勒出入者,应将该地方官降一级调用。如胥役人等有前项等弊,州县官既已觉察而故为容隐者,将该州县官革职"。① 这样的谕旨显示了乾隆皇帝对常平仓的重视,同时也反映出,当时常平仓制度在地方的颓势,各种弊病滋生,已到了不得不重点严厉整治的状态。

在救助范围上,清朝前期的常平仓谷一般只用于本地赈粜。康熙十九年(1680)"谕户部,积谷原备境内凶荒,若拨解外郡,则未获赈济之利,反受转运之累人,将惮于从事,必致捐助寥寥。嗣后常平积谷留本州备赈,义仓社仓积谷,留本村镇备赈,永免协济外郡,以为乐输者劝"。② 但由于各地丰歉情况不同,如果某地发生重灾,以致本地的仓谷不敷赈粜,需外地仓谷支援的情况是不可避免的。而外地仓储有时也不一定充足,因此最终多变成截漕运粮补足。如康熙四十三年(1704),"又议准福建见在捐输谷二十七万余石,常平仓谷约五十六万余石,其内地积谷仍按原存州县之额数存留。常平谷照时价尽数发粜至台湾一府三县远在海外,见存捐输谷八千六百余石,常平仓谷十有一万石有奇,除每县应存之数加谨收贮,以备每岁出陈易新之用外,其余尽行发粜贮银,遇荒年振[赈]济"。③ 乾隆十五年(1750)"发浙江常平谷,于温台二州平粜"。④ 乾隆十九年(1754),又谕"四川总督黄廷桂,酌拨仓谷二三十万石,运往江南以备赈粜;又以湖南巡抚陈宏谋,请复运湖南仓谷二十万石,于江南接济,增湖北常平额四十万石"。⑤ 拨后缺额,以截漕粮补足。这种跨省、跨地区进行协拨的做法,是有利于发挥常平仓的备荒救灾功能的,同时也可以在最短的时间内,救赈到更多的灾民。

常平仓的另一项功能就是出借给农民作为种子口粮,以解决灾害农民无种可种,流离他乡的弊端,同时又可实现"出陈易新"的目的。"或歉收之后方春民乏籽种贫不能耕,或早禾初插夏遇水旱,及既雨既霁,民贫不能补种。乃命府州县开常平仓,或社仓出谷贷之,俾耕插有资,以待秋熟。其兵

① （清）官修《大清会典则例》卷19《吏部》,清文渊阁四库全书本。
② （清）官修《清通典》卷13《食货》,清文渊阁四库全书本。
③ （清）官修《大清会典则例》卷40,《户部》,《积贮》,清文渊阁四库全书本。
④ （清）官修《清通典》卷14《食货》,清文渊阁四库全书本。
⑤ （清）官修《清通典》卷14《食货》,清文渊阁四库全书本。

丁之贫乏者,亦贷焉,及秋视其收成之丰歉,收成在八分以上者加息征还,七分者免息征还,六分者本年征还,其半来年再征,其半五分以下者均缓征,以待来秋之熟。若上年被灾稍重,初得丰收,其还仓也亦准免息。直省有向不加息者,各从其土俗之宜,特旨本息均免者,率视督抚奏请即与豁除"。① 即常平仓按照前面所述的"存七粜三"之法的基础上,酌情贷给灾民谷种,春借秋还,借一斗收息一斗,也就是收 10% 的利息。如果遇到歉年,则只收谷本不收息。

在规模上,清代均有规定。康熙四十三年(1704)规定,"各省府州县积贮米谷,大州县存万石,中州县八千石,小州县六千石。其余按时价易银。解存藩库,其存仓米谷,每年以三分之一出陈易新"。而其中属于沿海地区的"(山)东省仓额大州县,贮谷二万石,中州县万六千石,小州县万二千石";"江苏所属大州县存贮米五千石,中州县四千石,小州县三千石"。② 因受气候影响,沿海地区的仓储数量,比北方内陆地区要少许多。到了雍正年间,标准有了提高,改为"山东各府并附郭首县贮谷二万石,大州万八千石,中州大县万六千石,中县万四千石,小县万二千石。大卫万石,中卫五千石,小卫二千五百石。大所三千石。以此定额,其地要民稠或积洼易潦者,酌加二三千石。如有阙额动帑买补"。至九年又定"江苏所属地广,需用米谷甚多,应照雍正五年(1727)所定数目:大县存米万五千石,中县万石,小县八千石,谷则倍之"。③ 康熙至乾隆初年,常平仓发展迅猛,全国额定储谷数达四千八百余万石。

表 3-2 清乾隆年间沿海地区仓储量 单位:石

省 份	乾隆十三年	乾隆三十一年	乾隆五十四年
直隶	2154524	1975275	2198520
山东	2959386	2563305	2945000
江苏	1528000	1271857	1538000

---

① (清)允祹:《大清会典》卷 19《户部》,清文渊阁四库全书本。
② (清)官修《大清会典则例》卷 10《户部》,清文渊阁四库全书本。
③ (清)官修《大清会典则例》卷 40《户部》,清文渊阁四库全书本。

续表

省　份	乾隆十三年	乾隆三十一年	乾隆五十四年
浙江	2800000	409363	2926561
福建	2566449	2689718	2984620
广东	2953661	2901576	2850038
广西	1294829	1380121	1294829

资料来源:光绪《大清会典事例》卷190,《户部·积储·常平谷数》;《清朝文献通考》卷317,《市籴考六》。

由上表可以看出,乾隆年间的常平仓储量,在初期十分充沛,但到了中期,仓储量下降,经过调整后,直至乾隆五十四年(1789),常平仓的储量都保持着相当高的水平,可见常平仓制度总体在乾隆年间运行良好。

至乾隆晚期,情况发生了变化。乾隆五十七年(1792)上谕指出:"各省常平社仓,系仿照周官荒政而设,原以备水旱偏灾,粜借放赈之用。乃各省督抚,每年俱汇奏仓库无亏,而遇有偏裸歉收,并未据奏闻动拨仓谷以济饥民……可见各省仓储,并不能足数收贮,此皆由不肖官吏,平日任意侵那亏缺,甚或借出陈易新为名,勒卖勒买,短价克扣,其弊不一而足。以古人之良法,转供贪墨之侵渔。而该督抚等,并不实力稽察。惟以盘查无亏,一奏了事。以致各省仓储,俱不免有名无实,备荒之义安在乎?"① 说明常平仓已显颓态,各种弊端滋生。或贮银而不贮谷,或有名无实,或名存实亡。嘉庆至光绪年间,仓储制度逐步随吏治腐败而颓废,虽有皇帝曾责令认真筹办,但得到的多事空言塞责,视为具文。

此外,一些沿海地区同内陆各省一样,在地方上还建有预备仓,通过捐输或漕米易谷来补充粮仓。其性能基本与常平仓同,用来灾害后的平粜赈贷,如广东香山县就建有多所预备仓,以备不足之需。"雍正七年署县王师旦修广储仓在县堂东;相因仓在县堂西各五间,康熙四十四年(1705)知县庞嗣焜建;丰盈仓在仪门外左侧原仓亭;新充仓在相因仓后(原寅宾馆),新实仓在广储仓后,三仓共十一间。康熙五十四年(1715)知县陈应吉建(暴

---

① 《清高宗实录》卷1417,乾隆五十七年十一月条。

志),大有仓在县署东,新建仓在大有仓右,二仓共五间,雍正五年以广海卫旧署改建。厚积仓在大有仓左,广济仓在大有仓后,广益仓在厚积仓后,广恩仓在新建仓后,四仓共十二间。乾隆十年建新盈仓、新丰仓、洪恩仓、广大仓、富有仓、日新仓,六仓俱在县旧箭道共二十四间新设张(府志),和丰仓、安阜仓俱在署内东。"①预备仓由地方兴建,其管理制度也如常平仓。

二、社仓

社仓源于隋代所建义仓,因"立于当社",故又名为社仓,但隋开皇年间义仓移至城市,乡间不复有社仓。直至南宋时期,以大儒朱熹定社仓法为契机,社仓方又重新兴起,成为乡村储粮备荒和扶助生产的方式之一。其基本特征是:"谷本源于捐输,仓由民向管理、地方官监督,仓谷用于出借并逐渐由收息到免息。"②

清代社仓建设始于顺治年间,顺治十一年(1654),令各府州县清查预备及社、义仓,稽查旧积,料理新储,规定每年二次报户部核准,"该部按积谷多寡,以定该道功罪"③。此时在个别地方的有识之官已开始着手修复经战火洗礼后遗留下来的明代旧仓。如顺治六年(1649),湖北钟祥县就已整理社仓,在县城内、丰乐河及石牌复建社仓3处,储谷8300余石④。

康熙年间,经过几十年的复苏,经济有所发展,为仓储的兴建打下了良好的基础,朝廷颁布了一系列政令指导各地社仓建设。康熙十八年(1679)时,令户部"乡村立社仓,市镇立义仓,公举本乡之人,出陈易新。春日借贷,秋收偿还,每石取息一斗,岁底州县将数目呈详上司报部"。⑤ 然而,尽管朝廷诏令申之再三,但因当时社会政治、经济状况的限制,地方推行却并不得力。康熙三十年(1691)以前,只有山西、河南等少数省份曾试办过社仓。康熙二十二年(1683),河南为开垦荒地,将社谷出借给垦荒之民,免其

---

① (清)《(光绪)香山县志》卷6,《建置》,清光绪刻本。
② 李向军:《清代荒政研究》,第45页。
③ (清)《清世祖章皇帝实录》卷84,中华书局1985年影印本。
④ (清)乾隆《钟祥县志》卷3,《田赋·仓储》。
⑤ (清)《钦定大清会典事例》卷193,《户部》。

生息,秋成还仓,但不久即形同虚设①。三十年(1691)之后,直隶、浙江、江西等地社仓建设才缓慢展开,然时间不长即弊端丛生。康熙五十五年(1716),张伯行再次条奏在直隶永平府推行,朝廷勉强同意,后来仅数月,又"行之甚苦",无法继续。② 面对此种情形,康熙帝感慨道:"古人云;'三年耕则有一年之蓄,九年耕则有三年之蓄',言虽可听,行之不易。如设立社仓,原属良法。但从前李光地、张伯行曾经举行,终无成效。至于各省积贮谷石,虽俱报称数千百万,实在存仓者无几。即出陈易新之法,亦不为不善,第春间仅有所出,秋后并无所入。州县官侵蚀入己,急则以折银掩饰。此等积弊,朕知之甚详。"③

为何社仓制度推行如此之难呢? 康熙认为:"凡建立社仓,务须选择地方殷实之人董率其事,此人并非官吏,无权无役。所借出之米,欲还补时,遣何人催纳? 即丰收之年,不肯还补亦无可如,何若遇歉收,更难还补耶。其初将众人米谷扣出收贮,无人看守,及米石缺空之时,势必令司其事者赔偿,是空将众人之米弃于无用,而司事者无故为人破产赔偿也。"④即虽然管理社仓之人有管理社仓之责任,因其无官无职,被推荐管理社仓,多因其在地方上的声望。在实际管理时却无实权,无差遣之人。粮食借出去后补还时,如何可能收回之前借粮? 最后只能导致或社仓无粮可存,或管理社仓之人倾家荡产。社仓之法虽出善意,行之困难重重,终康熙一世,社仓因举行不得法而屡行屡止,一直未能普及。

雍正帝时,十分重视社仓建设,认为"备荒之仓莫便于近民,而近民莫便于社仓"⑤,雍正帝即位不久,即谕令各省建立社仓,并定首次对社谷筹集、收贮、发贷、收息、簿籍登记以及奖励、社长和地方官职权等作了明确规定:"社仓之法原以劝善兴仁,该地方官务须开诚劝论,不得苛派以滋烦扰。至收贮米石,先于公所寺院收存,俟息米已多成造仓廒收贮,设立

① (清)《清圣祖仁皇帝实录》卷108,中华书局1985年影印本。
② (清)《清圣祖仁皇帝实录》卷270、272,中华书局1985年影印本。
③ (清)《清圣祖仁皇帝实录》卷292,中华书局1985年影印本。
④ (清)《清圣祖仁皇帝实录》卷294,中华书局1985年影印本。
⑤ (清)官修《清文献通考》卷35,《市籴考》,清文渊阁四库全书本。

簿册,逐一登明其所捐之数不拘升斗,积少成多。若有奉公乐善捐至十石以上,给以花红;三十石以上,奖以匾额;五十石以上,递加奖励。其有好善不倦,年久数多捐至三四百石者,该督抚奏闻,给以八品顶戴。其每社设正、副社长,择端方立品,家道殷实者,两人果能出纳有法,乡里推服,令按年给奖。如果十年无过,该督抚请给以八品顶戴。狥纵者,即行革惩;侵蚀者,按律治罪。其收息之多寡,每石收息二斗,小歉减息一半,大歉全免其息,只收本谷。至十年后,息已二倍于本,只以加一行息,其出入之斗斛,照部颁斗斛公行酌量,社长预于四月上旬申报地方官,依例给贷定日支散,十月上旬申报,依例收纳两平较量,不得抑勒多收。临放时,愿借者先报社长,州县计口给发;交纳时,社长先行示期,依限完纳,其册籍之登记。一社设立用印官簿二本,一本社长收执,一本缴州县存查登记数目,毋得互异。其存县一本,夏则五月申缴,至秋领出。冬则十月申缴,至来春领出。不许迟延以滋弊窦。每次事毕后,社长本县各将总数申报上司,如有地方官抑勒那借强行枭卖侵蚀等事,许社长呈告上司,据实题参。"①由于皇帝的重视,各地社仓建设开始如雨后春笋般建起,至雍正二年(1724)时,各省已"渐行社仓之法"且在管理制度上更加完善,很多地方制定了内容周详的社仓条规。到了乾隆年间,社仓之制已经成为常例,沿海各地都有建设。

雍乾时期社仓良好的发展态势到了嘉庆年间开始出现变化,由于运行过程中的管理漏洞和频繁的社会动荡、自然灾害等影响,社仓逐步由盛期走向衰落。

以苏州府为例,在乾隆年间,苏州府辖内各县中的社仓"吴县六所,共贮谷五千六百二十三石九升;长洲县四所,共贮谷七千四百九十八石有奇;元和县七所,共贮谷九千七百二十五石有奇;昆山县三所,共贮谷七千八百九十二石有奇;新阳县四所,共贮谷八千八百五十二石有奇;常熟县五所,共贮谷六千九百六十六石有奇;昭文县五所,共贮谷八千六百七十二石有奇;吴江县五所,共贮谷一万一千六百五十二石;震泽县五所,共贮谷五千八百

---

① (清)《(同治)苏州府志》卷17,清光绪九年刊本。

九十九石有奇"。（乾隆志）① 到了嘉庆二十五年（1820），苏州府所辖九县，共额贮仓谷一十九万石。"吴县三万石；长洲县二万石；元和县二万石；昆山县二万石；新阳县二万石；常熟县二万石；昭文县二万石；吴江县二万石；震泽县二万石。"（道光志）② 这其中所藏社仓谷数竟然如此整齐，除吴县是三万石以外，其余各县均为两万石，对比前面乾隆年间的储谷数量，就可以看出：乾隆年间的仓储有整有零，而道光志中的嘉庆二十五年（1820）社仓储量却全是整数。虽然在雍正十年（1732）之时，江苏巡抚乔世臣奏定"通省常平仓均贮谷数大县三万石，中县二万石，小县一万六千石，或动帑采买，或截漕拨贮，以足额数"。令人不禁怀疑其数据的真实性，社仓之制的颓势已现矣。

同治中兴、光绪新政，大力推行各项改革措施，力图重振大清帝国往日雄风，仓储制度的改革、整顿成为其中重要内容之一。但最终因政治等因素，社仓衰败已在所难免。

社仓制度奉朱熹的社仓法为圭臬，设于乡村，由民间推举社长管理，用春借秋还方法救济贫民。即"（社长）公举本地善良之人，出陈易新，春贷秋还，每石取息一斗，每岁抄州县核数，申岸上司，上司报部"。③ 其收息之法，按雍正七年（1729）所定："凡社仓谷石，不遇荒歉，借领者每石收息谷一斗还仓，小歉借动者免取其息。"④

清代社仓谷本主要来源有三，一是官府调拨，二是民间捐输，三是认捐。在社仓的创始阶段，以及比较偏远的内陆地区，如陕西、云南等省，官府调拨起到了很大作用。而在沿海各省，社仓的谷本主要是依靠民间捐输而来。如广东香山县"司属仓在小榄（祝志），雍正三年（1725）贡生何圣强捐建"。⑤ 乾隆三年（1738），如皋邑绅吴执礼，"仿古社仓之制，储谷五百石，

---

① （清）《（同治）苏州府志》卷18，清光绪九年刊本。
② （清）《（同治）苏州府志》卷18，清光绪九年刊本。
③ （清）《（同治）苏州府志》卷17，清光绪九年刊本。
④ （清）《钦定大清会典事例》卷，《刑部》。
⑤ （清）《（光绪）香山县志》卷六，《建置》，清光绪刻本

春贷秋偿,不取息"①。为了鼓励民间捐输社仓的积极性,雍正二年
(1724)就制定了奖励措施:"社仓之法,原以劝善兴仁,该地方官务须开
诚劝谕,不得苛敛以滋烦扰。至收储米谷,先于公所寺院收存,俟息米已
多,成造仓廒收储,设立簿籍,逐一登明,其所捐之数,不拘升斗,积少成
多。若有奉公乐善,捐至十石以上,给以花红;三十石以上,奖以扁额;五
十石以上,递加奖劝;其有好善不倦,年久数多,捐至三四百石者,该督抚
奏闻,给以八品顶戴,其每社设正副社长,择端方立品、家道殷实者二人。
果能出纳有法,乡里推服,令按年给奖,如果十年无过,该督抚题请给以八
品顶戴。徇私者、即行革惩,侵蚀者按律治罪。其收息之多寡,每石收息
二斗,小歉减息之半,大歉全免其息,止收本谷。至十年后,息已二倍于
本,止以加一行息,其出入之斗斛,均照部颁斗斛,公平较量。社长豫于四
月上旬,申报地方官依例给贷,定日支散,十月上旬,申报依例收纳,两平
较量,不得抑勒多收。临时愿借者,先报社长,州县计口给发,交纳时,社
长先行示期,依限完纳,其簿籍之登记。每社设立用印官簿,一样二本,一
本社长收执,一本缴州县存查,登记数目,毋得互异。其存查一本,夏则五
月申缴,至秋领出,冬则十月申缴,至来春领出。不许迟延以滋弊窦,每次
事毕后。社长州县,各将总数申报上司,如有地方官抑勒挪借,强行粜卖
侵蚀等事,社长呈告上司,据实题参。"②到了乾隆二十年(1755),标准有
所降低,只要捐至50石以上,就能得到八品顶戴,且捐资不论多寡,都需
将捐输者姓名及出资数目刻石立碑,以示表彰。

官方的重视,使得沿海地区的社仓建设在雍正、乾隆年曾出现繁荣的
局面,但因制度本身存在着弊端,且受清中期后吏治腐败的影响,地方官
员干预社仓管理,擅自挪用社仓粮饷,使得乡绅民众再无捐输之心,而且
此等情况,愈演愈烈。至嘉庆四年(1799),嘉庆帝就因此谕旨各地:"社
仓原系本地殷实之户好义捐输,以备借给贫民之用。近来官为经理,大半
皆藉挪移,日久并不归款,设有存余管理之首事,与胥吏亦得从中盗卖,倘

① (清)《(嘉庆)如皋县志》卷 17,《列传二》,中国方志丛书(9)。
② (清)《钦定大清会典事例》卷 193,《户部》。

遇歉岁颗粒全无，以致殷实之户不乐捐输，老成之首事不愿承办。是向来良法，徒为官吏侵肥。亦应一律查禁，并着各该督抚等，将各省社仓，仍听本地殷实富户，择其谨厚者自行办理，不必官吏经手，以杜弊窦而裕民食。各该督抚务须董饬所属，实力奉行，如有前项弊端，即行据实参奏，倘仍视为具文复蹈前辙，一经访闻或被科道参奏，必将该督抚从重治罪，将此通谕知之。"①既然管理混乱，无人捐输，那么其赈灾借贷的作用自然受到很大影响，已有的社仓经战乱天灾等害，年久失修，亦不再建。如苏州府的社仓，清末道光咸丰年间，因"庚申兵燹后，尤多毁废"故而无从考察，没有记载，所有义仓只有"长、元、吴丰备义仓兴复。"②其余社仓尽毁。

三、义仓

义仓，顾名思义是民间自由组织起来的慈善机关，分富赈贫，其利合义。其谷物依赖富豪居室之慨捐，或由民间自由输纳，每遇饥荒即以谷周济灾民。义仓发起稍晚于常平仓，历经两汉、三国、两晋、南北朝各代，虽有灾荒饥馑开仓赈民之举，但"义仓"之名真正肇始于隋朝，初始在筹谷方式、建仓地点、运营管理上与社仓无二。③

清代义仓和社仓并行，康熙十八年题准："地方官劝谕官绅士民捐输米谷，乡村立社仓，市镇立义仓，照例议叙。"④即清代明文下令设立义仓的开始。遇灾常平仓、社仓和义仓共协赈济。

而义仓中最早出现的是盐义仓，因其谷物粮食多为盐商所公捐，故名盐义仓。康熙二十二年，盐业恢复最早的河东盐区率先出现盐义仓的雏形："运使高梦说捐谷三十石，经历、知事各捐谷三石，教授、训导、三场大使各捐谷二石，共捐谷四十六石"，⑤武汉大学的张岩认为此仓虽然规模很小，职

---

① （清）冯桂芬：《（同治）苏州府志》卷17，清光绪九年刊本。
② （清）冯桂芬：《（同治）苏州府志》卷18，清光绪九年刊本。
③ 邓拓：《中国救荒史》，北京1998年版，第433—434页。
④ 乾隆《钦定大清会典则例》卷40，《积贮·义仓积贮》。
⑤ 民国《清盐法志》卷91，《河东十八》，《杂记门一·仓储》。

能独特,但考其管理、运行办法以及后来的发展趋势,应视为盐义仓性质。①

"盐义仓"之名正式启用,是雍正三年(1725),两淮盐商共捐银二十四万两,盐院缴公务银八万两。四年正月雍正下旨赐名,"以二万两赏给两淮盐运使,以三十万两为江南买贮米谷,盖造仓廒之用。所盖仓廒赐名盐义仓"②。从此以后,盐义仓作为一种制度开始在产盐区(主要是沿海各盐区)推广兴建。

盐义仓为何集中于沿海盐区? 首先,沿海地区系产海盐,或煎或晒,都需要依赖海水的潮涨潮落,且必须临海而建才能引海水入盐池。这种制盐特点给盐区贫灶至少带来两个问题:一是极易受海洋灾害影响。每年的台风季,海啸、风暴潮灾不断,靠海边的盐场几乎都是首当其冲,因灾害引起市场米贵的情形时有发生;二是远离生活方便的省城大镇,民生用品采买不便。为方便晒盐,一般海盐场距离中心城镇路途遥远,附近州县常平仓谷又或不能轻易动用,或管理不善仓谷亏缺③,不敷赈济,每遇灶丁受灾缺粮,都要长途往返采买粮食,给盐场秩序和灶民生活增添了沉重的负担。其次随着社会经济发展的不平衡,南方沿海地区已从宋明时代的粮产区逐渐演变为清代的缺粮区,大量的粮食需要外省漕运解决。一遇灾荒,仅依赖当地自己是无法放赈于百姓的,而对于偏远地区的盐场灶户更是无法保证赈济。第三,在盐铁专卖控制十分严格的清代,能拿到盐引成为盐商,其经济实力也是可见一斑的。综合这些因素,为保证盐区的生产、课税和管理以及盐商的经济利益,无论是官方还是民间盐商都不会放之不管,任由盐场灶户频频遭灾。因此沿海地带对盐义仓制度的需求必要而且迫切。义仓能在沿海盐区最先建立完善起来,也就很正常了。

正式启用盐义仓为名的两淮盐义仓使用制度在借鉴前代的义仓经验的基础上,相对来说也已经比较完善,规定:"为每年于青黄不接之时,照存七粜三之例,出陈易新,或于米价昂贵之时,开仓平粜,秋成籴补。倘地方有赈

---

① 张岩:《清代盐义仓》卷91,《盐业史研究》1993年第3期。
② (清)《嘉庆朝两淮盐法志》卷41,《优恤二·恤灶·附盐义仓》。
③ (民国)《清盐法志》卷188,相关内容。

济之用，由江苏巡抚具题动支，管理则为商人，每年将出易籴补动支之数，呈报巡盐御史。又于五年分设近灶各地，以备贫苦灶户缓急之需。"①

随着时间的推移，不仅仅是盐义仓，各式各样的民间义仓也如雨后春笋般不断兴建，甚至雍乾时期已经成为各地区的普行之法。面对义仓这样的发展势头，如果能有个通行例则，就更方便各地义仓管理。于是，嘉庆十八年（1813），规定"所有义仓，即照社仓之案，一律办理"。也就是说义仓的管理办法亦是"照社仓例办理"："各省义仓。听民间公举端谨殷实士民二人。充当仓正、仓副。一切收储出纳事宜。责令经理。其公举呈换赏罚年限。岁底报部。"此外，还规定义仓谷石的赈贷范围："非本地农民。概不准借。其已借常平社谷者。不准再借。"②在此基础上，道光六年（1826），时为福建兴泉永兵备道的倪琇因地制宜，捐资兴建了厦门义仓。此次由福建兴泉永兵备道倪琇捐廉为倡，兴建的义仓，"厦门绅商士庶共捐银二万余元，买魁星河吴姓之田，筑基建盖"。该义仓设有"仓房五间，中祀先啬之神，以左右四间为丰、亨、豫、泰四廒。设仪门，勒董事、捐户姓氏于壁。旁建小屋各四间，为守仓者住宿之所。外建倪亭一所，以供倪巡道长生禄位；董事、诸绅志感戴也。外设仓门，缭以围墙。实贮谷二千四百六十六石，余银存典生息"。③

同时，倪琇还订立了极为详细的厦门义仓章程，颁行于世：

倪巡道义仓章程

厦门义仓应因地制宜，预立章程，以便遵守也。查向来设立义仓，原备青黄不接之时，借给贫民；俟秋成加息完仓。但厦门耕田者少，率系商贾寄居或小本经纪；即有就近务农，亦皆种植杂粮。故产谷甚微，悉仗台米接济；倘遇风信愆期，偶有缺乏之虞。而土著无多，若循春放、秋还之例借给，贫民多无恒产，难望其按时追收。一经短欠，转多周折。是厦门义仓，惟有仿照常平之法：每逢米船未到、粮价骤长之际，无论青

---

① （民国）于佑虞：《中国仓储制度考》，山西人民出版社 2014 年版，第 84 页。

② （清）《钦定大清会典事例》卷 193，《户部》。

③ （清）《（道光）厦门志》卷 2，《仓廒》。

黄不接之时，即秋冬时间，均应即行减价平粜，裨益贫民；俟秋成后谷价平减，仍行籴谷还仓，亦属有盈无绌，自应不准出借。预立章程，俾各遵守。

精选仓正、仓副，以专责守也。查义仓之设，全在经理得法，庶能垂诸久远，勿致虚应故事。必得三数人分理，可以互相稽核。议于董事或捐银绅士中择一公正端谨、身家殷实者为仓正，专管义仓钤记、经司银谷出纳；又于现在董事及行郊中，择其平日公正诚实、善于书算经营者二人为仓副，分管锁钥、登记帐目、经理一切粜籴之事以辅之。各予委札，分别专司；不准替代，以重责成。

预定轮年分管，以杜侵蚀也。查从前社仓，专归社长一人长远管理；日久弊生，往往侵亏挪借，侵公济私。始而影射、继而侵吞，遂使公项变入私橐；年复一年，动成无着。自宜预筹杜弊之法。兹议于选举仓正、副时，择选仓正四名、副仓八名，分年更替轮管，周而复始；逐年于开印时交代，不使恋栈，自可杜绝侵挪。如有事故，随时由道拣选。均预行详报立案，以免争执，而昭公允。

酌立奖励规条，以示劝惩也。仓正、副管理义仓事务，妥协无过者，每年更替之时，由道给區褒奖；三次经管妥协、毫无贻误者，详明院宪酌加奖励。如有侵亏、挪移过犯不合者，随时斥退追究详办，令以次之人接管，用示劝惩。

预定粜价各数，以免冒滥也。窃照义仓所贮谷石，为数有限。若概行出粜，未免过滥，自应预为酌定。今拟凡台湾米船不到、粮价每石卖银四两以上，准义仓动谷碾米，每升减价五文出粜，每户每日不得过三升；碾动仓贮谷石及半或价值平减而止。如果十分昂贵，或遇台湾歉收、厦门实形灾荒，再行随时酌量赈济，以期实惠及民。

严立籴谷限期，以免迟误也。凡义仓谷石，须至邻近各县收籴，每年限以十月内收仓。如系冬间出粜，本年不及买补者，准归下年籴买完仓。倘逾期不买，由道查催，将仓正、副记罚；仍勒限补买，以实仓储。

预筹酌借生息，以资经费也。查仓正、副既难枵腹从事，而看守仓廒者亦须给以工食，他如纸笔之资、修葺之费及一切应用物件，皆宜筹备。拟于捐项中提出十分之二，或交商生息、或置田收租，以为每年经费。其平粜时所需饭食、工资，即于粜价内随时核实扣除；此外尽数籴谷贮仓，以资储备。

严禁官司干预，以绝弊端也。查建设义仓，应归民间管理；一切在官人役，丝毫不得干预。所有厦门义仓甫经创设，不过随时官为稽查；此外，概不准在官吏役人等稍为干预。如违，加倍重究。

挑选兵壮巡守，以重仓储也。查义仓虽由民管，但贮谷既及万石，自应照官仓之式，设法防护。每晚由道拨民壮二名，并移水师中营拨兵二各，遇夜住宿仓中，协同地保支更巡守，以重仓储。

临粜分委弹压，以杜滋事也。当平粜之时，往往易于滋事。今拟义仓凡遇平粜，先期呈明本道分饬地方官，并派委员弁前往弹压，以期安谧。

粜谷择请绅士，以代监放也。临粜之时，自非仓正、副三人所能经理；应由仓正、副禀明本道何日出粜，即由道发帖，择请平日公正端谨绅士四、五人按日到仓，眼同监粜、监收，以清流弊。

分别捐数奖励，以昭激劝也。查捐输义仓，为数多寡不一。今拟如止一百两以下者，由同安县量加奖励；二百两以下者，由厦防厅量加奖励；三百两上下者，由道给匾奖励；数至五百两者，详请大宪给匾奖励；数至一千两暨一千圆者，其尚义之诚，实属可嘉，自应分别详请照例奏咨，给予议叙旌奖，以昭激劝，而示鼓励。

竖碑刊刻姓氏，以垂久远也。凡义仓已经捐输之户及续后随时捐资者，无论数目多寡，自宜与创设规条并出力董事姓名，一并勒碑竖立义仓，以期垂示久远，而昭公义。

应出陈易新，以防朽耗也。仓贮谷石，丰稔之岁暨台谷接续而来，市价平减，均无需于出粜。但恐积贮日久，倘有霉变、虫蛀等情，即应随时出粜，价银仍交仓正收贮；俟晚稻登场，勒限籴补完仓，不得逾延，俾免折耗。

公同会计岁报，以备稽考也。每年粜籴出入，须将谷数、价数并收息经费一切数目，仓正、仓副分别立簿登记。定限十一月内，将本谷若干？通盘合算本息盈亏；又将本年仓中尚存旧谷若干、籴入新谷若干、本价若干，由仓正、副订日约齐董事，公同会计，造具确册，送道查考。庶年年清款，以免积混。

　　定限交兑，以专责任也。查现选择仓正、副未得多人，兹先派仓正一人、仓副一人分别经理。议定一年一替，以均劳逸。其首值之仓正、副，将本年经管谷石、银项账簿，于次年开印之日邀齐董事，公同察算实谷、实账，交替轮值之仓正、副，授受管理。由接管仓正、副出具"并无亏挪短少"结状，送道查核。不得互相隐讳，致滋弊端。

　　公举常川住仓，以资约束也。义仓积储重地，防范务宜谨慎。兹虽设立仓丁、看役巡视看守，又拨民壮、兵快防护，究恐无人统率，终虽免于疏虞；必得仓正、仓副轮流常川住仓，庶事有统率。如其不能亲身值宿，即由该值年仓正、副妥举一人住仓，以资约束，而昭慎重。①

　　该章程就义仓管理者的挑选、运营程序、奖励捐输者等事宜都做了规定。首先，从管理者的挑选来说，设立仓正、仓副二人，专司银数出纳，一年一换，就董事中拣"公正端谨、身家殷实者为仓正"，"公正诚实、善于书算经营者为仓副"，二人协同管理，年终造册查核，"酌立奖励规条，以示劝惩"，交代时取具"并无亏挪"结状。②

　　其次，义仓的运营。在这一点中，倪琇特别强调一条"严禁官司干预，以绝弊端也"。也就是说，义仓的建设管理全部由民间自行组织管理，官府不得参与。在管理过程中，为避免仓谷霉变、虫蛀，应时常按水稻种植收获季节"出陈易新"。同时，为防止偷盗，"设仓丁一名、看役一名，专司住守；道署拨民壮二名、厦防厅拨捕役二名、水师营拨兵二名，逐夜巡逻看守"。③其雇工与平时所需花销，"拟于捐项中提出十分之二，或交商生息、或置田收租，以为每年经费。其平粜时所需饭食、工资，即于粜价内随时核实扣除；

① （清）《（道光）厦门志》卷2，《仓厫》。
② （清）《（道光）厦门志》卷2，《仓厫》。
③ （清）《（道光）厦门志》卷2，《仓厫》。

此外尽数籴谷贮仓，以资储备"。即民间自己管理，自己经营，自己获益。捐献者无论多少，都刊刻在碑，永存嘉奖。

最后，确定开仓赈粜还籴的时机、数量、期限。当遇"每逢米船未到、粮价骤长之际，无论青黄不接之时，即秋冬时间，均应即行减价平粜"或"台湾米船不到、粮价每石卖银四两以上"时，"准义仓动谷碾米，每升减价五文出粜，每户每日不得过三升；碾动仓贮谷石及半或价值平减而止。"如果遇到灾荒等米价昂贵的情况，可"随时酌量赈济"。粜谷时"应由仓正、副禀明本道何日出粜，即由道发帖，择请平日公正端谨绅士四、五人按日到仓，眼同监粜、监收"。且为了保障粜谷的治安，"派委员弁前往弹压，以期安谧"。

详实的义仓管理规章制度有了，如何能扩大捐输人群范围，而不是仅仅依靠地方官员的养廉银或是地方身家殷实的士绅富贾？最迅速且有效的办法就是官方奖励和表彰。于是就有了："分别捐数奖励，以昭激劝也。"按照捐输的多少，分别由朝廷的县级、厅级、道级等给予奖励："查捐输义仓，为数多寡不一。今拟如止一百两以下者，由同安县量加奖励；二百两以下者，由厦防厅量加奖励；三百两上下者，由道给匾奖励；数至五百两者，详请大宪给匾奖励；数至一千两暨一千圆者，其尚义之诚，实属可嘉，自应分别详请照例奏咨，给予议叙旌奖，以昭激劝，而示鼓励。"同时，树碑刻入捐输者的姓氏以垂久远。无论捐输多寡，义仓已经捐输之户及续后随时捐资者，"自宜与创设规条并出力董事姓名，一并勒碑竖立义仓"。没有了官职身份的限制，普通百姓只要捐输粮食就可以把名字刻在石碑上，可以受到朝廷表彰，刻入功德碑，流传百世，受后世人的敬仰。不但惠及子孙，且名存千古。这种做法很迅速地激励一大批普通百姓在丰粮时期捐输谷米，丰富了义仓的仓储，也为灾年时的自己家人以及村民备份口粮。在经过咸丰战乱，义仓多有废弃的情况下，这种朝廷奖励将捐输者的名字刻入功德碑的方式，无疑是一种迅速恢复义仓之行之有效的方法。如现保存于台湾嘉义县嘉义市中山堂内的道光十六年的《捐题义仓碑记》就是为了奖励地方百姓捐输捐办义仓而刻：

捐题义仓碑记

徐陶、吴至德,每名捐谷三十四石。高麟、詹文义,每名捐谷三十三石。苏秀峰捐谷三十二石。简士魁、张舜、蔡胡、王世、方流芳、柯登选、许从令、叶队、沈富、曾文哲、赵由庚、徐普、吴旺、李聪殿、郑洪氏,每名捐谷三十石。

邓忠贞、林振[赈]兴、顾葛、吴天盛、钟霸、江色、庄秋,每名捐谷二十七石。李连登、赵匏、吴斗、吴知,每名捐谷二十五石。苏秀昆捐谷二十四石。黄合成、简胜兴,每名捐谷二十二石。林永顺、廖捷上、林华岳、林锦盛、廖五显、苏烈、赵五嫂、李光功、林成红、林垫、陈清其、林水鲎、林印、郑日新、吴子来、王珠沛、苏信、林斗、黄秋兰、李鞭、王引、林新居、陈焦、杨炼、沈阿灶、林乌、卢光顺、阮乌屿、倪干培、何螺、张出、涂仁和、卢厚、黄全利、张体、吴水标、翁粒、罗势、洪元亨、林阿番、张三槐、柯神助、李阿□、李利记、李士美、叶阿水、叶阿敏、半池庄,各捐谷二十石。

王得意捐谷十九石。吴郡捐谷十八石。吴周、黄绥,每名捐谷一十七石。颜锡圭、王成、黄员、张沙、协顺号,每名捐谷一十六石、赵凤、林枫、吴正锐、陈信记、陈逢春,每名捐谷一十五石。陈标、林孝英、黄贵、简士捷、成记、谢走、许明、黄煎、蔡平山、江骞,每名捐谷十四石。郑清、王寿山、黄岁,每名捐谷十一石。陈天培、芳瑞号、复兴号、茂兴号、德升号、陈盛号、续盛号、茶林号、高员号、裕益号、广源号、王允恭、荣利号、罗水升、新芳利、合兴号、叶何水、徐立、魏窗明、林石兔、赵盛、郭子潭、邱球、沈元、吴富、吴九、吴赞、江化,每名捐谷十石。

郑向、吴荣方、张领、张老、张金,每名捐谷七石。江喜、江贱,每名捐谷五石、蔡天祥、蔡在,各捐谷四石。吴再生捐谷一百一十石。

道光十六年十月(缺)日立。

该碑刻中既有详细的捐粮数量,又有捐户姓氏多则一百一十石,少则四石,无论多寡,都刻入石碑,功德永存。

在依照此章程的管理下,厦门义仓直至继任兴泉永海防兵备道周凯到任后五年,虽义仓埤田被海水侵蚀,但此仓仍有盈余。①

清代义仓的发展与地方政府的倡导和推行有着密切的关系,凡是普遍建立了义仓并得到较好管理的地区,均得益于地方官员强有力的行政指导和组织。道光六年厦门义仓章程就是很好的示例。因义仓是民办,官方不参与到其管理中,仅起监督作用,所以清代义仓的发展体现了浓厚的地域特点,沿海地区较内地来讲运营更加顺利。嘉道以后,遇到灾荒,地方官员先是动员开放义仓救济灾民,然后才上奏朝廷派员办米放赈。义仓的重要性愈益得到全社会的认同。大量资料表明,此时各地义仓数量明显增加,民间自发建义仓的事例也越来越多。不过,主要来自民间捐输的谷米毕竟数量有限,它的救济能力和范围自然不可能太强。而且,义仓的谷物主要无偿赈济,随着外国资本入侵,清代封建社会的逐渐衰落,再加上连年的灾荒,义仓解决不了人民的饥饿问题,清末,很多仓廒已是形同虚设。

常平仓、社仓和义仓这三种基于历代基础上的、较完善的仓储制度在清代前期对经济发展、社会稳定、充实国防起到了一定的积极作用。然而,时至晚清,随着封建王朝的日趋没落,仓储制度在实施中弊窦丛生,逐渐走向衰败甚至灭亡。

---

① （清）《（道光）厦门志》卷9,《艺文志》,《义仓埤田碑记》。

第四章　官府在沿海地区的
抗灾救灾活动

在经常遭受飓风、台风等海洋灾害的沿海地区,赈灾的顺利进行,对维护国家稳定,保证社会再生产顺利进行以及调节统治阶层与被统治阶层的关系起着重大的作用,是历代官府在沿海施政的主要内容。海洋灾害不仅仅对沿海居民的生产生活带来威胁,在航海过程中也难免会被波及,造成船毁人亡的海难事故。所以本章中对官府在沿海地区抗灾救灾以及对海难救助给予关注,以冀在把握救灾抗灾工作时代特征的同时,更凸显沿海地区抗灾救灾活动的独特的海洋地域性特征。

第一节　官方救灾

以自给自足的农业经济为主的古代中国,其御灾能力是十分有限的。从清朝官方来讲,自然灾害发生后,怎样在最短的时间内,以最高的效率使灾民得到救济、恢复正常的生产生活和社会秩序,从而使灾害所造成的损失降到最低限度,就必须要有一套完备的救济程序和制度。但是,在当时的社会经济情况下,信息、物品和资金流动都不顺畅,施救工作开展困难。虽然历代政府在救灾过程中,都有一套基本程序作为指导,以便顺利地完成救灾工作。即报灾—勘灾—救灾—灾后重建,这是任何朝代在应对自然灾害时的必备程序。然而,在实际的操作过程中,这些程序是必须靠相应的制度来保障的。如果哪一步没有相应的制度作为保证,这一步很难发挥出实际效益，也间接影响到下一步救灾程序的进行。各个朝代都不断地对这一保障救灾程序的制度进行完善，到清朝，救灾体系已趋于完善和成熟。救灾程序已经系统化、救灾措施也已制度化并且拥有一定的法令法规效力。这与清朝统治者的重视与认真吸取前代经验是分不开的。

清代的荒政体制虽然已经趋于完善和成熟，但是，我们也应该看到，清朝依旧跟前代一样，并没有出现专职的机构来司掌荒政。荒政体制依附于君主专制政体，并植根于政治和行政管理体制。就救灾主体而言，清代仍是君主临时委派各级官员负责的体制，一般情况下，皇帝都亲自过问救灾事宜，这种体制，有的学者把它称为"以封建君主政治为中心的君本位占统治地位的初级救灾管理体制"。① 只不过，随着国家职能的发展，救灾工作日益被明确纳入国家管理事务中来，逐渐形成了以皇帝为总管、户部筹划组织、地方督抚主持、知府协办、州县官具体执行的救灾组织体系，层层向上问责。② 这样的分工明确的救灾组织体系，较好地发挥了稳定社会的功能。

清政府制定的较为完整严格的救灾制度，大多都被具体刊载于《大清会典》《大清律令》《户部例则》之中，有些则通过上谕"永著为例"，成为具有法律效力的条文被传承固定下来。清代救灾基本程序：报灾、勘灾、审户、发赈、查赈等，步骤各有规定，条令清晰。但是，笔者认为，在海洋灾害频发的传统沿海社会中，因海洋灾害的特殊性与突发性，跟内陆地区灾害相比更需要及时、迅速的救赈措施。所以，海洋灾难发生时的应急救助也是很重要的，也是有别于内陆其他灾害救助程序的。

一、灾时抗灾

沿海地区的风暴潮灾的最大特点就是突发性。临时抗灾的官方应急措施就凸显重要。因为官方的财力和人员组织比起民间个人来讲，可以更迅速，更有成效地抢险与组织灾害发生时应急救灾工作。面对突然而来的海

---

① 孙绍骋：《中国救灾制度研究》，商务印书馆 2004 年版，第 52 页。
② 李向军：《清代前期的荒政与吏治》，《中国社会科学院研究生院学报》1993 年第 3 期。

溢潮灾,官员多身先士卒,带领官兵去排除灾患。如康熙三年(1664),"八月初一日夜,暴风,海水泛溢,及于外塘,崇明尤甚。飘来屋木家伙,遍满塘外,往往有男妇附木而浮于海藻者。时惠禧庵祯祥为川沙参将,冒雨冲风,躬率将士,驾舟海滨,到处捞救,全活甚众"。① 雍正二年(1724)长江口大型台风灾害时,"漂溺里民无算",上海县知县周中鋐"置冢收埋,赈饥民十余万。念海堤溃决为患,详请修筑"。② 雍正十年(1732),太仓州遭大型风潮灾害,"漂没田庐,溺死三万余人",知县唐尊尧,"躬至海上殡埋之灾民,汹汹不及上,请急出俸市粟食之有桀骜者,籍众恣肆阴识其魁捕拱之众乃定"。③ 把总郁信"雍正十年七月十七日海溢,居民惶遽,信竭力救援,奋不顾身。潮势益猛,力尽而死"。④ 又乾隆二十二年(1757)秋潮灾时,镇洋知县冷时松"亲历沿海乡镇,便宜发粟设赈,灾黎始得存活。县境刘河及州县分管之杨林潮汐易淤,时松以时深浚民不劳而事集"。⑤ 在乾隆四十六年(1781)的大型风潮灾害后,"近海皆被淹没,死者无算",举人冯圣世"亲为履勘,出资掩埋,并查被灾田亩据实详,请题准缓征,民皆戴之"。盛顾椿"尝赈灾煮糜平价粜粟里人称之"。金诗学"会海潮灾,知州设粥平粜,赞襄赈务,全活饥民甚众。造桥修路舍药施槥,不惜财力为之。"乾隆四十九年(1784),直隶太仓州知州宋觐光"事值崇明潮灾,觐光即日渡海,抚恤赈济民,赖以安"。⑥ 有时,勘灾赈济的官员还面临着余灾的威胁,如道光十三年(1833)台湾澎湖厅编修周凯,"奉檄查赈,中途遭风几殆,至澎湖蒔里澳,亟乘小舟登岸。时波浪拍天,从者危之;凯令渔人以蓑笠覆身,冒险径上,由蒔里一路勘灾,召父老周询疾苦,一时嗷鸿景况,悉于诗发之。抵妈宫澳,分别极贫、次贫,立时散赈,费帑九千余两,不假吏役,人人均沾实惠。其随从资斧,丝毫皆自备。又命外委黄金带小船,巡视外海各岛。虎井八罩,礁沙险

---

① (清)《阅世编》卷1。
② (清)同治《上海县志》(二)卷14,《名宦》。
③ (清)《(嘉庆)直隶太仓州志》卷10,《名宦中》,清嘉庆七年刻本。
④ (清)《台湾外纪》卷之六。
⑤ (清)《(嘉庆)直隶太仓州志》卷10,《名宦中》,清嘉庆七年刻本。
⑥ (清)《(嘉庆)直隶太仓州志》卷10,《名宦上》,清嘉庆七年刻本。

绝,商船失事,渔人辄乘危抢夺;亟设法禁之"。① 鄞县县令宋鉴在水灾发生后,"鉴亲往按户抚□,于常例之外复以己俸济之,又修筑万金土塘,及甬东南北二塘,令饥民赴工就食,民赖其惠"。②

此外,在许多当时刊行的救荒政书中也有针对水灾发生后的官员应急指导。风暴潮灾在过去亦是水灾的范围,也可参照水灾的救助办法来执行。如在《荒政辑要》中,就专门列出一条"猝被水灾,房屋坍倒,一时举爨无资者,或暂行煮粥赈济。其有趋避高处,四围皆水,不通旱路,穷民无处觅食者,该地方官亟应买备饼面,觅船委员散给,以全生命。此系猝被之灾,事非常有,向无另项开销。如遇此等办理,应按其数济灾民口数,归于抚恤项下报销"。③《孚惠全书》中也载有:"江海河湖居民,猝被水灾,该地方官一面通报各该管上司,一面赴被灾处所验看明确,照例酌量赈济,不得濡迟时日例。"④即当猝被水灾时,救灾措施要会灵活应变,官员可以先行支付赈济粮食费用,日后可以在"抚恤"项目下报销,这样做可以解决某些地方官员的顾虑,保全更多的灾民。

二、救灾基本程序

（一）报灾

地方遭受自然灾害后,州县官吏将灾情及时上奏,称为报灾。中国古代发生自然灾害必须逐级上报,制度规定严格,是朝廷了解灾情的原始依据。自秦汉以来,一旦发生重大灾荒,各地必须及时逐级上报至朝廷,如实汇报灾情。清代对报灾有着较为严格的要求。嘉庆《大清会典》规定:"凡地方有灾者,必速以闻。"⑤只有迅速把灾情上报,才能给朝廷和皇帝以反应时间,且在最短的时间里,把灾害带来的疫症、民乱等次生灾害的范围掌握在可控制的范围,减少灾害带来的损失。康熙帝上谕:"救荒之

① （清）《澎湖厅志》卷6。
② （清）《(乾隆)鄞县志》卷12,清乾隆五十三年刻本。
③ （清）汪志伊辑:《荒政辑要》卷3,《查勘》,清道光二十一年重刻本。
④ （清）杨西明《灾赈全书》卷1,清道光也宜别墅刻本。
⑤ （清）嘉庆《大清会典》卷12,文海出版社2005年版,第642页。

道,以速为贵。倘赈济稍缓,迟误时日,则流离死丧者必多。虽有赈贷,亦无济矣。"乾隆皇帝也曾多次上谕:"救荒如救焚拯溺,早一日,得一日之济。"①"救荒如救焚,加恩贵速。"②由此可见,清统治者们对报灾的认真重视程度,倘若有官员延误,逾期会给予处罚。顺治十七年(1660),报灾时限明确定制为"夏灾不出六月终旬,秋灾不出九月终旬"。③ 灾情发生后,"先将被灾情形题报,仍扣去程途日期,如详报到省在限外,而扣算程途日期,尚未逾限,免其揭参,若到省在限外,而计算应扣之。程途亦已逾限者,即行照例参处"。④ 即被灾的题报上报到省,扣除途中所花费的时间,如果没有超过"夏灾不出六月终旬,秋灾不出九月终旬"。⑤ 则不为逾期,反之则是逾期。此定制后虽因地理位置不同,报灾时限有所详分,终清一代成为定制。

虽然各代朝廷都有报灾定制,并清代时已趋于完备。但是在现实中,因路程、官僚腐败等原因,常常有拖延、谎报灾情的情况,这往往就会耽误救灾的最佳时机。在清人俞森的《荒政丛书》中就对官方赈济过程的弊端进行抨击:"往时赈济郡邑,申详司道转呈,文移往来,或经千里,迟疑顾虑,延阁时日,及其得请,灾民且沟瘠矣。"⑥因此,清统治者对待逾期现象很是严格。顺治十七年(1660)四月,"诏定匿灾不报罪"⑦,且将其纳入到《大清会典例则》中:"如州县官迟报逾限半月以内者,罚俸六月;逾限一月以内者,罚俸一年;逾限一月以外者,降一级调用;逾限两月以外者,降二级调用;逾限三月以外,怠缓已甚者,革职;巡抚、布政使、道、府等官,以州县报到之日起算,如有逾限者一例处分。"⑧康熙时,又在此例则上增加了"布政使违限亦照道府州县官例处分","被灾地方抚司道府州县官迟报情形,及迟报分数逾限

---

① (清)《清高宗实录》卷311。
② (清)《清高宗实录》卷541。
③ 《清圣祖实录》卷33,康熙九年夏四月条,中华书局1986年版。
④ (清)官修《大清会典则例》卷19《吏部》,《灾赈》,清文渊阁四库全书本。
⑤ 《清圣祖实录》卷33,康熙九年夏四月条,中华书局1986年版。
⑥ (清)俞森《荒政丛书》卷5,《急赈救》,清嘉庆墨海金壶本。
⑦ 《清史稿》卷5,《世祖本纪二》,中华书局1976年版,第158页。
⑧ (清)官修《大清会典则例》卷19,《吏部》,《灾赈》,清文渊阁四库全书本。

半月以内者,罚俸六月;一月以内者,罚俸一年;一月以外者,仍照从前定例议处。"①后至雍正六年(1728)宽限报灾期限,定为"议准一月内造报被灾分数为时太迫,嗣后造报分数勘灾之官,宽以十日察,覆上司宽以五日,总以四十五日为限,其勘灾监振(赈)官所有钦部事件,准照入闱之例"。② 45 日的报灾期限与前面的相比是较为合理的报灾限定,既避免了报灾时限过短,为地方官员扫除害怕逾期匿灾不报的心理障碍;也避免了官员报灾过程拖沓,使受灾程度扩大的情况。这些处罚例则的制定,在一定程度上对官员的报灾勘灾的时限起了限制作用。同时,也允许受灾地区官员或御史见机行事,一面报灾一面赈济。如乾隆七年徐州府受灾,乾隆皇帝令御史沈世枫等赈灾,并强调"汝可便宜从事,一面办理,一面奏闻"。③ 俞森也对赞成报灾赈济不拘泥于条例程序,而应"公令各州县,凡有关荒政利弊兴革,许便宜径行,俟按临时类行详验。事有干系重大者,方为复议,惟于批行之后验其善否,吏尽感奋,赈不失时"。

总之,清代的报灾制度受到最高统治者的重视,并已形成一套完整详细的制度与法令,责任明确到督抚,在重视规章制度的同时,也富于人性化,为勘灾赈济提供充裕的时间。

（二）勘灾与审户

勘灾是指当地方发生灾情,由督抚委派官员勘定受灾程度,即田亩受灾面积、受灾程度、确定受灾份数,然后结报督抚,限期奏闻。勘灾是朝廷确定救灾方案的依据,故而需要准确严格的勘灾情况报告。报灾、勘灾与审户基本同步进行。地方官员先让百姓自报其姓名、受灾人口数、受灾农田亩数和居住位置等受灾情况,登记在册,审核后作为勘灾底册。接着根据勘灾底册数字计算州(县)的受灾等级,最后将勘灾结果造册上报到省,省督抚接到上报后在 5 日内奏请蠲赈。受灾的等级程度由一分灾到十分灾,分成十个等级。顺治十年(1653),"题准江南浙江各属,旱灾被灾八分、九分、十分

---

① （清）官修《大清会典则例》卷 55,《户部》,清文渊阁四库全书本,上海古籍出版社 2003 年版。

② （清）官修《大清会典则例》卷 55,《户部》,清文渊阁四库全书本。

③ （清）《清高宗皇帝实录》卷 161。

者,免十分之三;五、六、七分者,免十分之二;四分者,免十分之一"。即这时候被灾四分是能否定为成灾的分界点,四分以上成灾,可按比例蠲免,不到四分则不构成灾害,没有赈济政策。康熙十七年(1678)把成灾的界定上升到了五分,议定"歉收地方除五分以下不成灾外,六分者免十分之一;七分、八分者免十分之二;九分、十分者,免十分之三"。① 至乾隆三年(1738)颁布谕旨,"被灾五分者,亦准报灾。……嗣后著将被灾五分之处,亦准报灾。地方官查勘明确,蠲免钱粮十分之一,永著为例"。② 即将五分灾作为成灾对待,并将此成为定例,按此来作为蠲免之数的标准。

勘灾的具体做法是勘灾之前,先让将勘灾底册,交勘灾人员审核。勘灾的最初是以州县为单位,乾隆二十二年(1757),侍郎裘日修看到州县为单位勘灾时,一个州县内的成灾情况不一,有的丰收的地方多于成灾之地,核算下来就成了皆不成灾;反之,冒充成灾地的情况也有出现,而最终受害的还是平民百姓。于是他上奏乾隆帝,建议:"俱照各村庄分数,实力查办。"③ 勘察受灾地亩相当烦琐,清政府高度重视,要求官员必须亲自勘察,"灾分轻重,必察其实"。勘察结果直接关系到受灾人户是否得到政府的赈济,可谓生死攸关的大事。清人那彦成就在《办赈章程并清单》中对勘灾工作的烦琐、任务的艰巨进行评论:"被灾地亩,宜着该管道府亲身督勘,以昭慎重也。查州县地方被灾,例应遴委妥员,会同该州县覆亩确勘,将被灾分数,按照村庄,分别申报司道。该管道府覆行稽查,加结详情具题,定例至为详慎。"④

现实中,由于勘灾范围划分变小,当受灾面积较大时,勘灾人手难免不够,不能按时完成勘灾任务的情况常有发生。此时,为免于处罚,勘灾官员会向皇帝申请特批,延长勘灾期限。在勘灾过程中,为防止地方官员舞弊瞒报,皇帝还会令户部派员复勘,或派心腹官员暗访。如勘灾结果属实,则可以作为蠲免依据。

---

① （清）官修《大清会典则例》卷55,《户部》,《蠲恤》,清文渊阁四库全书本。
② 《清高宗实录》卷68。
③ 《清高宗实录》卷542。
④ （清）那彦成:《赈记》卷10,《条议》,《中国荒政书集成》第4册,第2621页。

审户又被称为"查灾"或"核户"，主要是查报受灾户口，确定受灾人户的贫困等级（极或次贫）及大小口数额、确定灾民财产损毁及人口伤亡情况，以便官府及时按等赈灾。顺康雍时期，审户沿用明制及其惯例，并加以适当的变通，主要是查报灾户情况并据灾户贫困情况进行赈济。此期，灾户贫困等级的划分、大小口数额的确定等，都还没有统一的标准，也没有上升到制度的层面。到了乾隆年间，随着灾害的增多，审户的重要性逐渐受到重视，审户的各项措施也逐渐程序化、制度化。制定的规章制度还为后世所沿用，并在荒政中发挥了积极作用。

勘灾与审户制度实际上是同时进行的。当地方遇灾，"凡州县查勘灾田，须凭灾户呈报坐落亩数，应先刊就简明呈式。首行开列灾户姓名、住居村庄。次行即列被灾田亩若干，坐落某区某图，或某村某庄。又次行刊列男妇大几口、小几口。其姓名田数区图村庄大小口数，俱留空格，后开年月。每张止须如册页式样，叠作两折，预发铺户刊刷，分给报灾之地方乡保，令转给灾户，自行照填报送。地方官即查对粮册相符，存俟汇齐，按照灾田坐落区图村庄抽聚一处，归庄分钉、用印存案，即可作为勘灾底册"。① （如图4-1）其中，若需要赈济的人户，还加审户程序，划分极贫、次贫各个等级。饥口的划分标准为"以十六岁以上为大口，十六岁以下至能行走者为小口。其在襁褓者，不准入册"。② 而贫户则是："贫民当分极、次，全在察看情形。如产微力薄，家无担石，或房倾业废，孤寡老弱，鹄面鸠形，朝不谋夕者，是为极贫。如田虽被灾，盖藏未尽，或有微业可营，尚非急不及待者，是为次贫。极贫则无论大小口数多寡，俱须全给。次贫则老幼妇女全给，其少壮丁男力能营趁者酌给。"③此外，"有力之家堪以资生者，不准入赈"；"但有本经营及现有手艺营生者，概不准入赈"；"田地虽被灾伤，尚有山场柴草花息者，不准入赈"；"成灾村庄内之四茕，其有力自给及亲族可依并已编入孤贫册者，不准入赈"；"不成灾村庄内之四茕及无手艺营生者，概不准入赈"。④

---

① （清）汪志伊辑：《荒政辑要》卷3，《查勘》，清道光二十一年重刻本。
② （清）汪志伊辑：《荒政辑要》卷3，《查勘》，清道光二十一年重刻本。
③ （清）汪志伊辑：《荒政辑要》卷3，《查勘》，清道光二十一年重刻本。
④ （清）王凤生：《荒政备览》卷上，清道光三年刻本。

临海很多地方都是盐区,且民灶杂处。此时,"除灶户猝被水灾,亟须抚恤,经地方官代办者,已于抚恤项下议明外,其余一切办赈事宜,应听该管场员查办,仍关会该地方官稽查重冒"。①

钉好勘灾底册之后,地方官府迅速向上级报灾,同时在知府、同知、通判内遴选稳妥官员,会同该州县的基层官员组成勘灾委员会,一起勘查被灾田亩、受灾人数以及被灾建筑等,按区图村庄,逐加区分。当勘灾的基层勘灾委员们赴灾区勘灾时,将前项勘灾底册随身携带,按田勘查。在沿海地区尤其是浙东地区,一般禾苗都是依靠雨水浇灌,在一块田地中,农民会将早稻和晚稻一起栽种,分区相间并插。在早稻栽完后的二十天,在空余的行间栽种晚稻,当地人称为"双插"。因此"如早禾已经成熟,仍留晚禾在田。此项晚禾,即被灾七分,而早禾已收,实有得半之数,难以作全灾论。须于履勘之时,确看情形,斟酌办理。而初勘草册内,又须将单插双插之处,逐号注明,以备查考"。②"将勘实被灾分数田数,即于册内注明。如有多余少报,以及原系版荒坑坎无粮废地,又有只种麦不种秋禾名为一熟地者,逐一注明扣除。其勘不成灾,收成歉薄者,亦登明册内。若原册无名,临勘报到者,勘明被灾果实,亦注明灾分,附钉本庄册后。勘毕,将原册缴县汇报。其余未被灾之村庄,不许滥及。"③同时,还考虑到各村居民居住分散,为恐偏颇不均,多以一村一庄来计算被灾田亩。在这些查勘完毕后,勘灾委员会开会讨论是否该奏请蠲免或缓征,并绘被灾图,在规定期限内,同提请折一并申报司道,让该管道员履行稽查,把详情汇报督抚上奏到朝廷。受灾严重之处,需督抚亲自前往勘查。

在沿海地区,因年年都受风暴潮灾的侵袭,且离京师较远,对时间的要求比较紧迫。所以,其勘灾和审户的速度也比较迅速,但是因为勘灾所遇到的情况是多种多样的,如果是较大规模的风暴潮灾害,很可能会延至月余。如:乾隆五年(1741)六月二十一日,浙江被灾,"风潮狂猛,落水寨至三涧寨

---

①　(清)汪志伊辑:《荒政辑要》卷3,《查勘之查赈事宜》,清道光二十一年重刻本。

②　(清)姚碧辑:《荒政辑要》卷1,《灾赈章程》,清乾隆三十三年刻本。

③　(清)汪志伊辑:《荒政辑要》卷3,《查勘》,清道光二十一年重刻本。

册式

	号			号			号			号		摘写一庄名一字号
小口	女口	男口	小口	女口	男口	小口	女口	男口	小口	女口	男口	小口 / 女口 / 男口
												加一格乳牛运其一续内哺具艺家衣字。之农业有字。有不器，无。有应应几所盖应续赈何种藏给赈者地，棉，并亩是衣，均壮若何者加填丁干营，
贫			贫			贫			贫			贫

图 4-1　勘灾底册

一带附石土塘坍卸"。① 在第二个月，即乾隆五年（1740）闰六月壬戌日，浙江巡抚卢焯奏报勘查结果："各属时雨沾足，田禾滋长，惟兰溪县之黄溢地方，堤岸坍塌，洼地被淹，诸暨县之茅诸埠，暴水冲塌民房，压毙男女七口。又查台州滨海民居，大雨后继以飓风，坍损房屋，压毙老幼九口。当即酌量公项，委员协同地方官、确查抚恤。至杭、嘉、湖、三府，二蚕收成，九分至十分不等，现在米价平减。"又如道光元年（1821），五月底连日降雨，在六月初一、初二日又突遭台风袭击，两广总督阮元于七月十六日奏称："广东省城本年六月内，共得大小雨泽十余次，晴雨相间。……惟五月底及六月初，连遇飓风大雨，又值西省江水涨发，南海、高要等县沿河护田围基间有被水冲破，幸消退甚速，田间早禾已获，于该二县大局并无妨碍。""六月初一、二等日，近海一带连日飓风……续据水师提标中军及碣石镇等禀报，在洋师船共损坏四十八只，军伤弁兵八十员名，伤毙丁兵一名。"②咸丰年间担任台湾府淡水抚民同知的丁日健的《会奏湖溯地方偶遇风灾附折》中更是对勘澎湖

---

① （清）乾隆《海盐县续图经》卷 4 堤海下；又见（清）嘉庆《嘉兴府志》卷 30。

② 水利电力部水管司、水利水电科学研究院编：《清代珠江韩江洪涝档案史料》，中华书局 1988 年版，第 120—121 页。

地区风灾过程详细叙述：

奏湖溯地方偶遇风灾附折

奏为澎湖地方偶遇风灾，循例动项委员前往查办；恭折奏陈，仰祈圣鉴事。窃澎湖一厅孤悬海中，地多沙石，不能栽种稻谷，惟藉杂粮以资民食。上年十月间，据通判杨承泽禀称：该厅地瘠民贫，冬令雨少风多，收成稍歉；幸早收尚稳，犹可支持。民间多捕海为生，素鲜盖藏；诚恐来春青黄不接，未免食贵堪虞。并称：海岛穷民不惯粒食，以地瓜切碎晒干，名为薯丝，经久可用；向来多以此裒济，请预为筹备等因。当经臣等率同台湾府知府裕铎暨该厅杨承泽公捐银二千两，收买薯丝运往，以备接济去后；兹于三月二十五日，复据该厅报称：交春以来，雨泽稀少。三月初四日至初六日，风霾大作，刮起海水，遍地飞洒，土人称为咸雨，瘠土皆皆成斥卤；最重之处，所种杂粮苗叶枯萎，收成无望。厅属共十三澳、大小六十八乡，逐加履勘，除吉贝、西屿、八罩等澳稍轻，其余九澳受灾较重，贫民糊口维艰；前备薯丝，不敷散给，现在会同澎湖协副将设法倡捐周恤。惟澎湖素乏殷实之家，捐集无多；请援照嘉庆十六年及道光十一年历办成案，筹项赈济。并据副将谢焜、台湾府知府裕铎禀同前由。臣等查澎湖地方上年晚收已歉，本年正月以后雨泽仍稀，复于三月初旬猝被风霾，杂粮枯萎，致失早收，民情倍形拮据。虽经臣等暨府、厅捐买薯丝接济，惟被灾之处，须俟晚冬栽种望收，为日正长。该厅为全台门户，四面皆海，贫民易致流离；亟须妥为抚恤，俾获安定。该厅、营同士民捐资不敷，即由台郡劝办，尚需时日；且地隔海洋，缓不济急。溯查嘉庆十六年及道光十一年成案，亦被咸雨为灾，曾经动项办理。臣等会同筹商，于道库贮备项下提银二千两添买薯丝，委候补从九品曾广熙陆续解运；并拨银三千两，委即补同知本任、嘉义县知县王廷干管解前往，会同该厅确查实在极贫、次贫丁口，分别轻重，或就近添买薯丝、或易钱折放口粮，先行抚恤。仍察看情形，应否加赈，抑应缓征？据实驰报，由督抚臣照例核办；以仰副圣主怙冒海隅，不令一夫失所之至意。所有澎湖地方偶遇风灾，动项委员前往查办缘由，谨合词恭折具奏。伏乞皇上圣鉴训示。①

当然，并不是所有的官员勘灾都那么认真，也有不少漠视灾情，匿灾不报或瞒报少报的现象。如雍正十年秋，上海县海溢被灾，"巡抚乔世臣办赈不善，（太仆寺卿）兆岳书责之"。② 道光年间的曹楙坚写《查灾行》一诗来讽刺当时胥吏勘灾"鸡毛文书骆驿催，明日官府来查灾。四边汪洋天一色，挂起风帆向西北。某邨某落在何处，惟见坟头三两树。父老叩头言：听得官府唤，天灾流行那敢怨。官府亲来百姓，愿当今皇帝大圣人，颁发国帑救我民，白金万两钱万缗，两大口三小口，官府莫交胥吏手"。③

嘉庆之前，政府对社会的掌控能力较强，各级官员勘灾、审户的过程较为严谨，结果较为属实。嘉庆以后，政治上的腐败，使得政府荒政效力降低，瞒报、谎报、延报和匿灾不报的情况日益增多，使得灾害的范围、深度扩大，最终受害的还是受灾的老百姓。

（三）放赈

放赈是指开常平仓、社仓等赈济灾民。放赈是封建国家为帮助灾民渡过眼前难关，而无偿发放救济粮款及其他物资的赈恤措施，主要实施于灾情紧急严重之时。赈米或赈银之多寡依照审户列等按极贫户、次贫户、残疾和老幼无劳动能力者付给。极贫灾户，无论大小口数多寡，都要全赈；次贫者老幼妇女全赈，少壮丁男则不准给赈；残废无力营生的，与老人、小孩一体给赈。

清代统治者都很重视放赈，常常下旨放赈时会叮嘱地方官员"妥为抚恤，毋任失所"，如嘉庆六年（1801）六月，"抚恤广东省城飓风灾民"。嘉庆二十四年（1819）夏四月，"抚恤广东万、乐会二州县被风灾民，并给房船修费。"④同治十三年（1874），"八月间，广东香山、新安二县属沿海地面，猝遭飓风，汲水门等处厘税房屋，多被吹坍。巡缉轮船，亦有损伤，并淹毙营委各

① （清）《治台必告录》卷4。
② （清）《（同治）上海县志》（二）卷14，《名宦》。
③ （清）张应昌：《诗铎》卷14，清同治八年秀芷堂刻本。
④ 《清仁宗实录》卷356。

员及兵役多人。览奏实深廑系,着张兆栋等即将被灾地方查明,妥为抚恤,毋任一夫失所"。① 光绪二十年(1896),"广东巡抚刚毅奏:查明四月二十七日琼州府属之会同、乐会二县,猝遭飓风暴雨,倒塌衙署、庙宇、民居并有压毙人口。潮州府属之海阳县,大雨冲塌社甲堤岸,淹浸房屋田地,并淹毙妇孩数名口。得旨:据奏会同等县遭风被水情形较重,着即饬令妥员前往勘明,分别抚恤,毋任失所"。② 光绪二十二年(1896)六月,"浙江巡抚廖寿丰奏报德清县属风灾。得旨:该县猝遭风灾,情形甚重,着该抚饬属妥为抚恤,毋任灾民失所"。③

为了确保放赈的有序进行,在审户之后要发给灾民赈票,赈票一式两联,如下图2、3、4所示,"票用厚韧之纸,制如质剂状。当幅之中,填号钤印而别之。票首用委员号记,依格册内所开极次贫户大小口数填注,如某项口无,则填以圈。一存官,一给本户收执"。按清代定例,"十分灾,极贫给赈四个月,次贫给赈三个月。被九分灾,极贫给赈三个月,次贫给赈两个月。被七、八分灾,极贫给赈两个月,次贫给赈一个月。被六分灾,极贫给赈一个月。被六分灾之次贫及五分灾民,例不给赈,止准酌借口粮,春借秋还。其酌借月份,或银或米,随时酌定详给"。④ 即按之前的被灾程度与灾民贫富来安排放赈的时间,受灾最重的极贫户最多放赈四个月,次贫户三个月;六分灾为界线,极贫者可赈一个月,次贫和五分灾以下的不发赈,但可以借口粮或银两,当丰收后需要偿还官府。这种安排可以最大限度地使灾民得到赈济。

放赈的工作量大,想要不遗不漏,毫无差错,是很难做到的事。灾民在领赈时急于希望自己得以吃饱或多吃,会产生出诸多弊端。为防止冒领赈票,"查户时,一户完即填给一户赈票,官与民皆便。但村大户多,刁民往往于给票后妇女小口又复混入,则应俟一村查完后,于村外空地,以次唱名给

---

① 《清穆宗实录》卷 272。
② 《清德宗实录》卷 345。
③ 《清德宗实录》卷 392。
④ (清)汪志伊辑:《荒政辑要》卷 3,《查勘之查赈事宜》,清道光二十一年重刻本。

票。其老疾寡弱户口，仍当下填给"。① 放赈时，设立多个分厂所，在被灾村庄附近，十里为一厂，或以宽阔的寺院、或搭棚而建，设出入二门，监赈官点名验票是否相符，凭票领米，银两随米同时给予。此外，监赈官还须另制作普赈并各加赈月份的图记，"普赈讫，则于票上用普赈一月讫图记，加赈则于票上用加赈某月讫图记，按月按次用之"。放赈结束后撕毁已领过的赈票。当有外出归来之户，则"查明入册，一例填给小票。如适值放米时归来者，即就厂查明草册内前后户为某之左右邻，询问得实，添入册内，给发小票，一体领赈"。② 清代赈粮定例为："每米一石，即算一石，小麦豆子粟米亦然。如稻谷与大麦，每二石作米一石。膏［高］粱秫秫玉米，每一石五斗作米一石放赈。如有前项杂粮，俱应照此计算，并晓示灾民阳之，免受吏胥欺骗。""每月大建，大口给米一斗五升，小口七升五合；小建每大口给米一斗四升五合，小口七升二合五勺。"

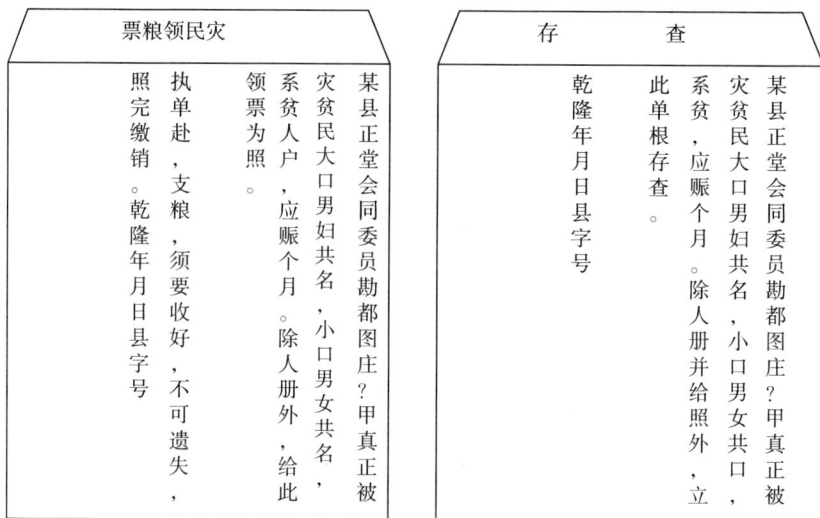

图 4-2　灾民领粮票

为防止侵贪赈济钱粮，防止朝廷救济灾民本意难以达到州县，也为防止

---

① （清）汪志伊辑：《荒政辑要》卷3，《查勘之查赈事宜》，清道光二十一年重刻本。
② （清）汪志伊辑：《荒政辑要》卷3，《查勘之查赈事宜》，清道光二十一年重刻本。

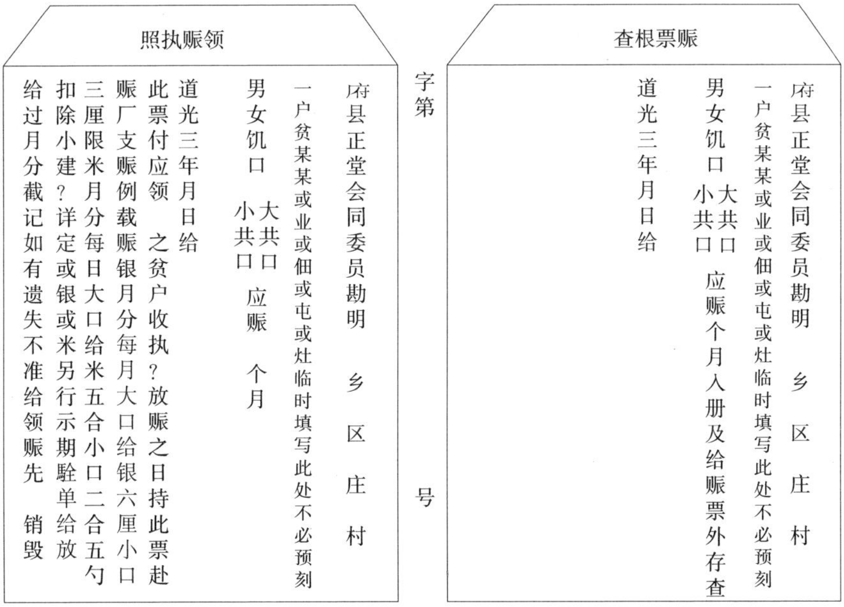

照执赈领

字第　　　　　号

府县正堂会同委员勘明　乡　区　庄　村

一户贫某某或业或佃或屯或灶临时填写此处不必预刻

男女饥口　大共口　小共口　应赈　个月

道光三年月日给

此票付应领之贫户收执？放赈之日持此票赴赈厂支赈例载赈银月分每月大口给米五合小口给银六厘小口二合五勺三厘限米月分每月大口给米五合小口二合五勺扣除小建？详定或银或米另行示期验单给放给过月分截记如有遗失不准给领赈先销毁

查根票赈

府县正堂会同委员勘明　乡　区　庄　村

一户贫某某或业或佃或屯或灶临时填写此处不必预刻

男女饥口　大共口　小共口　应赈个月入册及给赈票外存查

道光三年月日给

图 4-3　领赈执照

引起灾民闹事起义,清朝廷对赈济灾民的州县官员严加管束,并放入《大清律令》中"赈济被灾饥民以及蠲免钱粮,州县官有侵蚀肥己等弊,致民不沾实惠者,革职拿问,照侵盗钱粮例治罪,督抚布政使道府等官,不行稽察者俱革职"。但是,由于处罚的力度最多只是革职,很多投机之官员侵吞赈济钱粮之事,依旧时有发生,且数额巨大。于是,该条被修改为"赈济被灾饥民以及蠲免钱粮,如有官员侵吞入己数在一千两以上者,照侵盗钱粮例,拟绞监候;其数逾巨万,实在情罪重大者,仍照例拟绞监候。该督抚临时酌量,具奏请旨定夺。其入己之数虽未至千两以上,而巧立名色,任意克扣,及有吏胥串弊绅董分肥情事,即照侵盗钱粮例,加一等治罪。督抚司道府州失于查察者,俱交部议处"。① 即便如此,清末时,官场腐败成风,很多贪官甘冒风险借捐赈来肥己之腰包,灾民得不到救济,最终使阶级矛盾尖锐化,加速清朝的灭亡。

---

① （清）沈家本:《大清现行新律例》,《大清现行刑律案语田宅》,清宣统元年排印本。

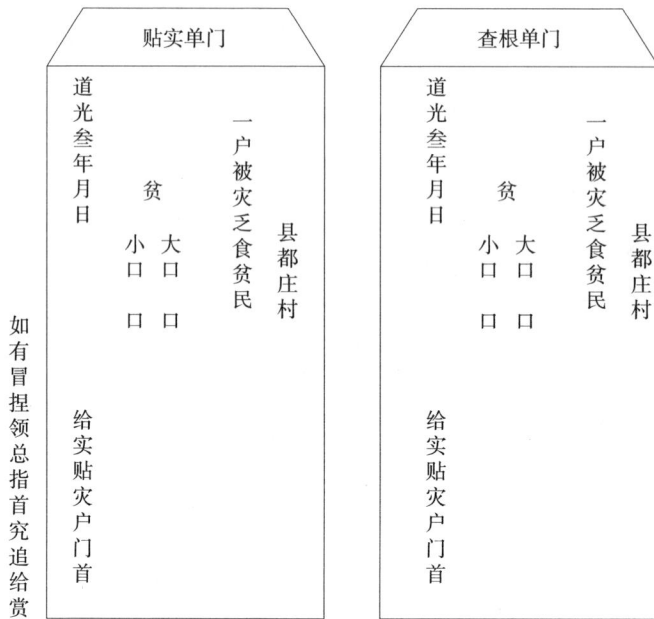

图4-4　贫户站单式

（四）查赈

查赈，即检查赈济灾区灾民的工作情况，核查勘灾、审户和放赈工作。清代统治者对荒政十分重视，为保证赈济工作能真正惠及百姓，或在地方报灾后即派官员协助督办监察；或在赈济结束后，会派皇帝信任的要员去灾区监察放赈结果；或皇帝委派心腹官员暗访查赈。查赈主要包括需要审查勘灾亩数是否属实、被灾份数是否属实、审户等级划分是否合理、被灾灾民是否有流徙行为、办赈官员是否有贪腐等内容。

对于查赈结果，如是办理赈务有功之臣，一般都会有奖励，有突出表现的官员还会加官晋级；反之如对侵吞赈款的官员，其惩罚也是很严厉的。轻则革职重则处死。有时，下级犯案，上级连坐受罚的情况也是存在的。清末，官场腐败，加上自然灾害频发，贪赈成为普遍现象。

清代的荒政已经是一套相对成型的、法令化且固定的程序。每一个步骤有理有据，有法可依。相对成型的救灾程序在理论层面上是臻于成熟的荒政，但在实际操作中，并不是都能发挥理论中的作用。如报灾程序就受地理、通信等烦琐的制度限制,影响其正常发挥,甚至错过最佳救助时间,进而影响救灾效果。僵化烦琐、没有自主灵活性的清代救灾程序,成为清代荒政的最大缺点,再加上吏治腐败导致的官场舞弊行为,清代荒政的真正效果很难完全发挥出来。

三、清代救荒措施

(一) 蠲免、减征与缓征

蠲免、减征与缓征,即国家对受灾地区灾民免征、减征、缓征赋役的制度,是中国古代官方普遍采用的救灾措施。最早在《周礼》就已记载了最基本的救灾措施,"以荒政十有二聚万民:一曰散利,二曰薄征,三曰缓刑,四曰弛力,五曰舍禁,六曰去几,七曰眚礼,八曰杀哀,九曰蕃乐,十曰多昏,十有一曰索鬼神,十有二曰除盗贼荒凶年也"。① 这里面的"薄征"就是指蠲免、减征与缓征的官方措施。清初对于蠲免的份额没有定制,至顺治十年(1653),将田亩分为十分,按受灾程度进行酌减。"定州县被灾八分、九分、十分者,免十分之三;五、六、七分者,免二;四分者;免一。"康熙十七年(1678)增定"灾地除五分以下不成灾外,六分者免十一之一;七分、八分者免二;九分、十分者免三"。雍正六年(1728)大幅度增加蠲免比例,改定为"免被灾十分者七;九分者六;八分者四;七分者二;六分者一"。至乾隆元年(1736)蠲免分数扩展到了五分,"被灾五分之处,亦准免十分之一,永着为例"。

顺治初,清军入关,连年战乱与灾荒,社会经济还处于百废待兴的时期,所以顺治十年(1653)所定蠲免比例与处于兴盛时期的康乾几朝相比较为少量,如"(顺治)十五年覆准,浙江宁绍二府属,飓风霪雨,被灾田亩,按分数免本年正额钱粮"②即按上面。

至乾隆时期,社会已趋于稳定,经济繁荣,所以在乾隆时期蠲免的分数扩展到了五分也可享受蠲免十分之一的优恤制度。故在乾隆十二年

① (汉)郑玄纂修:《周礼》卷3,《四部丛刊》,明翻宋岳氏本。
② (清)官修《大清会典则例》卷55,《户部》,《蠲恤》,清文渊阁四库全书本。

蠲免钱粮府结式

浙江某府今于

　　与印结为某事。结据某县知县某结称，结得卑县乾隆某年分各庄被旱成灾五六七八九十分共田若干，^{每亩除蠲免加丁等}项，实征银若干，共应征银若干，共应免银若干，每亩除^漕粮等米各征不等外，实征米若干，共应征米若干，共应免米若干，内被灾几分田若干，每亩除蠲免加丁等项，实征银若干，共征银若干，奉文免十分之几，每亩免银若干，共应免银若干，每亩加丁除^漕粮等米若干，共征米若干，奉文免十分之几，每亩免米若干，共应免米若干。被灾五六七八九十分田亩（仿前叙人）。取具各庄里民，并无捏报冒免情弊，甘结印钤[钤]外，卑县不致扶捏，如虚甘罪。等情到府，卑府覆核无异，理合加具印结是实。

　　（此系乾隆十六年浙省民田地被灾额发册结式，存此备查。场地册结式，不另载。凡折给籽种册结，各有不同，应随时酌办。）

图 4-5　蠲免钱粮府结式

（1747）七月临江海之常熟等十七州县，并苏州、太仓、镇海、金山四卫民屯江南沿海受飓风侵袭后，更多的灾民可以享受到蠲免。"十三年新赋缓至秋成后启征，各年旧欠地丁银、米缓至来年麦熟后征输。如有勘不成灾收成歉薄，应征本年地丁银米，并借欠籽种亦缓至来年麦熟后征收。又灾田漕粮漕项所有被灾较重之上海、镇洋、宝山、常熟、昭文、太仓、通七州县并苏州、太仓、镇海、金山四卫，灾田按分蠲免银米。"[1]"乾隆十六年夏，缓征广东海阳、潮阳、揭阳、澄海、饶平、惠来、普宁、丰顺等八县风灾额赋兼赈海阳饥民。"[2]乾隆二十四年夏，"蠲免浙江钱塘、海宁、山阴、会稽、萧山、诸暨、余姚、上虞、八县；曹娥、东江、石堰、金山、青村、下砂、下砂、二、三、八场；乾隆

① （清）官修《大清会典则例》卷55，《户部》，《蠲恤三》，清文渊阁四库全书本。
② 《清高宗皇帝实录》卷386，乾隆十六年夏四月条，中华书局1986年版。

二十三年秋禾风灾额赋,并予加赈。"①"乾隆七年壬戌。冬十月又议准,福建巡抚刘于义奏称:福安县,乾隆六年蠲剩应征钱粮,其被灾十分者,请分作三年带征。五六七分者,分作二年带征。从之。"②

　　风暴潮灾后,灾民连自己的生命都无法维持,更无力交纳钱粮,所以一些贤明的地方官员为灾民奏请蠲免灾区的税课,深得百姓称赞。如康熙时人张云章就写过一首嘉定县遭遇风暴潮灾后,当地官员为民请命,上疏蠲免的准的叙事诗:

海　坍　谣

　　为王明府赋县境濒海民田圮于海涛者,久而犹科其粮,王明府櫺下车问民所苦,核得其实,请之中丞,具题脱其籍,邑人争为谣以美之。

　　嘐邑③斥卤濒海水,具区东注一何驶。冯夷鼓浪海若骄,赪沙落岸何时已。室庐为潴田畴泠,沦入蛟宫百丈底。征输有籍履亩无,诛求到骨多转徙。贤侯兔舄来翩翩,痌瘝视尔真如子。天门荡荡呼吁通,蠲除仁惠浃肌髓。当今吏治有如公,譬构大厦须文梓。廊庙需材更达聪,忍使大贤淹百里。④

　　除了一般在灾后皇帝为显示其仁政,也会蠲免某年之前的赋税。乾隆七年夏,江苏省遭受水灾,在接受官员汇报后,乾隆皇帝谕:"朕御极以来,爱养黎元。于蠲免正赋之外,复将雍正十三年以前,各省积欠,陆续豁除,以息民间追呼之扰。今查雍正十三年正月起至十二月。江苏、安徽、福建三省。未完民欠正项钱粮银,共一十七万七千六百七十四两六钱零。甘肃、福建、江苏、等三省,共未完民欠正项米豆粮,共九万五千二百六十九石零。……又直隶、江苏、安徽、甘肃、广东、福建、等六省,民欠未完杂项钱粮银,二千九百二十四两零。福建省民欠未完杂项租谷,四百四十八

---

① 《清高宗皇帝实录》卷584,乾隆二十四年夏四月条,中华书局1986年版。
② 《清高宗皇帝实录》卷176,乾隆七年冬十月条,中华书局1986年版。
③ 即嘉定县。
④ (清)张应昌:《诗铎》卷17,清同治八年秀芷堂刻本。

石零。此等拖欠各项，历年已久。多系贫乏之户，无力输将。况江苏所欠独多，目今彼地现被水灾，待恩抚恤，岂可复征逋负。着将以上各项，悉行蠲免，若谕旨未到之先。"①"又题准福建台湾于乾隆十五年六、七、八月，猝被风潮冲陷，难以垦复田园五百四十九甲八分有奇，共无征粟一千九百八十石七斗二升，匀丁银三十八两二钱一分，官庄银百两一钱五分。又冲陷糖廍三张半，共无征廍饷银十九两各有奇，自乾隆十八年为始均予蠲除。"②

据李向军在其《清代荒政研究》一书中统计，清道光二十年（1840）前196年中，蠲免地丁银共1.2亿余两。如果加上蠲免积欠中的灾欠，清代灾蠲（鸦片战争前）总数约1.5亿—2亿两③。另外，清代蠲免还涉及芦课、盐课等杂税。

（二）赈济

赈济指封建国家为了帮助灾民渡过眼前难关，地方官员及监赈官员分赴灾区，直接发放给灾民救济钱粮以及其他物资的救灾措施。在顺治初年，赈济主要仅针对八旗人口。至康熙朝，对被灾饥民所给赈米赈银及赈期并无定制，一般视灾情而定。乾隆四年（1739）制定统一的标准："大口日给米五合，小口二合五勺。按日合月，小建扣除。盛京旗地、官庄地、站丁等灾赈米数，大口月给米二斗五升，小口减半，比各直省要多。"④

就赈济形式而言，主要有正赈、大赈、展赈、摘赈、煮赈和工赈等。正赈是指地方凡遇水旱，不论成灾分数，不分极次贫民，都要行概赈1个月，也称急赈或者普赈。大赈是指勘灾审户成册后，凡成灾十分的，极贫在正赈外加赈4个月，次贫则加赈3个月，若地方连年灾歉，或者灾出异常的，可以将极贫加赈5—6个月至7—8个月，次贫加赈3—4个月或5—6个月。展赈是指大赈结束以后，灾民如果生计仍然比较艰难，或者次年青黄不接的时候灾民力不能支，可以临时奏请再加赈济1—3月不等。摘赈是对应赈者在非

---

① 《清高宗皇帝实录》卷172，乾隆七年八月条，中华书局1986年版。
② （清）官修《大清会典则例》卷53，《户部》，清文渊阁四库全书本。
③ 李向军：《清代荒政研究》，中国农业出版社1995年版，第58、60页。
④ 李向军：《清代荒政研究》，中国农业出版社1995年版，第31页。

常情况下灵活选择的一种应急赈济的措施。被灾五分者,照例蠲缓,毋庸议赈。被灾六分,极贫救济1个月,七分灾者,赈济2个月;次贫,赈济1个月。被灾八分者,与七分同。被灾九分者,极贫赈济3个月;次贫2个月;被灾十分者,极贫赈济4个月;次贫,赈济3个月。租种官地佃户,如果成灾六、七分的,也会一同赈济。

　　煮赈即粥赈,是历代最重要的赈济之法。在发生灾情后,官方设立粥厂,煮粥赈济难民。地方商贾富户们也仿效朝廷做法,捐出自己的钱粮,施粥于民。灾荒之年,粮食短缺,且饥民众多。灾民多日无食,如果发米,则饥民马上将其入口,反而会立刻毙命。如煮粥赈民,则较米易消化,更适合多日无食的饥民。所以,自汉代以来,煮粥赈济是历代赈济饥民的最直接的方法,也是最有成效的方法之一。汉时会稽郡吴人陆续,"荒,民饥困。太守尹兴,使续于都亭,赋民谊粥。续悉简阅其荒,民饥困。太守尹兴,使续于都亭,赋民饘粥。续悉简阅其民,讯以名氏。事毕,兴问所食几何,续因口说六百余人,皆分别姓名,无有差谬。兴异之"。隋朝时人房景远,"岁祲,设粥通衢,存济甚众"[1];康熙九年(1670),苏松地区潮灾,青浦县民"叶之奇馨所藏粟煮粥以赈"。[2] 在清代《康济录》中就有详细的赈粥事项,使施粥之效果"既无遗漏,又不泛施,使饿莩藉之而生,枵腹赖之而活"。[3] 官方开厂赈粥,要:一、广煮粥之地;二、择煮粥之人;三、行劝谕之令;四、别食粥之人;五、定散粥之法;六、分管粥之役;七、计煮粥之费;八、查盈缩之数;九、备煮粥之具;十、广煮粥之处;十一、备草荐;十二、奖有功;十三、旌好义;十四、赈流民;十五、贮煮粥器皿。[4] 不过开设粥厂仅为救急之法,虽是治标不治本的办法,对于已

　　① (清)倪国琏纂:《康济录》卷3上,清文渊阁四库全书本,上海古籍出版社2003年版。

　　② (清)《(光绪)青浦县志》卷8,田赋下·荒政,清文渊阁四库全书本,上海古籍出版社2003年版。

　　③ (清)倪国琏纂:《康济录》卷4,清文渊阁四库全书本,上海古籍出版社2003年版。

　　④ 参见(清)倪国琏纂:《康济录》卷4,《山西巡抚吕坤赈粥法》,清文渊阁四库全书本,上海古籍出版社2003年版。

经数日颗粒未食的难民来说,却无疑是拯救性命的良方乾隆三十八年(1773),广州遭受台风侵袭,在经过报灾、勘灾等程序后,朝廷派大臣运救济粮食于广东,在各府州设立粥厂,分别在广州东门、西门、北枕山各设粥厂,如果没有宽敞之地,就在市场间空地设立。由胥吏负责,官员监督。但是如果官员贪污侵吞赈粮呢? 胥吏如何管得? 受苦的恐怕只有灾民了。在清人陈份的《煮粥歌》中就描写了这样的情形:

煮 粥 歌

癸巳岁饥广州煮粥以赈扶老挈幼就食陈子过而哀焉

飓风为暴岁阻饥,将军入告银章飞。天子曰嗟民其瘥,尚书钦哉宣朕意。四月骢马抵粤滨,艖·输挽走江云。飞檄十郡榜乡曲,传出天语令煮粥。东门煮粥在较场,白骨累累青冢荒。西门煮粥开僧舍,红蛮鸳瓦晶晶射。南近大海北枕山,煮粥无地就市间。南北东西路坎坷,十万人家待举火。不因增灶壮行营,已叹积薪委旷野。煮粥吏、监粥官,吏侵米、法不宽。官侵米、吏无权,侵米一斛十万钱。初煮粥以米,再煮粥以白泥,三煮粥以树皮。嚼泥泥充肠,啮皮皮有香,嚼泥啮皮缓一死,今日趁粥明日鬼。①

曾在江苏做过县令的谢元淮对灾民打粥时的惨状,甚是同情,写下了《官粥谣》一诗,读后眼前出现一幅生动的官方粥赈现场画,令人不胜唏嘘:

官 粥 谣
谢元淮

东舍絜男西携女,齐领官粥向官府。日高十丈官未来,粥香扑鼻肠鸣苦。忽闻笼街呵殿高,万目睽睽万口嚣。一吏执旗厂前招,男东女西分其曹。授以粥签挥之去,去向官棚施粥处。投签受粥行勿迟,迟迟便遭官长怒。虬髯老吏拦前门,手秉长枓色如瞋。大口一枓小口半,须知

① （清）张应昌:《诗铎》卷16,清同治八年秀芷堂刻本。

点滴皆官恩。阿娘呼女儿呼耶,官厂已收催还家。片席为庐蔽霜雪,严寒只有风难遮。道逢老叟吞声哭,穷老病足行不速。口不能言惟指腹,三日未得食官粥。①

　　等待粥赈的灾民,为能打到粥而早早在粥厂排队等候。可是监督赈粥的官员却"日高十丈"还未到。饥民个个引颈企盼,好不容易盼到官员到来,却是还要接受胥吏的豪横欺压。动作不敢迟缓,否则就会"官长怒"。有的灾民排在后面,还没领到粥,"官厂已收催还家"。在回去的路上,遇到因腿脚不方便的老翁,竟已经"三日未得食官粥"。可见,粥赈虽是有实施,但是真正能够因此而幸存的也就是"活者二三,而死者十六七"②,死亡率之高令人咋舌。

　　除煮赈外,还有谷赈与银赈。谷赈和银赈,顾名思义指官府把上面拨下来的赈济款项与粮食拿来发放给灾民,使其得以存活,重建家园。这两种灾赈多同时进行。康熙六十年(1721)八月十三日,台湾遭台风侵袭,摧毁衙署、仓廒、民房,伤损船只、人民与田禾。"九卿议照保安沙城地震散赈之例,倒房一间银一两,压死大口一口银二两,小口一口银七钱五分;被风伤船压死兵丁应照出兵病故官兵每名赏银五两,给伊等妻子。台湾县倒厝五千八百八十一间,压死男妇大小三十八口,共赈银五千九百四十四两五钱;凤山县倒厝三千三百六十五间,压死男妇大小二十九口,共赈银三千四百十九两二钱五分;诸罗县倒厝一千四百四十二间,压死男妇大小八口,共赈银一千四百五十六两七钱五分;各营压死兵丁一百二十名,共赏银六百两。又敕下蠲免三县六十年额征民番银二万二千二百十五两四钱零、粟十三万八千九百五十二石六斗零。被灾民番,大口给粟二斗、小口给粟一斗。台湾县民五千五十八口,共赈粟九百三十七石五斗;凤山县民番八千八百六十七口,共赈粟一千四百八十七石六斗;诸罗县民番八千五百六十六口,共赈粟一千三百六十五石三斗。"③乾隆六年(1741)正月"谕:乾隆二年八月间,福建

①　(清)张应昌:《诗铎》卷16,清同治八年秀芷堂刻本。
②　(清)《清经世文编》卷16,中华书局1992年版。
③　(清)《台海使槎录》卷4。

闽县侯官等处，遭值风灾，居民困苦，朕已加恩赈恤，务令得所。更借给仓谷二万六千余石，银五千四百余两，令其分年陆续交官，以清公帑。数年以来，除有力之民已经清完外，尚有闽县、侯官、长乐、连江、建安五县，未完谷五千七百七十四石零，未完银一千二百八十六两零，实因五县被灾、较他邑独重。而乾隆三年五年，该地方又值歉收疫气，民力输纳维艰，是以悬欠至今未楚，朕心轸念。着将此项银谷，全行豁免，俾闾阎无追呼之扰，得以肆力于春耕，该部可即传谕该督抚知之。"①乾隆十九年（1755），"覆准苏属上元等州县，乾隆十七年夏秋，水旱风潮，田禾被灾，共振〔赈〕济灾民银七千七百六十六两六钱，又振〔赈〕口倒房银二千八百九十八两各有奇，应准其照数开销"。② 乾隆四十七年（1782）七月，山东沿海遭受海潮袭击，"前据明兴奏、利津、昌邑等县，猝被海潮，田禾房屋，多有淹损，随降旨令其详晰查勘，一面奏闻，一面妥为抚恤。今据明兴查奏、被水较重者，系利津、寿光、乐安三处，其次，则沾化、昌邑、潍县三处。至海丰县、被水后消泄甚速，情形较轻等语。利津、寿光等县，猝被风潮，以致田亩被淹，房屋冲塌，滨海穷民，殊堪轸念。着明兴即将勘明被灾各县，遵照前旨，督率妥员，实力赈恤。其房屋被水冲塌者，即照例散给修费，毋使一夫失所，以副朕轸恤灾黎至意"。③

当受灾地区严重时，皇帝还会加赈，如乾隆十二年（1747），"议准江南崇明县，风潮为灾，坍塌民房，除瓦房、草房，于每间常例给银外，每间加给二钱"。④ 乾隆十九年（1755）江苏沿海盐场被风潮，乾隆帝得知后"谕曰、吉庆奏。通分司所属角斜、拼茶、丰利、等场灶地方，八月初一日，偶被风潮，草房间有倒塌，人口间有损伤，已照例抚恤，并给修费棺殓等语"。⑤ 在照前例抚恤之外，为显示皇帝对灾区灶民的体恤，乾隆帝又继续谕旨加赈："煎丁猝被水灾，情堪悯恻，若仅按例抚恤一月口粮，未免拮据，着查明各场被淹处

① 《清高宗实录》卷134。
② （清）官修《大清会典则例》卷54，《户部》，清文渊阁四库全书本。
③ 《清高宗实录》卷1163，乾隆四十七年八月。
④ （清）官修《大清会典则例》卷54，《户部》，清文渊阁四库全书本。
⑤ 《清高宗实录》卷472，乾隆十九年九月丁丑条。

所无力煎丁,于九月内、再行加赈一月口粮,以示轸恤,该部即遵谕行。"①

　　以工代赈指官府利用赈济钱、粮兴办兴修水利、修葺城池等公共工程,让灾民参与劳作,获得相应的钱物。唐代时就已有宣州刺史卢坦以工代赈之事,宋代开始多起来。在沿海地区,以工代赈的主要就是兴修水利、修葺城池的工程。到了清代,以工代赈成了清廷最常实施的一种救荒形式。"救荒之策,莫善于以工代赈。"②清人姚碧所辑的《荒政辑要》中对以工代赈的标准给予说明:"定例一切工程,凡系官修者,虽于代赈案内兴修,俱照各省河工定例准给。至民堤民埝,原应民间自行修筑之工,遇偏灾之后,以工代赈。自雍正十三年以后,照例准给官价七分之三。自乾隆七年以后,照例准给官价一半。凡估题代赈工程,应将官修民修遵照何例办理之处,逐一声叙,以免部驳。"③

　　乾隆十三年(1748),浙江巡抚顾琮就为了修复上次之风潮灾害,申请以工代赈:"余姚县之鸣鹤、石堰二场,逼近海滨,大塘外复有榆柳、利津,二塘,外御海潮,内卫田庐,实为紧要。原应民间自行修筑,但上秋偶被风潮。民力未遑。请照以工代赈例兴修。得旨。依议速行。"④乾隆十二年(1747)秋,余姚遭风潮灾,榆柳、利济两塘被潮水冲毁,浙江巡抚顾琮请援引以工代赈来修筑海塘,"臣再四思维,若将前项塘工,循照旧案官为代修,则力役穷民皆得借以接济,实于堤工、民食两有裨益"。⑤ 知府周范莲,"至绍兴修江塘海塘,清厘夏盖湖官田浚,余姚、汝仇湖郡大水,上虞水及城垣观察,往勘饥民哗扰,范莲即日发赈治为首者一人众乃服,又筑榆柳、利济二塘以工代赈,存活甚多"。⑥ 此救灾之策实为一举两得、官民两便的积极救灾措施。但在实际操作中由于承办人员的不同,侵蚀、贪污、靡费等情况也难免会发生。这些做法不但对工赈没有什么帮助,而且扰累百姓,在一定的程

① 《清高宗实录》卷472,乾隆十九年九月丁丑条。
② 《清仁宗实录》卷85。
③ (清)姚碧辑:《荒政辑要》卷5,《以工代赈》,清乾隆三十三年刻本。
④ 《清高宗实录》卷390,乾隆十三年二月壬午条
⑤ (清)《(乾隆)两浙海塘通志》卷7,清乾隆十六年刻本。
⑥ (清)《(同治)苏州府志》卷89,清光绪九年刊本。

度上损害了工赈的实际效果。

药赈，即散发药材给灾民。"凶年之后，必有疠疫"，因此，官方派发药材，对疫情加以预防，是防止灾后人口大量死亡的必要措施。如在陆增禹的《钦定康济录》中，就专有注明："凶年之后，必有疠疫。疫者，万病同证之谓也。不论时日早晚，人参败毒散，极效；或九味羌活汤、香苏散，皆可。但须多服，方有效验。合动官银，令医生速为买办，合厂散数十帖，以济贫民。至夏间有感者为热病，败毒散加挂苓甘露饮神效。败毒散内，不用人参，加石膏为佳。再令时医定夺，必不误也。"人参败毒散、九味羌活汤和香苏散都是发汗祛湿，兼清里热的药，即我们现在所说的防治感冒的药。如前章所述，沿海潮灾多发生于夏秋之时，正是细菌滋生，引发疫情的时节。尤其突发性潮灾过后，灾民无栖息之所，外加天气变化，很容易感冒发烧，进而引发疫情。且这几种药材都是柴胡、甘草、桔梗、人参、川芎、茯苓、枳壳、前胡、羌活、独活等常见易寻，适合于大量煎制。药赈是灾后预防疠疫发生的主要措施。

（三）借贷

借贷是指将粮、钱借贷灾民，与无偿赈济不同，需要偿还，一般无息或低息。借贷内容除粮、钱外，也包括种子、耕牛等。封建国家建立的常平仓、社仓等仓谷，大多用于借贷救灾。借贷是针对被灾后尚能维持生计，但又无力进行再生产的灾民实施的救灾措施，也就是说被灾不足五分以及蠲免后仍然生计困难的民户。这在灾后救灾措施中占有很大比例。尤其对于遭受海溢、潮灾的沿海居民来说，具有重要意义。当台风、潮灾过后，不仅是人，家畜、粮食也都被淹，劳动工具也被冲走，原本存下的种子，也同样一粒不剩。这样的情况下，官府出钱或种子、工具、家畜进行赈贷，才给难民们带来希望，帮助其战胜眼前困难，坚定重建家园的信心。乾隆初，因灾赈贷免息。当丰收后，把之前所借的谷种还仓。乾隆三年三月，"赈贷福建福州府属闽县、侯官、长乐、福清、连江、罗源等六县，福宁府属霞浦、宁德、二县，飓风灾民"。① 乾隆十年（1745），"户部议准、两广总督策楞疏称、粤东南海、番禺、

---

① 《清高宗皇帝实录》卷64，乾隆三年三月条，中华书局1986年版。

东莞、新安、新宁、清远、花县、增城、归善、高要、恩平等十一县,入秋猝被风雨,损伤沿海田禾。又化州、阳春、罗定三州县,及南澳同知所属之隆澳,田亩被旱,所有应征钱粮,一并缓征,并借给贫民社仓谷石,秋后免息还仓。至南海等十一县,风雨碎船坍屋,压没人口,照例分别抚恤。城垣衙署等项,确估兴修"。① 乾隆十四年(1749)夏四月,"贷福建晋江、南安、惠安、同安、龙溪、诏安、六县。并金门县丞。被灾贫民籽种口粮。本年蠲剩额赋。并予缓征"。② 乾隆十四年(1749)八月,"赈贷广东吴川、海康、遂溪、徐闻、琼山等五县飓风灾民"。③

借贷这一救荒措施,在恢复灾后生产、帮助百姓自救等方面起了很大作用。但在借贷的实施过程中随着吏治的腐败现象增多,出现了许多弊端。如个别州县每遇出借种子口粮时,胥吏并不如实按制借贷。还贷的时候滋弊更胜:"及其征也,责之里胥而急追呼。或里胥吏与土豪相勾结,非取息于倍称,则久假而不归。有借止一石,偿至十数石而不足,借止一年,征至十数年而未完者。"④

（四）调粟

所谓调粟是指通过粮食调拨来救济灾民,既有临灾调拨,也可根据各省粮食贮存情况预先调运;既有省内协济,又有跨省调运;既可以移粟就民,也可以移民就粟。这里的移粟救民指因被灾地区备荒粮储不足,政府跨省调拨粮食来救济灾民;移民就粟是指将灾民迁往粮食储备富足或未遭灾且有粮食储备之地就食避难。在救灾为主的情况下,这两者可以同时进行。但是移民就粟后,有可能会发生灾民在移民地长期滞留不愿返乡的情况,也会出现本地人与外乡人之间的争执,为当地社会增添不安定因素,是封建土地所有制经济下所不允许出现的。因此,清代的调粟,多以移粟就民为主。对于逃灾出来的流民,政府多督促其返乡,不得在外地久驻。京都有皇帝所在,除非遇到大灾,直隶仓储不足,京仓的粮食一般

---

① 《清高宗皇帝实录》卷 253,乾隆十年十一月乙酉条,中华书局 1986 年版。
② 《清高宗皇帝实录》卷 344,乾隆十四年秋七月条,中华书局 1986 年版。
③ 《清高宗皇帝实录》卷 347,乾隆十四年八月条,中华书局 1986 年版。
④ (清)杨景仁:《筹济编》卷 12,《借贷》,清道光六年刻本。

不会动用。

重大灾情，特别是突发性灾害发生后，当地百姓家藏和粮仓往往荡然无存。及时从外地调运粮食及其他物资支持灾区，成为清代官府临灾救助的重要措施之一。清代经济繁荣各省粮食储备充足，随着京杭大运河的开通以及航海业的发展，漕运和海运使得调粟平粜更为便捷，"截漕平粜"就成为清代调粟救灾的主要方法之一。乾隆三年（1738），福建总督郝玉麟奏谢皇恩："上年郡县内有水旱风灾等患。秋收歉薄。仰沐皇仁赈借兼行。复开仓平粜。又截留浙省漕米十万石。以资接济。"①乾隆十二年（1747）江苏松江府海潮泛滥，乾隆帝"谕、前据安宁奏报、苏松等属，海潮泛溢，人口田庐，间有漂没。朕已降旨、将被灾兵民，加恩赈恤。今又据安宁续奏，现在灾地情形，虽轻重不等，而小民猝被风潮，栖身无所，糊口无资，朕心深为轸念。此次被灾既重，非寻常水旱可比，一应赈恤之事，不可拘泥常例，该督抚等、惟视灾地情形，竭力抚恤，督率有司，悉心查办，俾灾黎不致失所。并将上下两江，明岁应运漕粮，截留二十万石，以备将来赈粜之用，该部遵谕速行"。②

清代灾害频发，平粜调粟可以说是常有之事。如雍正四年（1726）十一月，广东归善、博罗等十一县滨海被水，巡抚奏请加赈，雍正帝下旨"该抚所报滨海被水之十一县，应如何赈恤之处，一并速议具奏。寻议：除先拨广西桂梧等六府存仓捐谷三十万石，运至广东，收贮备赈外。应请将常平仓捐监事例，改为运谷。令邻省江西、湖广、广西愿捐人等，买粜谷石，运送广东，照例折半交纳。该督抚计各州县赈发谷数，令该州县收捐。捐足原贮之数，即行停止。至现今被灾之归善、博罗等十一县，应令该抚将各县存仓谷石，确查散给，务使各沾实惠。其应征钱粮，暂行缓征"。③又如乾隆二十三年（1758）十月，"闽浙总督杨应琚、福建巡抚吴士功等奏，福建漳、泉二府，上年收成歉薄，本年又被偏灾，明春民食宜备。查上年奏准，拨台湾府属仓谷十五万石，浙省温、台二府属仓谷十万石，令漳、泉二府殷实商民，赴仓买粜，

---

① 《清高宗皇帝实录》卷69，乾隆三年五月条，中华书局1986年版。

② 《清高宗皇帝实录》卷296，乾隆十二年八月癸酉条，中华书局1986年版。

③ 《清世宗皇帝实录》卷50，雍正四年十一月己亥条，中华书局1986年版。

民食赖以不缺。今延平、建宁、邵武、福宁等府,年丰米贱,各仓多有陈谷,请拨十五万石,令漳、泉、二府商民买籴,所得谷价,俟来岁秋收后买补还仓。得旨嘉奖"。① 临灾时且不论截漕平粜,也有根据各省粮食的生产与储备情况,进行省内或跨省进行数额巨大的采买、拨运之法,这也可以说是效果明显的救灾措施之一。采买就是令灾区周围省份买米运往灾区平粜。光绪二年(1876)七月,"本年夏间,福建省城,既遭水患,又被水灾。兼以六月间,飓风大作,田禾受伤,灾祲叠见,捐赈俱穷,请饬该督抚挪款济用,并饬浙江等省,迅解协饷等语。览奏殊深廑系,前因闽省被水,已谕令文煜等妥为抚恤,该御史所称被风又遭回禄情形,尚未据文煜等奏到。小民荡析离居,实堪矜悯,着该署督等迅即详查具奏,一面筹款招商,购米赈抚,严饬该地方官认真办理。闽省筹办赈济,需款孔亟,所有浙江、广东、江西、旧欠闽省协饷,并着刘坤一、杨昌浚、张兆栋、刘秉璋、督饬藩司迅速提解,以应急需。原折均着钞给阅看,将此由五百里各谕令知之"。② 这些所粜之粟主要是用于平粜,平抑灾区的粮价,减少灾后粮荒的现象。但是实际上,一般只有中等尚有余力的百姓才可能在灾年籴米,所以在灾后,那些极贫、次贫的灾民来说,仅靠政府赈济的灾银,要想活命也不得不买此度日。拨运指由政府统一安排,将通仓③之米运往灾区以减价出粜,或调他省之米救济灾区平粜。通仓之米一般不做外用,只有在直省常平仓储不足的情况下,会拨一部分至灾区备赈。

灾情发生后,灾区邻近地区州县的有的地方官员,怕粮食送往灾区,会影响到本地的粮价上涨,于是就有"遏籴"、"闭籴"等阻挠粮食流通的行为。宋仁宗嘉祐四年,针对此行为,严加申斥,"不许申严闭籴禁,从谏官吴及之请也,及言春秋有告籴,今官司擅造闭籴之令,岂陛下子育兆民之意哉,乃诏诸路转运司邻路邻州,辄闭籴者以违制论"。④ 之后各代也亦是如此严查

①　《清高宗皇帝实录》卷 573,乾隆二十三年十月条,中华书局 1986 年版。
②　《清德宗皇帝实录》卷 37,光绪二年七月条,中华书局 1986 年版。
③　指清代通州(今北京市通州区)西仓、中仓之统称。
④　(宋)陈均纂修:《宋九朝编年备要·皇朝编年备要》卷第十六凡五年,宋绍定刻本。

按日用一木戳，如有路远，情愿总粜三、五日之米，即连用几日木戳，以免日日赴厂。

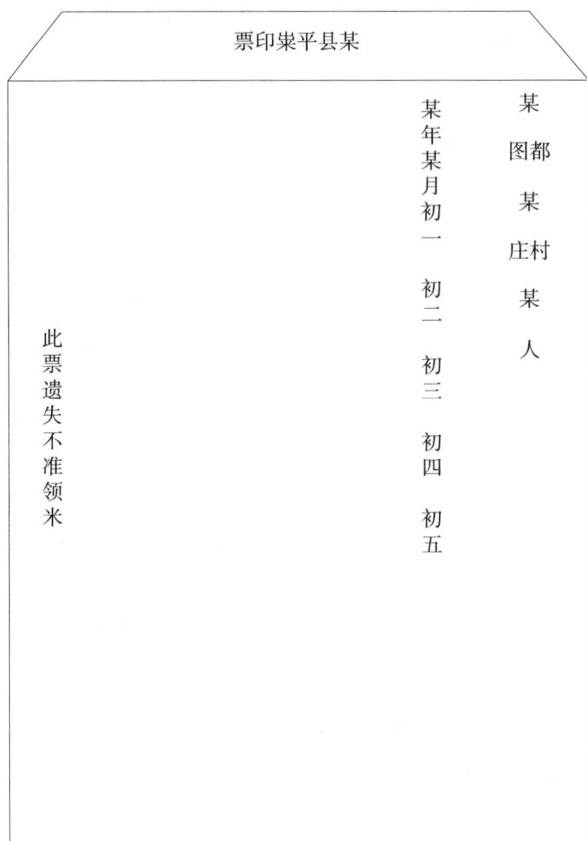

中用印一颗。赈粥印单亦仿此。

图 4-6　平粜印票式

"遏粜"、"闭粜"官员，以确保平粜与赈济。

（五）劝奖义赈

国家财力毕竟有限，单靠朝廷救济灾民也不现实，广泛动员社会力量参与到救灾中来，也是官方对抗灾害的一种手段。中国古代封建国家，就曾采取多种形式动员社会力量助赈。如果灾情不是很严重的话，劝赈是最常用的方法和官员赈济工作的内容之一。《钦定大清会典事例》中的吏部细则中就载有"各省地方，遇有收成歉薄，及修城、筑堤、义学、社仓等项公事，绅衿士民,有盖藏丰裕,乐于捐输者,按其捐数多寡,大者题请议叙。小者量加旌奖,至应行议叙之员,该督抚务须核实具题,并饬令地方官,出具并无胥吏侵渔浮冒印结,一并咨部。仍将捐助动用数目,逐一造册具题,系赈济则报户部,系工程则报工部,核实确查,如果相符,会同吏部分别议叙。傥有抑勒捐助,及以少报多者,或经人首告,或科道纠参,除本人不准议叙外。将题请之督抚,申明之地方官,一并交部议处"。①

　　灾害发生后,地方官府鼓励士民绅衿"或将余米减价平粜,或就实在贫民径行施给,或设厂煮粥,或捐制棉衣,及桥梁、黉序、水道、陂塘"②等义举行为。顺治十年(1653),"定劝赈之例。凡遇灾士民捐赈米五十石或银百两者,地方官旌奖;米百石、银二百两者,给九品顶戴,多者递加品级"。③ 乾隆二十年对士民捐赈奖励的标准细定为:"士民捐输社仓稻粟,捐至十石以上,捐资修城,银十两以上,给以花红;谷三十石以上,银三十两以上,奖以匾额;谷五十石,银五十两以上,申报上司,递加奖励;捐谷三四百石,银三四百两,据实奏请,给以八品顶戴,如本有顶戴人员,于奏请时声明,听部另行议叙。其有捐资不及十两者,与出资较多之人,无论捐资多寡,将其姓名银数,统行勒石,以垂永久,捐至一二千两及三四千两者,题请从优议叙,其议叙顶戴人员,令该督抚查明年貌籍贯三代履历,造具清册,送部填写执照,封发该督抚转给该员收执,遇有开捐事例,准其照捐职人员之例,一体报捐。"④至道光十二年(1832)十二月,因民间义赈的增加,捐赈的奖励不再如之前。"户部左侍郎兼管顺天府府尹事申启贤等奏、请将捐赈议叙,暂为变通,拟捐银二百两以上,给从九品职衔;四百两以上,给八品职衔;六百两以上,给六品职衔,其原系生监及职衔较小者,照数加衔。捐米者以市价核银,从之。"⑤

　　沿海遭受风潮灾后,该地方长官在核查确实后,依例上奏朝廷嘉奖义举

① 《钦定大清会典事例》卷77,《吏部》,好善乐施议叙。
② (清)万维翰:《荒政琐言》,《劝捐》。
③ (清)官修《清通志》卷86,《食货略》,清文渊阁四库全书本。
④ 《钦定大清会典事例》卷77,《吏部》,好善乐施议叙。
⑤ 《清宣宗实录》卷228,道光十二年十二月条,中华书局1986年版。

之士民衿商。如乾隆十六年六月，江浙一带遭飓风海溢，浙江巡抚永贵奏请"令急公人员出赀捐赈"，但乾隆皇帝驳回，认为其灾情尚缓，建议"其本省绅士等，有愿出己赀嘉惠桑梓，如乐善好施旧例者，该抚出示晓谕劝导，果其尚义急公，酌量咨部议叙以示风励，尚可随宜举行"。① 光绪十四年（1888）夏四月，山东巡抚张曜奏："江浙官绅，历年捐赈，请旨嘉奖。得旨、该官绅等历年集捐放赈，尽心施济，不辞劳瘁，据称坚辞保奖。出于至诚洵属急公好善，着张曜传旨嘉奖。"②

　　但是，灾难时富户乡绅出力赈济，受惠之人并非全是良善感恩之民，市井之徒乘机讹诈的案件也时有发生。乾隆八年（1743）五月，乾隆帝为安抚义赈的富户，专门下旨各地官员严惩这种奸佞之徒："地方偶遇荒歉，小民乏食，富户家有余粮，或蠲助赈恤，或及时出粜，原属有无相通之义。该地方有司，平时固宜化导使知周恤乡间，及至米谷短少，市价昂贵，尤当加意劝谕。俾富户不至坐拥其余积，漠视乡人之困苦，于贫民自有裨益。但周急之道，出于义举，百姓众多，良顽不一。若出示晓谕，勒令蠲粜，则奸民视为官法所宜。然稍不如意，即存攘夺之心。其风断不可长，近闻湖北、湖南、江西、福建、广东等省多有此等案件。夫拥仓庾以自利，固属为富不仁，而借赒恤以行强，尤属刁恶不法。尔等可寄信与各督抚，令其密饬各属，嗣后地方需米孔亟之时，善为化导，多方劝谕，令富户欣然乐从。不可守余粮以勒重价，若有强暴之徒，罔知法纪，肆行抢夺者，则宜尽法严惩，以戢刁风。"

　　到了清末，随着战争增多、灾害四起，国库空虚，对捐款之人的表彰记录愈加增多。光绪十七年（1891）"以筹捐赈款，予浙江附贡生陶冠瀛、安徽贞女孙明义等建坊"。③ 光绪十八年（1892）"以捐赈万两，予江苏试用道陈寿庚军机处存记；以捐赈巨款，赏粤海关监督联捷二品顶戴花翎；以捐赈巨款，予江苏候补道吴懋鼎，军机处存记"。④ "以捐赈巨款，予江苏道员朱成渡军机处存记；以捐赈巨款，予四川同知华国英，以道员补用；以捐赈

---

① 《清高宗实录》卷395，乾隆十六年七月条，中华书局1986年版。
② 《清德宗实录》卷254，光绪十四年夏四月条，中华书局1986年版。
③ 《清德宗实录》卷284，光绪十六年夏四月条，中华书局1986年版。
④ 《清德宗实录》卷314，光绪十八年秋七月条，中华书局1986年版。

巨款,予江苏道员祥集军机处存记;开复已革在任候补知府安徽布政司经历汪湘原官,以遵命捐赈,予江苏道员潘学祖山东道员潘延视为其故母建坊;以遵命捐赈,予江苏元和县附贡生顾麟颐,浙江乌程县道员许堃等、各为其父母祖父母建坊。"①

劝奖社会助赈有其积极的一面,但也存在不少弊端。明清的捐纳制度为官场腐败、卖官鬻爵开启了一道方便之门。

(六) 抚恤

抚恤是指对灾害中死亡的人口发放抚恤费,对倒塌的房屋发放修葺费等,使灾民尽快重建家园,恢复生产生活正常秩序。突发性的海洋灾害,尤其是风暴潮灾之后,灾难危害后果严重,房屋倒塌、人口冲走等事件无算,所以,抚恤在沿海地区尤为重要。如:乾隆八年(1743)十一月:"分别赈恤广东万州、陵水、崖州、文昌、新宁、阳江、茂名、电白、化州、石城、吴川、海康、遂溪、合浦等十四州县风灾兵民。"②嘉庆二年(1797)十二月,"台湾猝被飓风,吹损晚稻,闲被偏灾。屡经降旨该督抚体察情形,量为接济。今该督等专派道员,赍带藩库银二十万两,前赴该处,以备赈恤,灾民自必早沾实惠。又该地方粮价,较前尚不致过昂。商贩来船,仍属源源内渡,漳泉一带皆资接济,是现在台湾民食,尚不致于缺乏,朕心稍慰。至来春青黄不接之时,应否展赈,仍着该督抚等遵照前旨,察看情形,酌量奏明办理"。③

嘉庆《大清会典事例》规定:"被灾之家,果系房屋冲塌无力修整,并房屋虽存实系饥寒切身者,均酌量赈恤安顿。如遇冰雹飓风等灾,其间果有极贫之民,亦准其一例赈恤。"④各地的受灾情况与经济发展水平都不一样,抚恤时在最初并无定制,只令各直省依本地情况自行抚恤。直到同治四年时规定统一抚恤标准:坍塌房屋者,每间瓦房给修房费一两五钱左右,每间草房给八钱左右;压毙人口每大口银一两左右,小口减半;压伤不论大小每口

---

① 《清德宗实录》卷319,光绪十八年十二月条,中华书局1986年版。
② 《清高宗实录》卷25,乾隆八年十一月辛丑条,中华书局1986年版。
③ 《清仁宗实录》卷之二十五,嘉庆二年十一月己酉条,中华书局1986年版。
④ (清)官修《大清会典例则》卷217。

赈银五钱。①

金银的抚恤作为灾后重建的重要步骤，是沿海灾民所必不可少的措施，为其最短时间内能重建家园，恢复生产力，起到了很大作用。

（七）其他赈恤措施

1. 赎饥民

水火无情，海潮灾害发生后，沿海甚至是沿江居民无家可归，田亩被卤，如果不想远走他乡，很多人选择的是鬻妻卖子。妻离子散的惨剧以及大量人口的流失，对受灾地区的灾后重建工作都是严峻的挑战。因此，针对这种情况，常由官方出面赎回饥民，俞森的《荒政丛书》中就有对官府赎民细则的记载："饥民多鬻妻卖子，公令赴有司报名，官倍给原价取赎完聚，若有力之家，能尚义不索原价放还者，视所还多寡，照粥厂例奖赏，计官赎四千三百六十三人，其尚义给还与民间奉行得赎者，殆以万计云。"②

卖 妇 叹

冻雨凄凄落不止，伤哉人值不如菽。卖女卖妇忒寻常，几人能甘饥饿死。徒死无裨夫妇情，不如尔活我权生。贩夫交钱速妇走，相顾无言愿分手，三日羹汤不到口。③

江苏兴化县诸生顾仙根作歌三首以讽灾后卖妻鬻子的灾民。

闻鬻子子哭声，作歌以讽鬻者

心伤畏闻哭，哭声入我屋。为问哭者谁，鬻子不去父鞭扑。送去去复回，他入非骨肉，得钱买米瓮有粟，子复回时饭正熟。饭熟可以救父饥，门前子去何时归？④

---

① 同治《户部例则》卷84。
② （清）俞森：《荒政丛书》卷5，清嘉庆墨海金壶本。
③ （清）郑銮辑：《水荒吟》，清道光十四年刻本。
④ （清）郑銮辑：《水荒吟》，清道光十四年刻本。

赎子不得,死其母·歌和徐西河明府

父膏其子,母急来奔,其子已入鬻者门。母号泣叩门,子闻是母声,魂惊不定走相迎。子母对哭如再生,伤心不动主人情。母奉主人钱,主人訾且嗔:子非汝子,实为我仆,纸上写分明。此身永不赎,尔子我仆有贵贱,我今许汝一见面。云行在天水在渊,母子顾复宁相愆。驱母出门去,何用多流连。母孤人众人谁亲,呼子不得随母身,一日两日坐视鬻者门。门坚不启,母心亦喜。见门见子,子在门里。门里子生,门外母死,我生无土,我死惟水。骨肉一门隔,生死有如此。吁嗟乎! 主人门启母不起,门外之水何时已?①

买　人　船

荒岁市不通,来有买人船。船不上马头,常泊野水边。买女不买男,口不惜多钱。似贾却非贾,时亦着衣冠。两三共为侣,去来若闲闲。见人不直视,白日有暗颜。忽然类相逐,男妇为后先。出门复入门,言谈大有缘。日月岂不照,诡谲事多端。谁怜方幼小,鹄面辨姹妍。岂无许嫁者,亦已及笄年。至爱岂能割,好语为缠绵。遂忘鞠育劳,宁顾礼义愆。所得分他人,骨肉已不全。吁嗟父母心,不如金石坚。一船一船去,百去无一还。好鸟不归巢,游鱼离故渊。两岁无一粒,何以救饥寒?②

在灾后的饥荒面前,人性往往屈服于饥饿,加之古代妇女与孩子地位的低下,很容易就成为换取粮食的牺牲品。最让人气愤的是那些买人船,暂不提那些女孩子会被送往何处,仅他们这种发灾难财的举动,就人神共愤。此外,人贩会把当地的灾民带往他处,不但会减少了该地人口数量,同时也会造成潜在的社会不安定。所以,替灾民把卖掉的妻子赎回,亦是清代荒政中

---

① (清)郑銮辑:《水荒吟》,清道光十四年刻本。
② (清)郑銮辑:《水荒吟》,清道光十四年刻本。

重要的一项。

2. 收遗骸

潮水到来，猝不及防，灾民不及躲避而致被淹死的，或被冲塌的房屋压死的，或埋在地下的尸棺被水冲起等情况。如雍正十年（1732）长江下游三角洲地区大型风暴潮灾时，"壬子七月，濒海之处潮没，凡棺之未葬者，或殡于室，或厝于野，俱随潮涌去，及潮退迹之，则不辨其谁某矣"。① 而且在风暴潮灾过后的饥民饿殍遍地，如不抓紧时间掩埋，就会引发瘟疫，受灾范围会进一步扩大。在这种情况下，在《荒政丛书》中就建议："饥民遗骸满野。公令各府州县及村墟乡落，遍为收掩。凡掩一尸，给工食银三分，衬席银二分，各乡义冢俱仿此。"②而在实际情况中，多由官员或以官方名义或捐出自己的养廉银或地方善士义绅捐钱采买棺木，雇工代为收埋。乾隆元年（1736）进士屈成霖，"募人担椟收遗骸，凡五百七十四椟埋广仁局义冢"。③

道光十一年（1831），"海门、崇明半海裹带各沙，于七月二十七八等日，风卷东北海中，咸潮淹没人死者，海门以千计，官出徧勘各卷芦□埋之，半海等沙人死不胜收埋沙田。……余乡海边高浦等处，八月初潮因风顺逐过浮尸不少。"④对于他处飘来的浮尸，则先登记，如无人认领，埋入义冢。按照义冢的章程办理。

事实上，在以农为本的中国封建社会中，人口的数量多少关系着一个地区社会经济的发展。因此，在风暴潮灾后，有许多地方官员只保证活着的人得到救助，对被潮水冲走的居民尸体，并非全都认真掩埋。雍正十年（1732）秋，发生了大型风暴潮灾，被灾严重的江苏地区"大风拔木，沿海居民，漂没无算。荒民之流于昆（江苏昆山）者，或聚于书院门外，枕藉而死者十八九，臭腐之气，蒸为疾疫。我乡好义之士，稍稍施赈，辄拂长官意。其意

---

① （清）郑光祖：《一斑录》杂述一，清道光舟车所至丛书本。
② （清）俞森：《荒政丛书》卷5，清嘉庆墨海金壶本。
③ （清）《（同治）苏州府志》卷101，清光绪九年刊本。
④ （清）郑光祖：《一斑录》杂述二，清道光舟车所至丛书本。

以为:即死,亦与官无累;得食,则久羁我土"。① 记载了这件事的作者在随后感叹曰:"呜呼,此其为父母斯民者欤! 赖天子仁圣,屡诏屡发,沟脊重苏,民间一糕一饼之施,并邀旌异。我不知向之禁民勿施者,亦复泚然汗下否也?"②此文字虽有歌功颂德之意,但也让我们可以看出好的赈灾措施,在地方上并不能真正地被执行,地方官员顾及自己的利益更甚于灾后对死亡灾民的安抚。

3. 安辑流民

潮水无情,大型风暴潮灾的到来,常常使得沿海人们庐舍尽毁,村民冲走无算。即使潮水退去,土地已被卤化,在三年之内不能耕种,沿海鱼虾也是大量死亡。为了谋生,人们不得不流亡他省。清代释函可写的《临高台》的乐府诗与陈章的《赈粥行》,以写实的手法,描写了流民不得不背井离乡的悲惨心情。

临 高 台

临高台,望行尘,多少驱车向西去,曾无一个是新人。

临高台,望东海,海上潮回自有时,流民东来无返期。

愿平高台塞东海,毋使流民心骨碎。③

赈 粥 行

陈 章

饥寒交迫流民苦,此身不计还乡土。怀中儿死随地埋,哭向青天泪如雨。夫唤妻前无气力,子负母行三步息。闻道扬州粥厂开,匍匐就食聊尔来。官清商义得一饱,幸可百日支残骸。残骸略支

---

① (清)龚炜著,钱炳寰整理:《巢林笔谈》卷1,官僚疾赈,中华书局1981年版。

② (清)龚炜著,钱炳寰整理:《巢林笔谈》卷1,官僚疾赈,中华书局1981年版。

③ (清)释函可:《千山诗集》卷2,《乐府》,清康熙四十二年刻本。

愁转多,田庐犹是在洪波。劝尔不须回首望,人家多少喂鼋鼍。①

大灾过后,大量的人口死亡,再加上大批流民离开自己家园,流亡他乡。这本身就是对社会生产力的一大破坏,没有了社会生产力中最活跃的因素人口,就无法重建家园,受灾地区的社会经济不能继续发展,社会也就不再安定,大量的起义就会此起彼伏。因此,安辑流民亦是中国古代官方重要的荒政活动之一。除官府发给流民盘缠与食粮,遣送回籍外,还分给闲置公田,贷给其种子与耕牛。在《大清会典》中就载有:"使民生聚郡邑猝被灾祲,州县官晓示百姓,毋得远行觅食,轻去乡土,即给一月粮以抚安之。其已出在外者,所在有司劝谕还乡,以就拯贷。老弱被疾者暂为留养,春和遣归,欲归无力者,计其费资给之。"②而在光绪《大清会典事例》卷288中抚流亡条,对清代官方几次大的遣返安辑流民的事件做了详细记载。嘉庆六年(1801),辽宁沿海被潮水侵袭,"良田已成卤地,非三二年不能耕种,是以居民纷纷携眷北徙"。为阻止民众北徙,嘉庆帝下旨,令当地地方官员:"并于奉天城外开设饭厂,流民足资糊口,其明春耕作之时,着再加恩将旗民极贫户口、赏给三月口粮,俾资接济,如尚有应行抚恤事宜。"③

不过,因具体办理时候政策的不配套,许多流民担心回到原籍遭官府或地主追讨往日积欠,不敢回乡,因而实际上的安辑流民对策的效果是大打折扣的。

第二节　沿海风暴潮灾的救助事例

雍正二年(1724)七月十七、十八日,强台风袭击了从长江口、浙江宁波沿海一直到苏北的盐城沿海。受灾地区包括江苏松江府属华亭、上海、南汇、金山、娄县、青浦,苏州府属吴县、昆山、吴江,常州府属常熟、江阴,

---

① （清）张应昌:《诗铎》卷17,清同治八年秀芷堂刻本。
② （清）允祹:《大清会典》卷19,《户部》,清文渊阁四库全书本。
③ 《清仁宗实录》卷252,嘉庆六年十二月条。

太仓直隶州嘉定、宝山、崇明,通州直隶州之通州、如皋,扬州府属东台、兴化、泰州,淮安府属盐城等20余州县;浙江嘉兴府属嘉兴、海宁、海盐、平湖、桐乡,杭州府属仁和,绍兴府属上虞、会稽、山阴、萧山、余姚、嵊县,宁波府属鄞县、慈溪、象山、奉化、定海、镇海,温州府属永嘉等22县。《清史稿》中记载:"七月,泰州海水泛溢,漂没官民田八百余顷;南汇大风雨,海潮溢,田庐监场人畜尽没;海宁海潮溢,塘堤尽决;余姚海溢,漂没庐舍,溺死二千余人;海盐海水溢;太湖溢;定海大风海溢,漂没庐舍;镇海大风雨,海水溢;鄞县、慈溪、奉化、象山、上虞、仁和、海宁、平湖、山阴、会稽、嵊县、永嘉,于七月十八日同时大水。"①雍正皇帝实录中也载有:"七月十八、十九等日,骤雨大风。海潮泛溢。冲决堤岸。沿海州县。近海村庄。居民田庐。多被漂没。"②"两淮巡盐御史噶尔泰奏称。七月内、海潮冲决范堤,沿海二十九场,溺死灶丁男妇四万九千余名口。盐地草荡,尽被漂没。"③

各受灾县县志中也均有记载。淮安府盐城县,"雍正二年七月十八日,飓风大作,海潮直灌县城,范堤外人畜溺死无算,浮尸满河。"④

扬州府沿海的盐场,"雍正二年七月十八日、十九日,风雨,东台等十场暨通海属九场,共溺死男女四万九千五百五十八口,冲毁范公堤岸,漂荡房屋牲畜无算。"⑤泰州,"海水泛涨,漂没官民田地八百余顷"。⑥兴化,"海溢"。⑦

通州沿海,"大风雨,海啸,市上行舟,潮涌范堤,沿海漂没一空"。⑧

苏州府沿江海地区,"潮溢,沿海诸沙居民均被淹"。⑨

太仓州沿海,七月十八、十九日,"骤雨大风,海潮泛溢,冲决堤岸,没州

---

①　《清史稿》卷40,《志第一五》。

②　《清世宗实录》卷24,雍正二年八月条。

③　《清世宗实录》卷25,雍正二年冬十月条。

④　(清)《(乾隆)盐城县志》卷2,《祥异》。

⑤　(清)《(嘉庆)东台县志》卷7,《祥异》。

⑥　(清)《(雍正)泰州志》卷1,《水旱祥异》。

⑦　(清)《(咸丰)兴化县志》卷1,《祥异》。

⑧　(清)《(乾隆)直隶通州志》卷32,《祥祲》;《(乾隆)如皋县志》卷24,《祥祲》。

⑨　(清)《(同治)常昭合志》册11,《祥异》。

县近海村庄,居民田庐多被漂没".① 崇明县,"风潮海啸,平地水深数尺,禾棉尽淹,庐舍漂没,沿海淹死男妇二千余口".② 嘉定县,"飓风大雨,海溢,人庐漂没,棉花浥烂".③ 宝山,"十八日飓风,海滨人庐漂没,岁祲".④

松江府沿海,七月十八日,"大风雨,海潮溢,各团田庐盐场人畜尽遭淹溺".⑤ "飓风骤雨,自辰至酉势转剧,是日漂没民庐无算."⑥上海县,"大风雨,海潮溢,田庐人畜尽溺."⑦

常州府属江阴,"七月十九日夜飓风作,海潮溢。滨江及江心田岸冲坍,庐舍多圮,死者甚众."⑧常熟,"七月飓风拔木,十九日潮溢,沿海诸沙居民均被淹."⑨

此次风暴潮也影响了杭州湾沿海各县,且受灾程度有过之而无不及。雍正《浙江通志》载:"雍正二年七月十八日,镇海大风雨,海水溢。鄞县、慈溪、奉化、象山、上虞、仁和、海宁、海盐、平湖、山阴、会稽、嵊县、永嘉,同时大水。镇海乡民避水者栖于屋脊或大木上."⑩

浙江嘉兴府沿海,"海大溢,庐舍田禾被淹,溺民无算。风狂不已"。海盐县,"大风雨,海溢,塘圮".⑪ 且海水漫溢,流入内河,如桐乡、石门,"飓风大作,海水入内河,味如卤".⑫

杭州府之海宁沿海,"七月十九日,大风雨,海决,淹没良田,东南两路近一海处尤甚,漂去室庐无算。若大厦开门破壁,任水出入,幸留橡瓦;郭

---

① （清）《（嘉庆）直隶太仓州志》卷58,《祥异》。

② （清）《（雍正）崇明县志》卷9,《蠲赈》。

③ （清）《（光绪）嘉定县志》卷5,《机祥》。

④ （清）《（光绪）宝山县志》卷14,《祥异》。

⑤ （清）《（雍正）分建南汇县志》卷16,《灾异》。

⑥ （清）《（乾隆）娄县志》卷15,《祥异》。

⑦ （清）《（乾隆）上海县志》卷12,《祥异》。

⑧ （清）《（光绪）江阴县志》卷42,《祥异》。

⑨ （清）《（光绪）常昭合志稿》卷48,《祥异》。

⑩ （清）《（雍正）浙江通志》卷109,《祥异》。

⑪ （清）《（嘉庆）嘉兴府志》卷3,卷35。

⑫ （清）《（嘉庆）桐乡县志》卷12。

店、袁化诸桥梁无一存者"。①

绍兴府余姚县，"海溢，漂没庐舍，溺死二千余人"。② 萧山县，"海风大发，潮冲西兴、昌泰、丰宁、盛盈、六围灶地庐舍倒坏，花息无收"。③ 余姚，"七月海溢，漂没庐舍，溺死二千余人"。④ 定海，"七月十九夜大风雨海潮倾塘，漂没田庐。"⑤

宁波府沿海，方志称此次风暴潮灾为"海啸"⑥。雍正《象山县志》载："海啸，饭铺客商俱遭淹没。"⑦光绪《定海厅志》称："大风雨，海潮倾塘溢田，漂没庐舍。"⑧乾隆《镇海县志》载："大雨，海水溢，乡民避水者栖于屋脊或大木上。"⑨光绪《鄞县志》云："海塘被潮冲决。"⑩

这次大型的风暴潮灾发生后，受灾最重的苏松二府，各府县的知府、总兵等纷纷在七月二十五日左右向两江总督查弼纳呈报灾情：

苏松总兵官陈天培呈报：

> 本月十八日夜阴雨，东北风大起，海潮突涨，本地人言谓为海啸。十九日风愈烈，至二十日始渐定。崇明城内地势高，且水进城四五尺不等，房屋墙垣塌毁颇多，火药库内亦进水，火药皆湿。城外水更大，沿海一带村落地亩皆被淹没，人民死伤，房屋倒塌甚多。泊于海口之鸟船中，有一船人被冲去，今正派人寻觅，一俟寻获，另行呈报。等因到臣。⑪

---

① （清）《（乾隆）海宁州志》卷16，《杂志》。
② （清）《（乾隆）余姚志》卷11。
③ （清）《萧山县志稿》卷5。
④ （清）《（光绪）余姚县志》卷7，《祥异》。
⑤ （民国）《定海县志》卷16。
⑥ （清）《（雍正）宁波府志》卷36，《祥异》。
⑦ （清）《（雍正）象山县志》卷7。
⑧ （清）《（光绪）定海厅志》卷25，《机祥》。
⑨ （清）《（乾隆）镇海县志》卷4，《祥异》。
⑩ （清）《（光绪）鄞县志》卷69，《祥异》。
⑪ 中国第一历史档案馆编：《雍正朝满文朱批奏折全译》，《两江总督查弼纳奏报崇明苏松因海啸而被灾情形折（雍正二年七月二十六日）》，黄山书社1998年版，第876页。

松江知府周顺元报称：

自七月十八日夜起，刮大风，降大雨，尤以风甚，直至十九日一更，始风平雨止。天明之后，本知府乘船至附近地方查勘，民房无妨，地禾受伤无多。正准备速至沿海地方查勘海堤居民，据柘林营守备周奇秀、署上海县事务周钟洪报称，海堤被冲而有决口者，地禾居民亦多有受伤者，等因报来。本知府立即起行，拟动拨上海县所催征垫漕银，并率领署理知县周钟洪速往查勘海堤。其应加以抢修者，拟雇用人力昼夜抢修之，不使水流入内地。其被淹毙人员，拟给棺埋葬之。其倒塌房屋等，拟酌拨银两以修盖，使灾民不致流离失所。再，其海堤共有几处决口，共有几丈，以及被水淹死男女几人，倒塌房屋几间等实数，一俟查明之后，另行呈报。等因到臣。①

靖江县也报称：

本月十八日亥时，因降大雨，江水潮涌，沿江一带沙洲、地禾被淹者多。于十九日戌时，风止水落，现在正查勘之中。②

两江总督查弼纳闻知后，一面将这些灾情信息次日写奏折呈报雍正帝，一面向雍正帝报告截漕赈济事宜：

咨苏州知府蔡永庆，令速查明属县被淹情形，并将死伤几人，倒塌房屋几间，又被淹地亩实数，一并查报，等因咨行，窃臣思之，崇明一地

---

① 中国第一历史档案馆编：《雍正朝满文朱批奏折全译》，《两江总督查弼纳奏报崇明苏松因海啸而被灾情形折（雍正二年七月二十六日）》，黄山书社 1998 年版，第 877 页。

② 中国第一历史档案馆编：《雍正朝满文朱批奏折全译》，《两江总督查弼纳奏报崇明苏松因海啸而被灾情形折（雍正二年七月二十六日）》，黄山书社 1998 年版，第 877 页。

远隔于海，本非产米之所，今偶遇水灾，必致于粮米断绝。倘经查明之后，始筹拨米石，则彼被灾之民无食，难以维持。今有去年钦派给事中所采买之米，除其卖与浙江者外，尚存有米一万四千石零。臣拟从此米中动拨一万石，委派臣标守备冯瑞应、江宁府经历史毅，沿江解运至崇明，即交苏州知府会同总兵官详查赈济，断不得使灾民失所。等因委派。至于被淹地亩，一经查清呈报前来，即与抚臣合词奏报。其伤亡人员，被淹房屋，臣咨商现署巡抚何天培，令苏州知府核查呈报后，拟与有司等共同捐输赈济之。务期使其得所，以副皇上慧养生民，抚绥海疆之至意。①

此番做法，令雍正帝大加赞赏，同时也告知查弼纳，量力而行，要杜绝官员乘机中饱私囊。

所需较少，若尔等能行，即如此办理之。若有所难，尔等如此做官，何以捐输？着奏衣用正项钱粮，不得向属员摊派，如果上苍可怜，地方无事，尔等羡余火耗漏规中落实，在盘费用度有余的，另赉明进献不好么？何在于此等上效力。凡事通融，人情之常，况朕之子民被灾，地方官员捐赈，与理亦欠通。若将无作有，以少报多，开销向日亏空，借此侵欺肥己，如此者，尔等亦非如此大臣，有此等者，亦难逃朕之闻见也。凡事据理而行，方合朕意。②

八月初八日，两江总督查弼纳奏报沿海水灾堪灾情形。受灾的沿海州县有松江府华亭县、上海县，苏州府嘉定县、太仓州、常熟县，扬州府通州、太

---

① 中国第一历史档案馆编：《雍正朝满文朱批奏折全译》，《两江总督查弼纳奏报崇明苏松因海啸而被灾情形折（雍正二年七月二十六日）》，黄山书社1998年版，第876—877页。

② 中国第一历史档案馆编《雍正朝满文朱批奏折全译》，《两江总督查弼纳奏报崇明苏松因海啸而被灾情形折（雍正二年七月二十六日）》，黄山书社1998年版，第877页。

州、如皋县，淮安府盐城县、海州等处。另外，海水倒灌，引发江潮，使得沿江常州府武进县、江阴县、靖江县，镇江府丹徒县，扬州府江都县等处，亦有房屋坍塌，稻谷被淹，居民被淹死，江上堤坝多缺口的灾情发生。两江总督查弼纳旋继急咨苏州、松江、常州、扬州、淮安知府，令伊等亲临被灾地详查，妥善安抚。并先行抢修救赈：

先行抢修海堤决口，勿令海水流入。葬埋死者，令屋淹而无处栖身者，暂住于庙内。详实查报被灾情形，等因咨行。今据松江府知府周顼元查报：本知府获息海水涨溢，即率华亭县知县周仲宏，会同汛营官弁，自七月二十二日至二十七日，水陆兼程，详实踏勘华亭县辖金山卫、柘林、青村，上海县辖南汇、川沙第一村至第九村等处地方，有金山嘴、三叉墩、崇脚、曹安湾四大口岸皆被水淹塌。因为至关重大，即行拨银交付本地良善之人，不分昼夜，雇工抢修。又有坍塌小口子五处，亦令雇工抢修。堤外之水，均巳回落，而堤内之水，亦均流入各处河流，从而地亩仍已露出。潮水虽未退落，但已四处流散，碱性减弱，不甚有害。金山嘴地方，有坍塌民房百余间，淹毙男女十四口。柘林地方，有坍塌房屋数十间，淹毙男女十五口，每具尸首拨出一千钱，由本知府亲手交给死者亲属，令置买棺材葬埋之。青村附近民房，是有坍塌者，但无人伤亡。惟南汇、川沙第一村至第九村居民，近几年来，因见堤外游沙增有数里宽，即视为好地方，纷纷移住堤外，以煮盐捕鱼为生。此次涨潮，房屋皆坍塌，淹毙男女二百余口。已给银与当地熟人，令置买棺材具行葬埋之。凡由别处漂来之尸首，亦令雇人安葬之。其坍塌房屋间数，俟经核查之后，拟给口粮，于堤内修建房屋安置，以免于流离失所。再，金山、青村、川沙三处之城垣，并不碍掌，只城垛口有一二处坍塌。查各地烽台营房，其位于金山、柘林、青村护堤内外者皆坍塌，而南汇、川沙地方，仅其堤外者坍塌，而堤内者尚存。现已令该县查明修建。此次海潮涨溢，灶场及堤外七十里之内所有地亩，均被淹没无存，因而征收盐课芦税钱粮甚难，贫民失所，理应速请赈济。等语。其苏州、常州、扬州、淮安四府尚未查明报来,一俟查报,臣与巡抚合词奏报。惟被灾贫民,地淹屋塌,一应器物均被淹没,故而不可不速行抚赈,得给生所。至于如何设法捐赈,臣拟与现署巡抚何天培商酌施行。海堤决口,拟速抢修,以御海潮,无论如何,此等决口堤岸,务行抢修,方能长久无事。对此一事,臣经核查之后,再详尽估价具奏。

再,苏松总兵官陈天培前报该被水冲走之一乌船,于七月二十一日在吴淞口外寻得。该船在浅滩滞阻,船上兵丁无事,仅丢失一大桅杆,船身亦无损。为此具折,令臣标下把总六十先、兵陈永言赍捧谨奏闻。①

从两江总督查弼纳的奏报中可见,虽在江南出现蝗蝻且又同时被风潮,但仅从该管辖沿海地区的死亡人口来看,金山嘴地方,"淹毙男女十四口";柘林地方,"淹毙男女十五口";南汇、川沙,"淹毙男女二百余口",死亡人口数量对于整个长江下游三角洲地区来看,这次灾害是小型风暴灾害,而且仅"稻略受灾"。实在看不到前面地方志中所载的,仅东台盐场就"共溺死男女四万九千五百五十八口,冲毁范公堤岸,漂荡房屋牲畜无算"②如此之严重。因此,我们可以推断出,当地的地方官员见到如此大型的灾害后,多为害怕承担责任,也怕皇帝降罪,对灾情多为瞒报,但也不排除因灾后勘灾困难,很多受灾情况无法统计。而一直在非灾区的雍正帝,当然也只能是依靠大臣们的奏折的字面里知道具体的灾情,仅凭此奏折判断这次的海洋潮灾"不成灾",不过为显示皇帝的悯民之心,仍然在当月十二日谕旨刑部暂缓处决死刑犯人,借以体恤遭灾地区民众:

朕君临天下,常愿无一夫不获其所,今年直隶河西务、堤水略有漫溢,江西一二县水发,江南海啸与浙江起蛟之处,俱不成灾。其余直省

---

① 中国第一历史档案馆编:《雍正朝满文朱批奏折全译》,《两江总督查弼纳奏报江南生发蝗蝻并沿海水灾情形折(雍正二年八月初八日)》,黄山书社 1998 年版,第891 页。

② (清)《(嘉庆)东台县志》卷7,《祥异》。

各州县以及口外用兵地方，俱田禾茂盛，五谷丰收，亿兆乐生遂性，咸受和平之福。而秋审朝审，情实重犯，雁于典刑，虽其罪本无可赦，然朕心深为轸恻，爰体上帝好生之心，着将今年情实人犯、停其处决，以副朕钦恤至意。①

但到了八月十四日，沿海各地以至于沿江内地府县不断上报，雍正帝也开始意识到此次风暴潮灾的严重。于是颁布诏书，以显示对被灾灾民的恻悯之心，宣扬天人感应之理：

谕江浙督抚等，朕思天地之间，惟此五行之理，人得之以生全，物得之以长养。而主宰五行者，不外夫阴阳，阴阳者，即鬼神之谓也。孔子言鬼神之德，体物而不可遗，岂神道设教哉？盖以鬼神之事，即天地之理，不可以偶忽也。凡小而邱陵，大而川岳，莫不有神焉主之，故皆当敬信而尊事，况海为四渎之归宿乎？使以为不足敬，则尧舜之君，何以望秩于山川？文武之君，何以怀柔百神、及河乔岳？今愚民昧于此理、往往信淫祀而不信神明，傲慢亵渎，致干天谴，夫善人多而不善人少，则天降之福，即稍有不善者，亦蒙其庇，不善人多而善人少，则天降之罚，虽善者、亦被其殃。近者江南奏报上海、崇明诸处、海水泛溢，浙江又奏报海宁、海盐、平湖、会稽等处，海水冲决堤防，致伤田禾，朕痛切民隐，忧心孔殷。水患虽关乎天数，或亦由近海居民、平日享安澜之福，绝不念神明庇护之力，傲慢亵渎者有之，夫敬神固理所当然。而趋福避祸之道，即在乎此？能敬则谓之顺天，不敬则谓之亵天，亵天之人，顾可望绥宁之福乎？《诗》曰：敬天之怒，无敢戏豫。又曰：畏天之威，于时保之。朕固当朝干夕惕，不遑宁处，以敬承天意，亦愿百姓共凛此言，内尽其心，外尽其礼，敬神如在，以至诚昭事而不徒尚乎虚文。人意即神意，一念之感格自足以致休祥，岂独一乡一家之被其泽哉？若百姓果能人人心存敬畏，必获永庆安澜，着该督抚将此谕上□日，令地方官、家喻户

① 《清世宗实录》卷23，八月壬午条。

晓,俾沿海居民,一体知悉。①

雍正帝的此诏书颁布不久,之前在七月二十四日仅汇报了浙江福建地区六月风调雨顺,六月稻子全部丰收,秋冬稻饱满丰实,米价甚贱,地方安谧的闽浙总督觉罗满保已经发现这次灾害的严重性,如果瞒报的话,后果会非常严重。于是,赶紧在八月十九日奏请罪:

> 切臣于八月初三日闻得,杭州等地方,七月十七等日风灾甚大,海潮漫溢,田禾颇受损,等情。即遣人往查之。继据杭州等地文武官员来报:杭州府属仁和、海宁二县,嘉兴府属海盐、平湖二县,绍兴府属山阴、会稽、上虞、余姚、萧山五县,宁波府属慈溪、鄞县、镇海、定海四县,此数地皆在海边。七月十七、十八、十九等三日东北风甚大,又因雨大,海潮加风力,向西南该数日漫溢,土堤大半被冲,石堤亦段段决口,在海边之房舍倒塌者甚多,人因猝不及防而殒命者亦有之。田禾在高地,或被遮挡,或离海远处者皆无妨,其距海近而洼地田禾,大半被咸水受损等情,纷纷来报。

> 再,据闻台州府太平县等地风潮亦大等语。据查臣于六月七月行浙江地方时看得,诸禾皆好,民人安居乐业。而今海边人田突被大风大潮受损,此皆由臣于地方无益,有玷重任所致。臣俱身罪,而为地方忧悒,为不能拯救被灾民人而不胜着急。当即遣人给咨巡抚、布政使、道员、知府、知县等:以钱银米谷赐救房塌人亡者,紧急堵住水口,夯固堤岸,其所用银钱,暂动支捐纳时多余之银两,官员等亲临田地,详查禾情,可以拯救者,设法拯救,若系确被咸水受损者,则急报其实数等情。②

---

① 《清世宗实录》卷23,八月条。

② 中国第一历史档案馆编:《雍正朝满文朱批奏折全译》,《闽浙总督觉罗满保奏报沿海州县被风潮情形折(雍正二年八月十九日)》,黄山书社1998年版,第905页。

闽浙总督觉罗满保的奏报，虽未过报灾时限，但因其未能及时奏报，雍正帝很不满意，但是在阵前临时换将是不明智的，于是朱批警告："凡事丝毫不能隐瞒，惟据实奏闻，此次海潮灾厉害，各地皆已纷纷来奏。"①并告知已经从湖南、江西、安徽等省调米赈济浙江沿海灾民，以作平粜之用。"动用正项钱粮，加紧夯筑堤岸。以为贫民等获此工夫之利，可买此平粜之米而食，大有裨益。是以如此施之。"②

同一天，闽浙总督觉罗满保为补救自己的失职，又迅速与福建巡抚黄国材共同奏报福建详细被灾情况，采用"于近海地方，秋季刮大风，下大雨，涨大潮，房田少少破水者，乃年年有之，虽系平常事"的借口以期得到雍正帝的宽宥：

> 切照今岁，福建地方雨水甚调，各地冬禾生长、秀穗甚好，米价仍平。据闻于海边之福宁州宁德县地方，七月十七日、十八日大风，海潮亦甚大，福建海边皆有大山遮挡，故民房田禾无妨，等语。臣等闻之，即遣官往看视，语之曰：若有田舍受损者，即赈给银米以抚慰。等语。据来报，八月初七日、初八日，于漳州府属龙溪、南靖二县地方雨大，河水漫溢，在城内外河边之土房、草房早已倒塌，近河田禾正为生长之际，尚未开花，虽稍被山水，但水退田禾照旧好，无妨。等语。臣等亦即遣员曰：带银两去，会同知府耿国佐，若有房倒人伤者，即散给银米赈救，作速来报实情。等情，续据来报：于漳浦县地方今日雨水大，澎湖地方风亦大等语，亦已遣员前往。查得，于近海地方，秋季刮大风，下大雨，涨大潮，房田少少破水者，乃年年有之，虽系平常事，但臣等闻即遣员往者视，带银赈救，若有田人房稍损者，则臣等必酌情抚慰办理，断不令民失

---

① 中国第一历史档案馆编：《雍正朝满文朱批奏折全译》，《闽浙总督觉罗满保奏报沿海州县被风潮情形折（雍正二年八月十九日）》，黄山书社 1998 年版，第905 页。

② 中国第一历史档案馆编：《雍正朝满文朱批奏折全译》，《闽浙总督满保等奏报福建地方田禾长势及被风潮折（雍正二年八月十九日）》，黄山书社 1998 年版，第905 页。

业,为此谨奏闻。①

可是,当看到福建沿海也有居民遭受庐舍漂没,田地灌水的情况发生,而且再加上闽浙总督的推卸责任之词,一直以爱民著称的雍正帝很是生气,不再是像前面那个朱批一样,只是警告,而是变为叱责:

> 理当谨慎,不可丝毫懈怠,否则朕为君之人,用尔等众臣何为? 难道令我等取万民精髓为自己富贵耶? 上天之意决非如此。我等若能尽力为国家万民谋利益,则必蒙天地鉴之,断无遗漏之理。惟人愚蠢,只图小利而忘此大利。②

八月二十日,两江总督查弼纳继续报告江苏松江府以外的沿海、沿江各地受灾与勘灾赈恤情况:

> 臣前已缮折具奏,江南沿海遭受水灾情形,旋有苏州、常州、淮安、扬州各府,又详细查报前来。查苏州府崇明县,淮安府盐城县、海州,扬州府泰州等地,溺毙之人,坍塌房屋甚多。临海灶户溺毙者,更为严重,茅屋器皿均被冲去,人口溺毙甚多。此外,苏州、常州、扬州所属其余地方,被灾较轻。由于刮大风及涨海潮,皆发生在夜间,临海居民无处躲避,故有溺毙者甚多。离海较远地方,天明水至,民皆登高处以避之,故而未被淹,今正在安抚之中,淮安、扬州一带地方所有防洪堤坝至为重要,务须赶紧修筑,方能安插灶户,以利煮盐,且又可保护内地旧舍,故已经严饬抢修。再,各府所属内地田亩,其已灌入海水者,谷物皆枯。

---

① 中国第一历史档案馆编:《雍正朝满文朱批奏折全译》,《闽浙总督满保等奏报福建地方田禾长势及被风潮折(雍正二年八月十九日)》,黄山书社1998年版,第905页。

② 中国第一历史档案馆编:《雍正朝满文朱批奏折全译》,《闽浙总督满保等奏报福建地方田禾长势及被风潮折(雍正二年八月十九日)》,黄山书社1998年版,第905页。

未灌入海水地之稻谷豆棉，亦被风倒伏，或遭虫灾，故而收成必减。再，对飞过之蝗虫，不敢怠慢，故仍严饬扑灭。其遭受水灾各地情事，今已严饬有司亲临逐村踏勘，但册报尚需时日。为崇明被灾之民，已拨解米石，谅已到达，理应赈济。此外，其它州县被灾之民，因无食用，臣即率领属员捐银，分拨给各该地，依照轻置缓急，先行救抚，以使不失生计。①

得知位于沿海的盐场亦被灾严重时，是年的闰四月就已谕旨："升两淮盐政右佥都御史谢赐履为都察院左副都御史，仍管盐务。"②同时"调浙江布政使王朝恩来京。以原任山东布政使佟吉图署理浙江布政使司布政使。"③谕旨虽下，但是因路程等之故，到任还需一段时间。而灾情紧急，所以雍正帝命已经到任的佟吉图："署理浙江巡抚印务，谢赐履未到之前，巡盐印务亦着佟吉图署理。"④在看完浙巡盐御史噶尔泰的奏报后，谕旨：

> 浙省正在有事之时，佟吉图办理尔部印务，力不能支，着石文焯驰驿速往浙省署理巡抚印务。石文焯到时，将被灾人民作何抚字，作何赈济之处，一面办理，一面奏闻，河南巡抚印务，着田文镜署理，该部速行。⑤

河南巡抚石文焯，曾经历任江西按察使、安徽布政使，在任职同时还兼属过福州将军、福建巡抚、河南巡抚等职务。可以说石文焯熟悉南北政务，在灾情告急的时刻，可以迅速掌握灾害全貌，并作出适宜的应急措施，是处

---

① 中国第一历史档案馆编：《雍正朝满文朱批奏折全译》，《两江总督查弼纳奏报江南沿海属县被海水灾情折（雍正二年八月二十日）》，黄山书社 1998 年版，第907 页。

② 《清世宗实录》卷 19，闰四月癸未条。

③ 《清世宗实录》卷 19，闰四月丁亥条。

④ 《雍正朝汉文谕旨（与内阁）》，雍正二年八月二十日条。

⑤ 《雍正朝汉文谕旨（与内阁）》，雍正二年八月二十日条。

理紧急灾害的不二人选。

八月二十四日，雍正帝综合江浙督抚们的奏报，对七月十八、十九日的风暴潮灾批示户部，责其迅速开展赈灾工作：

> 谕户部。前因江浙督抚等、折奏七月十八十九等日、骤雨大风，海潮泛溢，冲决堤岸。沿海州县，近海村庄，居民田庐，多被漂没，朕即密谕速行具本奏闻赈恤。但思被灾小民，望赈孔迫。若待奏请方行赈恤，致时日耽延，灾民不能即沾实惠，朕心深为悯恻。着该督抚委遣大员，踏勘被灾小民，即动仓库钱粮，速行赈济，务使灾黎不致失所。其应免钱粮田亩，即详细察明请蠲，凡海潮未至之村庄，不得混行滥冒。至于紧要堤岸冲决之处，务须速行修筑，无使咸水流入田亩。朕念切疴瘝，务令早沾实惠，该地方官各宜实心奉行，加意抚绥，俾凋瘵得苏，生全速遂，以副朕勤恤民隐至意。①

一直在北方内陆的清代帝王对于潮灾的认知多来自典籍记载，对于这次风暴潮灾害，雍正帝认为"海为众水所归无不容纳，今乃狂潮泛溢，水不循轨，或者海洋潜藏匪类亦未可定"。② 即海洋风暴潮灾是上天给的警示，暗示有影响清朝社会稳定的因素存在。所以，二十五日，

> 谕江浙两省督抚提，镇江浙两省沿海地方，于七月十八、十九两日皆被潮水漂没，居民庐舍虽经颁旨加意赈恤，然朕悯恻之念至今尚未能释，惟有朝夕警惕以答天意。但海为众水所归无不容纳，今乃狂潮泛溢，水不循轨，或者海洋潜藏匪类亦未可定。稽诸前事，往往有之。沿海各省督抚提镇，务须实心爱养小民，整理营伍俾闾阎各安其业，汛防有备无虞，毋令海洋别生事端，庶不负朕委任之意。③

---

① 《清世宗实录》卷23，八月甲午条。
② （清）胤禛《雍正上谕内阁》卷25，十月，清文渊阁四库全书本。
③ （清）胤禛《雍正上谕内阁》卷25，十月，清文渊阁四库全书本。

雍正帝的理由在现在看来虽很可笑,把海洋灾害与有盗匪为乱相联系起来,认为这次海洋风暴潮灾的到来是上天给的警示,有还未发现,已经蓄势待发的民间动乱会产生。但实际上,在大型的灾害过后,很多灾民得不到有效的救助,成为流民,很容易揭竿而起,成为地方社会的不安定因素,所以,雍正帝的这条谕旨实际上是对灾后社会动乱的提前预防,是极明智之举。

九月初四,江苏布政使鄂尔泰汇报沿海海堤民房冲毁情形,并奏请以工代赈,迅速修复堤坝:

今岁江苏地方,自夏涉秋雨旸时,若将谓可卜大有,不意于七月十八十九日两昼夜,飓风骤雨,海潮泛溢,江滨海澨之处同时被淹,冲决海塘,倒坏居民,居庐舍,甚至溺死男妇多人。臣惊闻震骇,随即转报督臣查弼纳署抚臣何天培俱已具题外,臣念圣主以诚达天以仁,育物宵旰忧勤,无日不以民生休戚为念,自御极以来,蠲免赦除屡下非常之诏,一旦见此滨海百姓忽遇奇灾,必恻然怜悯,恩赐抚赈第。现今坏庐舍,绝烟火,秋深霜露方始,而小民露暴乏食,不知所蔽,若待恩旨明降,尚需日时,万一少壮者流离转徙,老弱者填委沟壑,是不以圣主之心为心,而又何赖乎有司土之臣也。因夙夜焦思,不得不亟求拯救之策,除孤悬海外者被灾尤甚之,崇明一邑,已奉督臣急拨存留米一万石,署抚臣买米二千石,押运至本地散赈平粜,安抚兵民。臣一面详明督抚二臣,一面先动捐存银两,量受灾之大小,轻重各发三百两、五百两不等,令州县官亲诣核实无力贫民,按户散给,助其苫盖薪粟之资,免于暴露枵腹之惨,以待皇仁。今续据各灾属详报,已经俵分各散讫,又有各自捐资,并劝大户乐输,凡系屋庐倒塌者,现在修葺,爨烟不继者,得赖保全,莫不各理旧业,渐复安堵。臣用敢据情缮奏,以稍舒圣明南顾之忧。但目前虽获稍安,恐涓滴未能补救,一俟确勘情形细核分数,立即详明督抚题请赈赉,广沛洪恩。至于此外如苏属之吴江、长洲;松属之姜县、青浦;常属之武进;镇属之丹徒;淮属之山阳、赣榆、安东;扬属之通州、如皋等县,虽据报灾,臣细加访问,于秋成分数不无减什之二三,然犹不致大害。

现在委员会勘俟勘确另题，即间有微伤，臣等自当酌议慰安，可以无烦圣虑。盖江苏恶习，但遇灾祲，即不被灾处亦纷纷报灾，业主希图减课，佃户希图饶租，而包揽钱粮袷棍，复从中牟驾，以为缓征之计。若不分别查勘明白，晓谕一经题请，则钱粮输纳不前关系非细，不敢不慎也。更有陈者，松江府属之海塘，向系土堤，自遇飓风将华亭县所辖金山卫、柘林、青村、三泾一带土提漫口冲坍五十五处，计三千六百丈，七处估工料银二万九百余两。上海县所辖川沙、南汇二汛，冲溃护九百一十丈，据估工料银两，详请速发帑银修筑前来。臣念东南国课民生全赖海塘捍卫，前据士民公呈：请照浙江海宁塘工开损纳事例，建筑右塘为一劳永逸之计。自柘林、周公墩起，至西金山、东天妃宫止，计程四十里计长七千二百丈，每丈约需工料银一百两，共约计银七十二万两，工丈费多非开捐不能充济，曾经转请督抚正在酌议具题，而目前适逢溃坏，内外无阻咸潮直入，民情惊恐，石塘之訾缓不及恃，若不急为抢筑土堤，所虑秋潮大汐，倘有害生不测，不可不防。第所费浩繁司库钱粮，别无间款可撙，臣愚伏念，惟有权动正项地丁给发堵筑，并即以一带被灾之民召募充役，日给工食银五分，则不特自食无虞，兼可分赡家口，指日赈恤下颁，又逢内地收获，便可接济，则一举而塘工民□可以两全。臣再亲履其地，确查丈尺，细核工料，不使冒销用过钱粮，徐议归补寔缘地方缓急之时，不得不设此权宜变通之计，是否可行，统俟督抚两臣题请，至建筑石塘，原期永固，然此土提为石塘外卫仍不可少，若因有改建石塘之议，而谓土堤可以不筑无论内地。现在可危即将来石塘告竣，而无土提捍御，或值狂澜弥漫，则无以截水势以安民居，此土堤之亟宜抢筑，非止为暂时补救计也，是诚所系非轻，故敢备细直陈。①

鄂尔泰的详细奏稿令雍正帝十分满意同时也对其提出的救灾赈济紧急预案深表赞同。

九月十八日，沿海灾民已经获得了中央朝廷发派的赈济钱粮，就赈灾的

① （清）鄂尔泰：《鄂尔泰奏稿》，清钞本。

情况,两江总督查弼纳上奏雍正帝:

> 对于此事,皇上如此开释训诲,使臣茅塞顿开,务必谨记遵行,臣不敢少忽,即行奏请赈济。(朱批:朕已详尽降旨。)待部文到达,尚斋时日,故臣捐输数千两银,分送州县,以给与无衣无食之民,权且抚慰之。崇明各村居民,十有七八受损失,(朱批:知道了。)其余者今亦以安宁。①

九月二十一日,雍正帝继续督促浙江总督巡抚等的灾后赈济与恢复工作。

> 今岁七月中,飓风大作,海潮泛溢,江南浙江沿海州县卫所,堤岸多被冲塌,居民田庐漂没,朕轸念深切,已降谕上□日,令江浙地方官亟行赈济抚绥,毋使灾黎失所。今被冲海塘,若不及时修筑,恐咸水灌入内河,有碍耕种,尔督抚等,着即查明各处损坏塘工,料估价值,动正项钱粮,作速兴工。至沿海失业居民,度日艰难,借此佣役,俾日得工价,以资糊口,是拯救穷民之法、即寓其中矣。将此再行饬谕,务期实心遵上□日速行。②

并于次日谕令湖广、江西、河南、山东、安徽督抚等调拨银两协助苏浙督抚赈济沿海被灾居民。“今岁各省秋成大有,惟浙江江南沿海地方,七月十八九等日,海潮泛溢,近海田禾,不无损坏,朕轸矜灾黎,惟恐失所,业经严饬各省督抚,发仓赈济。但苏松杭嘉等府,人稠地狭,产米无多,虽丰年亦仰给于湖广江西,及就近邻省,今沿海被灾,恐将来米价腾贵,小民艰食,湖广江西,地居上流,河南、山东二省,接壤江南,今岁俱各丰收,安徽宁太等府属,

---

① 中国第一历史档案馆编:《雍正朝满文朱批奏折全译》,《两江总督查弼纳奏报赈济沿海灾民严审方士修庙等事折(雍正二年九月十八日)》,黄山书社1998年版,第935页。

② 《清世宗实录》卷24,九月辛酉条。

亦俱收成丰稔。着动湖广藩库银买米十万石,江西藩库银买米六万石,运交浙江巡抚平粜,动河南藩库银买米四万石,山东藩库银买米六万石,安庆藩库银买米五万石,运交苏州巡抚平粜,俱着速即办理,委员运送,毋得怠缓迟误。"①仅这一年的官方平粜就有三十一万石之多。在《清通典》中记载了这年平粜之事:"二年以江浙海潮泛溢,发湖广江西帑金,买米十六万石运至江浙平粜;河南买米四万石,山东买米六万石,安徽买米五万石,运至苏州平粜。"②至雍正二年之前,清代虽然有提议建立地方社仓,但因当时的社会政治、经济状况所限,收效不大,直到康熙末年社仓之法在直隶试点成功后开始推行全国,不过仍然达不到预期效果。雍正二年这次大型风暴潮灾的到来,令雍正帝看到了地方社仓建立的紧迫性,于是"是年议定社仓事例,谕社仓之设,原以备荒歉不时之需,奉行之道宜缓不宜急,劝谕百姓听其自为,不当以官法绳之也。是在有司善为倡导于前,留心稽核于后,使地方有社仓之益而无社仓之害,督抚当加意体察,寻议定地方官劝输米石,暂于公所寺院收存,俟息米既多,建厫收贮。所捐之数立册登明,若有捐至十石、三十石、五十石以上者,给以花红匾额,递加奖励,如年久不倦捐至三四百石者,给以八品顶戴。"③在此之后,民间有识之士也渐渐体会到建立社仓的必要性,社仓制度逐渐确立。

十月二十一日,从两淮巡盐御史噶尔泰沿海盐区奏报中雍正帝得知:"七月内,海潮冲决范堤,沿海二十九场,溺死灶丁男妇四万九千余名口,盐地草荡,尽被漂没。"雍正帝悯灾区灶民之痛苦:"着即动盐课银三万两,委员分路赈恤,务使得所,不必该御史捐补,其未完折价钱粮四万余两,悉行蠲免,毋得仍称带征名色,致累见在穷丁,该部遵上□日速行。至淮商运行盐斤,恐灶丁一时未能煎办,应作何接济民食,该部作速确议具奏。寻议。淮属盐斤缺乏,请令该御史将癸卯纲未掣之引与壬寅未完之引酌量掣给,除食盐易销之地照额给运外,其食盐难销地方,计其本年未能即销之数,暂且扣

① 《清世宗实录》卷24,九月壬戌条。
② (清)官修《清通典》卷13,《食货》,清文渊阁四库全书本。
③ (清)官修《清通典》卷13,《食货》,清文渊阁四库全书本。

存，留备明岁不敷之用。其甲辰纲补办额引，请分于乙巳丙午两年置办。"①

十一月，户部议覆："署理江苏巡抚何天培疏言：苏、松、镇、淮、扬、五府属太仓、吴江等十四州县，风潮淹损田禾，请将本年漕粮缓征一半。海州、被灾尤甚，全请缓征。他府不成灾者，并请红白兼收，籼粳并纳，俱应如所请，从之。"②

据前江苏布政使鄂尔泰所奏，以及《海盐县续图经》所记载，这次风暴潮灾，仅海盐县就"沿塘溃决八十三处，大坍成腾等号石塘一百五十丈，小坍天地等号石塘一千四百三十八丈五尺。附石土塘坍陷一千五百四十五丈五尺，二十日署县先将决口计长八百四十三丈一尺抢堵，工费银九百七十五两六钱零，皆盐邑绅士同署县捐给。又查勘通塘形势，演武场天字号石塘以北向因潮势稍缓有自然土埂一条，名太平塘，绵亘海□内，有淤沙拥护埂，内又有官土塘堤一条，直接平湖县界，迩年被潮将土埂淤沙刷尽，赖官土塘堤为之屏障，奈历久低塌，遇大汛辄漫塘面，且堤内旧有白洋河淤塞浅，窄无从分泄，署县详请自刘王庙至白马庙，在白洋河旧河身取土，将官土塘堤加高三四五六尺，帮宽一丈二三四尺不等，计长二千八百五十丈。又嘉兴知府江承玠捐挑白洋河自石屑圩，至白马庙宽一丈二三尺，深五六七八尺不等。连白马庙浮图墩石，屑圩三泾口共长二千七百九十三丈，又石屑圩南至陡门南石堰止，挑浚白洋河一段长二百五十七丈"。③

为防止下次海潮灾害的来临，修复海堤的工作必须加紧进行，于是雍正帝十二月初四，又再次谕吏部尚书朱轼：

> 浙江沿海塘工，最为紧要。署抚石文焯，前经奏称应用石工，后又奏称不必用石，全无定见，诚恐贻误塘工，朕已谕令法海、佟吉图、作速详议具奏矣。但恐法海等，初任，不谙地方情形，尔曾为浙江巡抚，必深悉事宜，着驰驿前往浙江，作何修筑之处，会同法海、佟吉图，详查定议，

① 《清世宗实录》卷25，十月庚寅条。
② 《清世宗实录》卷26，十一月乙丑条。
③ （清）《两浙海塘通志》卷4，清乾隆刻本。

交与法海等修筑,朕思海塘,关系民生,务要工程坚固,一劳永逸,不可吝惜钱粮,江南海塘,亦为紧要,俟浙江议定,即至苏州,会同何天培、鄂尔泰,将查勘苏松塘工,如何修筑之处,亦定议具奏。①

直到雍正三年(1725),江南受灾区的经济还是没有完全复苏,不得不蠲免该地的受灾年的赋课。雍正三年(1725)二月六日,"免江南吴江等四县,雍正二年分水灾额赋有差"。② 盐乃关系民生的内容之一,灾后沿海盐场亦受灾最重,不但有灶民人口损失,而且盐商的折损亦多,为平抑盐价,雍正帝又谕旨地方官员妥善处理地方盐价:"盐价之贵贱亦如米价之消长,岁歉则成本自重,价亦随之。岁丰则成本自轻,不待禁而自减。朕意若随时销售以便商民均属有益,钦此,遵旨议准两淮南北行盐,除积存廪盐系从前煎办之额,仍照平价运销外,其自雍正二年海潮淹没以后,商本自必倍增,令两淮巡盐御史将淮南湖广□处行盐,以本年成本之轻重,合远近脚费酌量时价移会该地方官,谕令商民公平卖买,随时销售不得禁定盐价以亏商,亦不得高抬时价以病民,务令商民两有裨益,仍令各地方所卖盐价数目分晰报部。"③

雍正二年(1724)的长江下游三角洲地区的大型风暴潮灾到来后,从各地总督大员的奏报来看,出于各种目的,有瞒报、迟报等现象出现。七月十七、十八日灾害发生,直到二十五日,才由两江总督查弼纳奏报,此时也仅是苏松二府,其余各地的灾情,还未有汇报。八月初,除沿海松江府内府县有奏报外,沿江地区也受到风暴潮灾的侵袭,也向两江总督查弼纳汇报,只不过内容中瞒报现象严重,以至于令雍正帝做出"不成灾"的判断。随着后来上报的地区及被灾人口数量的增加,雍正帝意识到此次灾害的严重性,特颁诏书以天人感应之理来表达其恻民怜农之心。看到雍正帝的重视,之前一直想靠瞒报拖延来逃脱责任的闽浙总督觉罗满保也开始意识到瞒报的严重性,于是慌忙找借口为自己脱罪,并迅速在一天之内上报两份灾情汇报。雍

---

① 《清世宗实录》卷27,十二月癸酉条。
② 《清世宗实录》卷29,三年二月甲戌条。
③ (清)官修《大清会典则例》卷45,《户部》,清文渊阁四库全书本。

正帝对此很是生气,但念其知错,责其迅速处理闽浙地方灾情赈济。这次风暴潮灾发生后,雍正帝也借此机会,确立社仓制度,加强沿海地方的戒备。不过这些仅是上级总督大员对灾情和赈灾、灾区重建工作的汇报,具体到地方的赈灾措施又是如何呢? 因资料所限,笔者没找到雍正二年(1724)地方官员的详细赈灾措施,不过,找到了乾隆十二年(1747)江浙沿海风暴潮灾后,地方官员拟定的详细赈灾措施。下面我们就以这次风暴潮发生后,该地区地方官员的措施来试着探讨一下地方官员的应对。

乾隆十二年(1747)七月十四、十五日,"海宁潮溢;镇海海潮大作,冲圮城垣;苏州飓风海溢,常熟昭文大水,淹没田禾四千四百八十余顷,坏庐舍二万二千四百九十余间,溺死男女五十余人;昆山海溢,伤人无算;泰州大风海溢,淹盐城,伤人甚多"。①

乾隆帝于八月初六日谕江苏巡抚安宁:"苏松等属之崇明、宝山、上海、镇洋、常熟、昭文、南汇、江阴、各县,沿海沿江等处,于七月十四日夜,飓风陡作,大雨倾注,海潮泛溢,田禾被淹,人民房屋,亦有漂没冲坍。而崇明、宝山为最重,上海、镇洋似觉亦重。现在分别查办,其沿海未经报到之处,查明续奏等语。该处民人,卒被风潮,非寻常水灾可比,朕心深为悯恻,着该督抚等加意抚绥,实力查办。至绿旗兵丁,因有粮饷,例不抚恤,但是日风潮,昏夜骤至,兵丁庐舍人口,同被灾伤,殊可轸念,着加恩一体查恤,俾被灾兵民,均沾实惠。"②

乾隆十二年(1747)八月初八日咨饬议事。乾隆十二年(1747)七月二十日,被灾地方官员把拟好的被灾情形上报给上级藩司,确定此次七月十四、十五日的风暴潮灾"成灾":"奉署抚都院安,照得苏松太属沿海州县,本月十四、五日风潮为灾,业经檄饬委员查勘抚恤在案,查被灾赈恤,向由该司议详条规,通行遵办,以免参差歧误。今苏松等处潮灾,系偶有之事,非比淮北地方水灾常有之州县办理熟谙,自应明定章程,俾得遵循无误。合亟饬行,仰司即将勘灾查赈一切应行事宜,详查往例,即日酌议

---

① (民国)赵尔巽:《清史稿》卷4,《志》第一五,《灾异》五,民国十七年清史馆本。
② 《清高祖实录》卷296,乾隆十二年八月甲子条。

规条,具详核夺饬遵,毋得刻迟。切速等因到司。奉此,该本使司王查得苏、松、常、镇、扬、太、通等同沿江、沿海州县,本月十四、五日风潮为灾,据各该县先后通报,节经檄饬印委各员查勘抚恤。"①并随同灾情一起上报了所拟的勘灾查赈事宜。

所有勘灾查赈一切应行事宜,遵奉抚宪檄行,酌拟条规,开列于左,伏候宪台鉴核批示,以便移行遵照除详云云。

○此番潮灾,昼夜淬发,民多荡析离居,逃奔高处。抚恤之时,难居原住地方。自应各就灾民现在栖息之处,随地给抚。仍讯明原住村庄注册,俟水退归庄后,仍按原庄给赈。倘有漂流邻境者,亦即照此查办,仍彼此关会明白,以便安插按赈,毋致两地重支。至查勘被灾田地,应按实在潮水淹没,收成无望,或系风狂刮损,分数大歉者,据实勘报。其余略被水淹风刮,所损无多者,不得混冒。

○被潮冲漫村庄民人,皆系被灾之户,如本无产业,素系赤贫,一旦遭此惨患,栖身无所。即向系有田有屋,今遭水没,庐舍倾倒,什物漂流,现在露处,此等灾民,均系极贫,应行抚恤,给予一月口粮。照例每大口给米一斗五升,小口七升五合,或大口折给银一钱五分,小口七分五厘。

○淹毙人口,应上紧捞获,或用棺木,或用芦席殓埋。查雍正十年风潮案内,捞埋掩毙人口,或系印官捐给,或出绅士乐输,或动无碍闲款。续于乾隆五年山阳、宿迁二县风灾案内,奉前抚宪张奏明动项办理。又于乾隆七年淮扬等属被水案内,议详大口给棺木银八钱,小口给棺木银四钱等因。各在案。今被潮各属,淹毙人口众多,所需各费浩繁,不能多备棺木,应令分别节省查办。如有属领埋,实系无力者,照七年例,给棺木银两。若无属漂流浮尸,即备芦席包裹掩埋。亦准动项置备,事竣据实报销。如有印官、绅士好善捐输,备买棺木、芦席,并捞埋

---

① (清)佚名:《赈案示稿》(节选),载《中国荒政全书》第二辑第二卷,北京古籍出版社。

公费者,按其所捐多寡,照例具详,分别嘉奖。

〇各营兵丁,如果实在被潮冲淹,或伤及人口,或庐室荡然,非抚不能存活者,应饬各营员据实查明,移会州县办理。该州县即委各官,务必秉公覆查,不得将同营同汛未经冲没兵丁一概混入,致滋冒滥。查此条已奉抚宪、宪台饬行查办,□并附入条规,理合登明。

〇被灾贫生,向止给赈,例不抚恤。又手艺等人,向不抚恤,并不给赈。今潮灾非比寻常,无论贫富,已经家室全无,即有手艺,一时无处觅食,应将被潮村庄内查其实在露处乏食穷苦不论[能]自存者,毋论生监手艺等人,概行先为抚恤。

〇猝被潮灾,或有逃避高处,周围皆水,无船济渡,不能赴领赈粮,残喘待哺者,应照乾隆七年甘泉县被水动支米谷钱文并买备饼面准销之案,立即动项买备,委员分路前住散给救济。此系专指初行查办而言,如潮水已退之后,可以不必再照此办。

〇猝被潮冲坍倒房屋,除有力外,应无分极、次贫,每瓦房一间,给银七钱五分;草房一间,给银四钱五分。如有坍倒楼房,亦应照瓦房之例动给,毋庸加增。如住居村庄潮水未涸,逃避高阜者,应照乾隆七年被灾办赈需用杂费案内,前抚宪陈奏准之例,官为动项搭盖棚厂,听其栖息,应于司库公项银内分别动支济应,统俟事竣据实造册报销。倘有住棚贫民,原居水退,房屋已坍,无从栖止者,即应给予坍房修费。但按间给银,房屋多被潮水淌去,基址难以查考,恐有刁民多开间数,亦未可定,似应按照人口多寡,酌量给发。除一、二口者仍照例给予一间修费外,凡人口多者,约略三口给予一间修费,以次递加,俾得宁居。营兵卫军俱照民例一体查给。灶户坍房,应令地方官会同场员查明造册,详报盐政衙门,毋致舛混。

〇风潮之后,边海地方商贩一时阻隔,米少价昂,应饬开仓减价平粜,其价府照往例,大为酌减。州县米粮时价每石价在一两三钱以外者,量减一钱。在一两六钱以外者,量减三钱。在一两八钱以外者,量减五钱。如在二两以外者,量减七钱。分设厂所,先将本邑常平仓谷照例减粜,以济民食。仍候筹拨邻近不被水州县仓谷,运赴接济。所需运粜并起运,接运一切米谷水脚,均照定例支给,事竣造册报销。并劝谕本地绅士富户,如有多余米粮,减价粜济,按其减价粜数之多寡,详报嘉奖。

○委员每日查大小饥口,当晚即查结一总。所查之处完竣,即给一大总,将册缴县。一面将查过某村庄极次大小饥口各若干,开具简明折片,径自禀申院司道府州查考。州县将委员所查汇总,亦开具简明折片,集中各衙门备核。俱不用花名细数。

○赈济月份,定例按田地成灾分数,分别散给。如被灾六分者,极贫加赈一个月。被灾七分者,极贫加赈两个月,次贫加赈一个月。被灾九分者,极贫加赈三个月,次贫加赈两个月。被灾十分者,极贫加赈四个月,次贫加赈三个月。今田地被灾,庐舍犹存,人口无恙者,除极贫照例抚恤一月,其余应俟勘明成灾分数,再定起赈月份办理外,若田庐俱已无存,搭棚露处乏食之民,非赈不能存活者,前给一月口粮不敷接济,即于正赐数内再给一月赈粮。此等搭棚露处之户,赈粮应概经本色,或近内地市集商贩流通可以籴食者,今州县酌量情形,详明本折兼赈。

○沿海地方,煎盐场灶为多,课银丁籍,皆隶盐政衙门经管,或淮或浙,各自设有专员。今猝被潮冲,应责成该管场员,合同地方官稽查,如有猝被水冲露处乏食贫灶,应令该地方官照民例一体先给抚恤一月口粮,一面造册报明盐政衙门,听候接续给赈,不得歧视,致使流离失所。

○坐落州县之卫所灾军,照民例一体查办。

○勘灾查限员役盘费饭食,除现任州县养廉丰裕无须议给,并跟随书役轿夫人等饭食即于养廉内自行捐给外,如试用候补府州县正印官原无养廉者,每日给银三钱。候补并现任同知通判,每日给银二钱。现任教职及现任并候补佐杂微员,按日给银一钱。如遇乘船之日,应将原议日给盘费银三钱者加给船价一钱,原议日给盘费银二钱者加给船价一钱五分,原议日给盘费一钱者加给船价二钱。其现任同知通判,准带书办二名、差役四名、轿夫四名,候补府州县及远倅亦如之。现任教职佐杂,准带书办一名、差役二名、轿夫三名,候补佐杂官亦如之。每名每日俱给饭食银五分。营卫备弁亦照佐杂日给盘费,如遇乘船之日,一体加给船价。并跟随书役定效,一例准给饭食。统俟到县协办日起,支至事竣日止,俱由州县核实给发。其给单造册纸张工费,给单每千户给银二钱,造册每页给银二厘,亦令在县动办,分别造册报销,于司库耗羡银内拨还归款。查此条已奉抚宪、宪台饬行办理,今并附入条规,理合登明。

〇晓谕灾民,安居待赈。间有未查之先外出者,饬行各属,照例给以口粮,资送回籍安置。其老弱妇女病[疾]病之人,酌为留养。如有亲朋可依佣趁为活者,不得一概强行递回。

〇沿海土石塘坝各工,如遇异常潮汐冲击坍损,并非人力可施者,例应该官道员亲勘确估,取册移司核明详宪保题,动支司库正项钱粮修筑。今查本年七月十四、五日风潮案内,冲坍华宝等县土石塘坝等工甚多,业经飞移苏巡道勘明实在情形,将顶冲最险之处,先行估计抢修,以防秋汛。一面移司详办,其余可缓各工,应俟陆续勘明,取造估册,移司详宪复核具题兴筑。又一切城垣、仓库、衙署、墩房、要路、桥梁等项,如有坍坏者,俟勘灾一定,再行确勘,估计次第,照例办理。

〇各营军械马匹,间有冲失,均关紧要。应令各营查明,先行详题动项置补。

〇放赈及平粜米厂,务于各乡镇宽畅处所,多分几厂,使领赈买米之民,不致聚集拥挤,致滋事端。并严加约束在厂书役,不得需索扣克。倘有违犯,立即严处。

〇运粜运赈米石,务须零星运送,陆续接济。多派壮役,并移明当地营汛,拨兵沿途防护,毋致疏虞。

〇放给抚恤银米,务将某某村庄在于某处厂内于何月日给放,先行晓谕明白,庶使饥民不致往返守候。

〇奸民闹赈闹灾,以及抢夺什物等事,年来常有。务须严行晓示利害,使各安分受赈。如有违横,即严拿为首之人,重惩以儆其余。

〇各属办理抚恤,或因未经接到规条之前,先经酌量给过银米,数目未符者,应将少给者即行找给,多给者即于续给赈米或在应给坍房修费银内抵算。①

---

① （清）佚名:《赈案示稿》（节选）,《中国荒政全书》第二辑第二卷。

　　沿海的风暴潮灾虽然多发生于夏秋季节,但比起其他的灾害,更具有突发性、破坏性。所以对于潮灾的官方救助,除了上面所讲的过程外,针对水患灾害,清代皇帝也准其先行救助或与报灾同时进行。乾隆二年(1737)题准"地方倘遇水灾骤至,督抚闻报一面题报,一面委官量拨存公银,会同地方官确察被灾之家,果系房屋冲塌无力修整,并房屋虽存实系饥寒切身者,均酌量振[赈]□安顿。如遇水雹、飓风等灾,其间果有极贫之民,亦准其一例振[赈]□"。① 乾隆五年,又定"江海河湖居民。猝被水灾。该地方官一面通报各该管上司。一面赴被灾处所。验看明确。照例酌量赈济。不得濡迟时日"。② 即地方官员有依照灾情缓急酌情动用粮仓库项,先行散赈。此时应急不容缓。所以上面各条勘灾查赈条规,除了一般性勘查、救援、籴粜、糜粥、防范与善后过程外,增加了专门针对潮灾的灵活应变措施。如在猝被潮灾时,民众为避潮水,躲逃到高处,没有舟船,周围全是茫茫海水,即使官方有粥赈,这些民众也无法去领食,虽未被水冲走,但因饥渴而亡的情况也可能发生。所以此时需启动立即预案:"应照乾隆七年甘泉县被水动支米谷钱文并买备饼面准销之案,立即动项买备,委员分路前往散给救济。此系专指初行查办而言,如潮水已退之后,可以不必再照此办。"③并且还考虑到了一般平民、灶民与兵丁的各种不同情况区别赈济,避免重复赈济。如针对被灾灶民的救济:"沿海地方,煎盐场灶为多,课银丁籍,皆隶盐政衙门经管,或淮或浙,各自设有专员。今猝被潮冲,应责成该管场员,合同地方官稽查,如有猝被水冲露处乏食贫灶,应令该地方官照民例一体先给抚恤一月口粮,一面造册报明盐政衙门,听候接续给赈,不得歧视,致使流离失所。"对被灾兵丁的救济,"坐落州县之卫所灾军,照民例一体查办"。"各营兵丁,如果实在被潮冲淹,或伤及人口,或庐室荡然,非抚不能存活者,应饬各营员据实查明,移会州县办理。该州县即委各官,务必秉公覆查,不得将同营同汛未经冲没兵丁一概混入,致滋冒滥。"另外,还有为百姓着想的人性化措施,如"放给抚恤银米,务将某某村庄在于

<hr>

① (清)官修《大清会典则例》卷54,《户部》清文渊阁四库全书本。
② (清)官修《大清会典事例》卷754,《刑部》,清文渊阁四库全书本。
③ (清)佚名:《赈案示稿》(节选),载《中国荒政全书》第二辑第二卷。

某处厂内于何月日给放，先行晓谕明白，庶使饥民不致往返守候。"前面提过，被灾贫生与手艺人等，不属于抚恤给赈的对象。但是，在猝发的潮灾面前，地方官员灵活应变，不拘泥于传统条例："无论贫富，已经家室全无，即有手艺，一时无处觅食，应将被潮村庄内查其实在露处乏食穷苦不论[能]自存者，毋论生监手艺等人，概行先为抚恤。"

乾隆十二年（1747）八月十三日，总督回复批示，对其中不妥之处加以修改：

> 苏、松、常、镇、太等属沿江沿海州县，本年七月十四、五等日风潮为灾，所有勘灾查赈一切应行事宜，酌拟条规，详候批示等缘由。奉批：查坍房给费一条，据议房屋淌去，基址难以查考者，按照人口多寡，酌给修费，固属权宜办理，但基址□无查考，则瓦草房间亦无从办别，自应俱照草房给费，庶各属有所遵循。其现在有数可稽者，仍应分别瓦草，按间给资修葺。平粜仓谷一条，虽为接济民食起见，但沿海州县俱被灾祲，一切抚赈，正需米粮，若各处俱令减粜，转恐正项不敷。只应于潮灾最重、缺乏米粮之处，酌量行之。如商贩已通，即应停止。至搭篷露处之户，据议概给本色，亦属轸恤灾黎。查潮灾最重之崇邑，僻处海外，系素不产米之区，将来自应酌给本色，需米已多。其余各处商贩均属流通，若概给本色，焉得如许米粮？应酌量本折兼放，如有米可买之处，竟行折给银两。再各营兵丁已一体抚恤，将来正赈案内，其家口亦应一体给赈。惟不被水之处，不得混行冒滥。其余所议各条，俱已妥协，如详飞速移行各地方官并各营遵照。淮、海二府州属，亦有海潮冲没之处，应一并移行照办。其从前被水各处，并非潮灾者，仍饬照案另办，不得牵混可也。并候抚都院批示。①

从上面的回复可以看到该总督的实际灾害的处理能力还是很强的，而

---

① （清）佚名：《赈案示稿》（节选），载《中国荒政全书》第二辑第二卷。

且还可以结合实际情况,对不同的地方采取不同的赈灾措施,如遭灾严重的崇明岛,与大陆有海相隔,交通不便,而且该地区原本就非产粮地,所以对该地区的赈济应银、粮并赈。其他被灾各邑如果有商贩流通米粮,则仅赈银即可。这样才能更好地起到赈济的功效,受益的灾民也多。

由上可知,官方对于风暴潮灾的紧急应对,已经形成一套完整的制度,不过各地官员的腐败之例也有很多,一些地方官员以修海防潮为名,大肆摊派,勒索民众,中饱私囊之事亦不胜枚举。如在清人姚廷遴的日记—《历年记》中就记录了康熙三十五年(1696)六月初一的风暴潮灾后,上海县地方官不顾人们死活,瞒报灾情,即使被告,也是官官相护,不了了之的真实场景。

"六月初一大风潮,大雨竟日,河中皆满,至夜更大。宝山至九团,南北二十七里,东海岸起至高行,东西约数里,半夜时水涌丈余,淹死万人,牛羊鸡犬倍之,房屋树木俱倒,风狂浪人,村宅林木什物家伙,顷刻漂没,尸浮水面者,压在土中者,不可胜数,惨极,惨极!更有水浮棺木,每日随潮而来,高昌渡日过百具,四五日而止。川沙营有文书来,报称异常水灾,沿海飘没房屋,淹死人畜,不可胜数。"如此之大的风暴潮灾,川沙、高昌都已经通知,勘灾定为大灾,而上海县的陈知县却云:"不过风雨罢了。"读到此处,不禁令人气愤至极。不过这确实是真实的记录,并不是每个地方官员都以民生为重的。到了六月初五日,飓风停,至二十三日,这位陈知县不紧急组织救灾甚至还"一日发签四百枝,俱要着甲首保家追比三十四年白银,限三、六、九日严比"。受灾百姓连生命都不一定能维持了,陈知县却还忙着限时催缴去年的赋课。不过"幸太守到县,百姓赴禀,因而停止"。但是,"概县区图共算,凡出签钱每区三千,则又花费民间几千金矣"。太守同知县载钱五百千,前去沿海赈济归来,方知此次潮水之利害。其他邻县灾情更重,"太仓崇明水灾更甚,嘉定次之。崇明撼去二沙,沙上人家数万、房屋飞树木,皆无影响。自风潮后,东土人家方插秧,大小河港皆通,水皆咸,因护塘上进来水也。自后天色常阴,日日有小雨,直至七月半方好,田中件件茂盛,芝麻更多措脱者,草亦盛。"

六月二十一日,陈知县知周围各县均遭风暴潮灾害已无法隐瞒,于是只得前往苏州汇报灾情,但为推卸责任,"只称大雨潮涨淹死廿人"。上海县真正死亡人数何止二十人? 川沙营的官员看不过去,报上司云:"风狂雨大,横潮汹涌,平地水泛,以演武场旗杆木水痕量之,水没一丈二尺,淹死人畜不可数计。"这位在苏州的"上司"于是"特委太守到上海查看,死者数万"。表面上看似这位上司很公正,派人去核实,但实际上是该上司派太守"特去周全",事后作者闻陈知县"大费周折,馈送多金,始弥缝过去"。

七月二十三日,又一次大型风潮侵袭上海县,"水涨如上年九月十二日,平地水深三尺,花豆俱坏,稻减分数,秀者皆揿倒,房屋坍者甚多。同泾上之大树数百年物矣,五人合抱之身,亩许盘结之根,一旦拔起。闸港有跃龙禅院,东边之银杏一株,亦数百年之物,其大约四五人合抱,根盘正殿之下,一旦均被拔起,则廿年内未尝见者也"。面对如此之大的大风大雨,府中张提督、太守等官俱惊惶,张提督还"三步一拜,拜至西湖道院,祈求玉帝,命道士诵经设醮,至风息而止"。可是独独这位上海陈知县"不以为意,风乍息即要比较"。①

七月二十五、二十六日,被灾饥民万人,挤拥于县堂,要求官府开仓赈济,喧噪竟日。但是陈知县俱不为之所动,至二十六日灾民拥聚喧闹更甚,陈知县才不得已"只得在城隍庙每人发米一升"。

次日清早,"太守火烧鸡毛文书到,传知县去,知县只是要比较,不肯去。又有府差到,立刻要动身。知县无奈,挨至初三日往府,进见太守。太守传各厅到齐,将陈知县挥咤一番,限停比一月"。此时有到松府递荒呈者灾民百人,在太守堂上,面同各厅控诉上海陈县的贪酷异常,又去张提督府控察。张提督很快安抚灾民:"我即日上告矣,你百姓且回。"这时恰好陈知县在拜见完太守后亦来谒见提督,灾民见其恨其入骨,将其拦在"辕门大骂,将臭河泥抛甩满身而归",可这位陈知县竟依旧神态自若,"此番大无体

_____

① 官府征收钱粮、缉拿人犯等,立有期限,至期不能完成,须受责罚,然后再限日完成,称作"比较"。

面,亦不以为羞辱"。

及至九月初三起限,严酷非凡。忽有九团等处难民数百,来要常平仓每年积贮米谷赈济,日日挤拥县堂吵闹。陈知县无奈,只得将存仓米二千石,每人一升,贫甚者将去,稍可者不屑受,悻悻而去。

九月二十六日,新提督到任,非但没带来赈济慰民之策,反而"带来家丁、内司等,约有千余,每日支用白米、柴炭、油、烛、鱼、肉、鸡、鹅、牛、羊、果品、酒、面之类,件件要贱买,且当场取货,后日领价,百姓受累之极"。继续压榨受灾百姓。该地百姓还未从六、七月的风暴潮灾害中恢复过来,又要接受新官的剥削,百姓苦极。直至一月之后,张提督师母,大学士沈绎堂夫人,在张提督前来问安时,向其提及此事,述民之苦。所幸的是这位张提督较为明理,于是"将买办兵丁捆打,插箭游城,自后俱发现银平买,各营不许放马出城,民命稍苏"。

但是潮水带来的灾害不仅仅灾害发生时,灾后卤水倒灌,土地荒甚。不管是小家还是大户"无不亏空,捉襟露肘,烦难异常"。而这位上海陈知县非但不体恤民情,反而"贪酷并行,征漕用大斛",上海县百姓更加难以生存。

十二月初四日作者出邑,为收拾谈公瑛官司,一路上看到"有人将陈知县劣迹贴到苏州、松江,府城、省城遍地俱有",而府厅官却不以为意,张提督所承诺的"即日上告",也不了了之。灾民百姓唯有贴诗讥讽,以解愤怒之情:"封封拆欠,斛斛淋尖。官官相护,说也徒然。"①上级官员知己理亏,亦置不问。②

再好的赈灾措施与赈济制度,如果没有遇到以民生为己任的官员的话,一切也如一纸空文,灾后百姓的的生活只有更加愁苦。正如清人张海珊在《甲子救荒私议》所云:"古云救荒无奇策,愚认为不在奇策也,在上之人身体斯民之疾苦,用实心行实事而已。"③

① "拆欠",指将历年所欠钱粮催交上来后,不照常规原封收存,私拆后入其囊中。"淋尖",原为收粮吏胥刻剥的惯用伎俩,上交稻谷必须高出斛平面,然后用板一拖,拖出的稻谷,积少成多,数量不菲。

② (清)姚廷遴:《历年记》下,《清代日记汇抄》之二,上海人民出版社1982年版。

③ (清)贺长龄:《清经世文编》卷43,《户政》十八,中华书局1992年版。

第三节　海难救助

海难，即"船舶在航海或停泊中，船只、船员、乘客及船货遭到灾害及损失等事故。而此一灾害又包括天候、海象、触礁、搁浅等自然灾害，和兵灾、海盗、火灾或被他国扣留等人为灾害。"[①]本书仅就风暴潮灾与海冰、海雾等自然灾害性气候的原因而致的海难进行研究讨论。

一、抚恤外国遭难船只

16、17世纪以后，随着各国的海上活动的频繁，海难的记录大量增加，中国漂流到朝鲜半岛、日本列岛、琉球群岛的被难船只与周围各国被灾漂到中国沿海的难船记载相当多。据刘序枫在其《清代档案中的海难史料目录（涉外篇）》中统计，涉外海船海中遭难的涉及的琉球、朝鲜、日本、东南亚、西洋与其他地域中，琉球1418件，西洋473件，朝鲜452件，东南亚412件，日本150件，其他23件。[②] 此中虽然包含了自然灾害与人为灾害的致难原因，但是我们仍可窥出其中海难数量之多。由于海上天气复杂多变，各类船舶的抗风能力又不尽相同，遇到飓风等恶劣天气时难免发生船毁人亡的海难事件。少数船只和船员如能逃过劫难，随风漂泊靠岸，被人救起，即幸得生还。康熙二十二年（1683）清收复台湾后，解除海禁，海外贸易活动开始频繁。

（一）外国船只漂至中国沿海处理情形

自古以来中国同周边各国海上来往频繁，康熙二十三年（1683）开海禁后，外国朝贡船只与民船到中国的数量也随之增加。遭风遇难的洋船管理，外国难民在经过中国沿海官员详细严格的盘查后，如是正常遇难，那么这些外国船只遭风漂至沿海后就会得到官方优厚的赈恤，在清代官修的《大清

[①] 刘序枫编：《清代档案中的海难史料目录（涉外篇）》，台北"中央研究院"人文社会科学研究中心，"前言"。

[②] 刘序枫编：《清代档案中的海难史料目录（涉外篇）》，台北"中央研究院"人文社会科学研究中心，"前言"。

会典例则》中就有很多这样的事例：

> 康熙三十九年十月，福建浙江总督郭世隆疏奏，红毛国英圭黎，被风飘至夹板船一只。据船户甲必单角等，商人罕实答等供，系伊国护商哨船。请将甲必单角，遣回本国。得上□日，英圭黎船只，遭风飘来，甚为可悯。着该地方官，善加抚恤。酌量捐资，给足衣食，即乘时发还，以副朕柔远之意。①

> （康熙）四十一年琉球贡使回国飓风坏船柯那什库多马二人以拯救免奉旨着地方官加意赡养竢便资给发还此等船损坏皆因修船不坚所致嗣后贡使回国时该督抚验视其船务令坚固。②

> （康熙）五十六年覆准，内地人民嗣后或飘风至朝鲜国，有票文未生事者，仍照例送回。若并无票文，私自越江生事，许该国王缉拿，照其国法审拟，咨明礼部请旨竢，命下日行文该国，即于彼处完结仍报部存案。③

> （康熙）四十六年，琉球国入贡，附回飘风商民十有八人，饬行原籍安插。④

> （康熙）四十九年朝鲜国广州人七名往本国海州贸易被风漂至江南泰州救存该抚照琉球国失风例给与口粮棉衣委官护送至京奉旨着朝鲜通事一名该部行文由驿递送至朝鲜所属易州地方由彼转送归籍。⑤

> （康熙）五十二年琉球国神山船载人三十口飘至闽省地方着安插柔远驿按名支给口粮银米附贡船归国。⑥

> （康熙）五十四年琉球国人四十三名飘至广东文昌县递送闽省给与口粮附贡船回国。⑦

---

① 《清圣祖实录》卷201，康熙三十九年十月条。
② （清）官修《大清会典例例》卷94，《礼部》，《朝贡下》，清文渊阁四库全书本。
③ （清）官修《大清会典则例》卷94 礼部，《朝贡下》，清文渊阁四库全书本。
④ （清）官修《大清会典则例》卷94 礼部，《朝贡下》，清文渊阁四库全书本。
⑤ （清）官修《大清会典则例》卷94，《礼部》，《朝贡下》，清文渊阁四库全书本。
⑥ （清）官修《大清会典则例》卷94 礼部，《朝贡下》，清文渊阁四库全书本。
⑦ （清）官修《大清会典则例》卷94 礼部，《朝贡下》，清文渊阁四库全书本。

康熙五十七年十月，辛未。兵部议覆、广东广西总督杨琳疏言、柔佛等国番人喇哈等五十三名噶罗吧番人吧甘等三名。乘船被风飘至新安等县击碎随令各地方官、给与口粮、养赡抚恤。但查南洋柔佛等国俱系应禁地方。无内地商船到彼。闽粤二省、又无彼国船只前来。原船已遭风击碎、是喇哈等永无还乡之日。请给内地船一只令难番附合驾归。嗣后如有飘至内地难番验其原船可修、即与修整发遣如已破坏难修又无便船可附者酌量给发应如所请从之。①

雍正元年覆准，暹罗贸易船被风漂至浙省，其贡使请遣贡伴，赴浙就便，发卖行令，该抚委官监看，并将原船交贡伴领回。②

雍正七年谕览福建巡抚所奏吕宋被风夷船既开往广东佛山着广东督抚给与口粮加意抚恤听其候风回国嗣后凡有外国船飘入内地者皆着该地方询明缘由悉心照料动公项给与口粮修补舟楫俾得安全回国钦此③

乾隆二年谕：今年夏秋间，有小琉球国装载粟米棉花船二只，遭值飓风断桅折柁，飘至浙江定海象山地方，随经该省督抚察明人数，资给衣粮，将所存货物一一交还其船，及器具修整完固，咨送闽省附伴归国。④

乾隆三年，两广总督马尔泰题报。乾隆三年分。安南国番邓兴等、因在海洋地面。驾船采钓。行驶之际。陡遇飓风猝起。势甚猛烈。时当仓卒。人力实无可施。虽极力救护。仅未至于覆溺而风狂浪大。不能择地收泊。任风吹驶。幸于乾隆三年五月初四日。将该番等船只。漂入文昌县清澜港口。又安南番令奉等因驾船装谷。于乾隆三年五月十三日。被风漂至崖州保平港又暹罗国船商柯汗。来广贸易。在香山洋面被风沉船。逃活水手郭斌使等又暹罗国船商郭意公来广贸易。在香山洋面遭风沉船逃活番民口□门口□派、哆呢、俱于三年八月初一日到省。又安南国番阮文雄。因装货于三年七月初八日、被风漂至大镬

① 《清圣祖实录》卷 279，康熙五十七年五月条。
② （清）官修《大清会典则例》卷 94 礼部，《朝贡下》，清文渊阁四库全书本。
③ （清）官修《大清会典则例》卷 94 礼部，《朝贡下》，清文渊阁四库全书本。
④ （清）官修《大清会典则例》卷 54《户部》清文渊阁四库全书本。

洋面。又外夷若哥等。因运米。于三年二月二十八日、被风漂至澳门海面。又吕宋国番弗浪西咕等。因贸易被风坏船于三年八月初八日、漂至澳门海面。节据各该地方官详报。俱经前督臣鄂弥达。先后批行布政使。饬给口粮抚恤。发遣回国。得旨该部知道。①

（乾隆）五年谕据福建巡抚奏称，莆田县民人出洋贸易遭风飘至朝鲜国楸子岛拯救得生，该国王给以薪米衣服，又为修整舟楫加给食米三十石，俾得回籍等语。中国商民出洋遭风，朝鲜国王加意资助，俾获安全，甚属可嘉，着该部行文传旨嘉奖，钦此

又谕据浙江提督奏称，江南商民五十三人被风飘入琉球国叶璧山地方，彼处官员捞救人货供给养赡，该国王遣都通事护送福建交卸等语，中国商民飘入外洋，该国王加意养赡资送，不令失所，甚属可嘉，着该部行文传旨嘉奖，遣来都通事着该督抚赏赉。钦此。

又福建提督奏称苏禄国王遣番目人等，送回内地遭风海澄县商民二十五人，奉旨嘉奖。②

（乾隆）十七年谕，据福建巡抚奏称，琉球国贡使在洋遭风，业经收回本岛。该国王将原船修葺，并将闽县遭风船户蒋长兴等，常熟县商民瞿长顺等，留养二年，给与口粮，随船护送来闽等语，中山王尚敬素称恭顺，今贡船遭风堪为轸念，又将内地遭风商民留养附送至闽，甚属可嘉，着于进贡常例外，加赐该国王蟒段闪段锦段各二端，采段素段各四端，以示嘉奖。其在船官伴水梢人等，该抚分别赏赉，钦此。

又朝鲜国人十二名，被风飘至浙江定海县地方，照例伴送来京安插馆内，给与口粮，附贡使归国。

又朝鲜国人七名飘至福建台湾地方，照例送京安插附贡使归国。③

嘉庆十二年十二月，丙戌。谕内阁、阿林保等奏请捐赏疏球船只遭风沈失该国王世孙银两一折。该国王世孙、因来年有册封使臣到国。发交夷官银五千两。备办迎接应用物件。仪制攸关。今因船只在洋遭

---

①　《清高宗实录》卷101，乾隆四年九月庚申条。
②　（清）官修《大清会典则例》卷94礼部，《朝贡下》，清文渊阁四库全书本。
③　（清）官修《大清会典则例》卷94《礼部》，《朝贡下》，清文渊阁四库全书本。

风此项银两漂失。该夷官等呈恳借给以资购备。自应加之体恤。量予恩施。所有该国沈失银五千两。着加恩赏给库项银二千五百两。其余银二千五百两。准该省督抚司道大员捐资发给。均免其缴还。用示怀柔至意。余着照所请行。①

（光绪）十一年夏六月，琉球渔人陈文达等十二人遭风至基隆，庄人救之，给以路费，并修船费六圆，送之归。十二月，复有日本驳船漂至后山高士佛，恒春知县派人救之，资遣回国。十四年十一月，英船威定在洋遭难，澎湖右营都司李培林率兵救起五十余人。十八年八月，澎湖大风，海水群飞，英船卜尔克自上海航行香港，触礁没，溺毙洋人一百三十余名，澎湖官民赴救，得二十三名，载至府治，知府唐赞衮礼之，水师总兵王芝生馈金三百，英人大喜，救护之人各有赏给。②

……

这里我们需要注意的是，乾隆朝之前，清代对于外国船只的救助一直都是援引成例，并无明确的抚恤外国难民的制度。直到乾隆二年（1737），因东南沿海各省常有琉球船只遭风漂着到岸，浙江布政使张若震上奏乾隆帝："再查沿海等省外国船只遭风漂泊所在多有均须抚恤，向未着有成例，可否仰邀至慈特颁谕旨敕下沿海督抚，嗣后外国遭风人船一体动交公银料理遣归，俾无失所，则远服臣民望风向化，永怀圣主之明德于勿替矣。"③对此事，乾隆皇帝甚是看重，特颁谕旨："今年夏秋间，有小琉球国装载粟米棉花船二只，遭值飓风断桅折柁，飘至浙江定海象山地方，随经该省督抚察明人数，资给衣粮，将所存货物一一交还其船，及器具修整完固，咨送闽省附伴归国。朕思沿海地方常有外国夷船遭风飘至境内者，朕胞与为怀，内外并无歧视。外邦民人既到中华，岂可令一夫失所，嗣后如有似此被风飘泊之船，着该督抚督率有司加意抚恤，动用存公银赏给衣粮，修理舟楫，并将货物给还，遣归本国，以示朕怀柔远人之至意，将

---

① 《清仁宗实录》卷190，嘉庆十二年十二月条。
② 连横：《台湾通史》卷19，《航运》。
③ 中国第一历史档案馆编：《清代中琉关系档案选编》，第2—3页。

此永着为例,钦此。"①不但明确提出了沿海各省官员要对飘风难民"加意抚恤",并且允许沿海地方官员动用公款对难民"赏给衣粮,修理舟楫",在这些难民修整时日后,"将货物给还,遣归本国"。在谕旨最后,加有"将此永着为例"的字样,即将此定为抚恤外国遭风遇难灾民的案例。自此,对外国遭风遇难灾民的抚恤制度正式确立,经之后的历代不断补充完善,最终形成了一套完整的抚恤标准。在写于道光三年的《灾赈全书》中,就详细载录了清代乾隆以后浙江省遇外国海难船只人员的抚恤政策,并参考实际情形对其加以修改,列为浙江沿海救起外国遭风船只抚恤的案例。其全文如下:

抚恤难番事宜

为酌定抚恤难番章程事。本年八月二十四日,奉巡抚部院杨案验,乾隆二十一年八月十九日准户部咨开浙江清吏司案呈,乾隆二年闰九月十六日奉上谕:沿海地方常有外国船只遭风飘至境内,朕胞与为怀,内外并无歧视。外邦人民既到中华,岂可令一夫失所? 嗣后如有似此被风飘泊人船,着该督抚督率有司加意抚恤,动用存公银两,赏给衣粮修理舟楫,遣归本国以示朕怀柔远人之至意,将此永着为例,钦此钦遵等因在案。嗣经本部以浙省各属历年抚恤难番,因章程未经厘定,每于奏销时既照此案造报,又援彼案请销,实属牵混不清,甚至从前准销案内所无之款,逐渐增添,无所底正。因于抚恤难番梁外间等案内,行令该抚详悉确查,酌定条款,定价按名定额,分晰报部,以昭划一。去后,今准浙抚杨将酌定条款逐一分晰,造具清册送部等因前来,应将册造各款分别定议,开列于后。

〇每名每日给口粮米一升等语。查口粮米数与准销成案相符,应准其照数支给,在于常平仓额贮米谷项下作正开销。

〇每名每日给盐菜银三分等语。查与成案相符准其照数支给。

〇每名初到时酌给衣一件等语。查历年抚恤案内并无此款,且后

① (清)官修《大清会典则例》卷54,《户部》,清文渊阁四库全书本。

款业经按时给与衣服，此款应删。

　　〇每起初到及起身回国之日，各犒劳酒席一次，应以四名给与一桌，或不足四名，亦仍给一桌，每桌银八钱等语。查前项酒席银数与各案成例相符，今以每桌四名为准，或不足四名及多至五名者，仍给一桌，如系六名以上给与两桌，应令临时酌定。

　　〇每遇令节，应照初到之式给赏酒席，各按桌数给价等语。查与又五郎之例相符，其人数多寡仍照前款通融酌给。

　　〇每月犒赏二次，照酒席式价银减半，应每桌给银四钱等语。查又五郎等每月犒赏二次，每名实给银一钱，应令照旧按名给银，毋庸按桌给价，听番人自便。

　　〇番人起身，每名犒赏给肉五斤，鹅一只，鸡八两，酒三斤，猪肉每斤酌定银五分，鸡每斤银四分，鹅每斤银五分，米粽每个银二厘，酒每斤银二分等语。查前项酌给番人起身食物等项，应如所议办理。

　　〇每起难番既经查验行装，如无铺陈者，按名给与夏用草席一条，给银一钱；棕荐一条，给银二钱，蚊帐一顶，给工价银一两七钱；枕头一个，给银五分；手巾浴布各一条，共给银七分；蒲扇一把，给银二分；布单被一条，给工价银三钱。每名共应给银二两四钱四分，如在冬日将棕荐换为草荐二条，共给银四分添给棉布被一床，棉木褥一床，共给工价银二两八分。将蒲扇减去，其余与夏日同。每名共给银二两六钱四分，其蚊帐、棕荐、被褥过后应准其携带回国，毋庸加减等语。应如该抚所议办理。

　　〇每起难番到时，除自有随身冬夏衣服，不另赏给外，如无更换衣服，夏日应用苎布衫一件，苎布裤一条，共给工价银九钱。如遇冬日，应用棉袄一件，棉裤一条，共给工价银一两七钱一厘，或用裹头布，或用毡帽均以银八分核给。如遇春秋之日，应用棉布衫一件，棉布裤一条，共给工价银五钱九分五厘。如遇大冷之日，加用大棉布厂衣一件，棉鞋一双，共给银一两六钱二厘等语。查前项酌给衫裤等项，与成案相符，而工价银两内，除苎布衫裤，共给银九钱。裹头、毡帽均以八分核给外，其单布、棉布衫库及棉厂衣工价，俱于后款核给。

〇每单衣一件，用布一丈八尺，线银二分，工银八分。单裤每条用布一丈一尺，线银一分二厘，工银二分。棉衣每件用布三丈六尺，棉花一斤，棉裤每条用布二丈二尺，棉花八两，线银工银照前开报。夹被面里各三幅长六尺五寸，每条用布三丈九尺，棉被面里尺寸照夹被例，每条工银俱八分。棉被加棉花四斤，布每丈酌定价银一钱八分，棉花每斤酌定价银一钱五分，但物价不齐，随时低昂，所定之数恐有不敷，临时斟酌通融办理等语。除棉被已于前款核给外，其余衣裤等项所用布匹丈尺，棉花斤两，线银工银一切工价与成案相符，应准照例支给。再前款开有棉布厂衣所用花布工价，亦应查照核算，分晰报销，至花布价值虽亦微有低昂然，亦不甚相远应令划一造报。

〇沿海如遇冬日，每名每日应给柴炭银一分等语。查系又五郎等案所无之款，应令删除。

〇安插馆舍，除该地方原有公所应即扫除安顿外，如无公所，每二名赁屋一间，每月给赁银二钱，按月扣算。其通事夫役人等，每起另给屋二间，每月赁银四钱等语。除该地方原有公所安插者无庸更给租价外，如无公所每二名给屋一间，或多至三人亦仍给一间，每间每月准给租价二钱。其通事夫役人等，每起给屋二间，共租银四钱之处应如所请办理。

〇桌凳床椅酌量备用，每起回日，各按时价计算给银，仍作八成变还，在原价内扣减报销等语。查与又五郎等案内变抵之初相符，应如所请办理。

〇锅灶碗盏缸桶火盆食箸一切需用物件酌量备用，各按时价给发，候回日仍统作三成变价，在原价内扣减报销等语。查前项物件，从前又五郎、仲兵衔等案内，统以五成变价，仍以五成计算在原价内扣减报销。

〇每起难番到日，通事一名，看守壮役二名，水火夫二名。其夫役应酌量来番多寡添拨，内通事日给饭银七分，人夫每名日给工食银五分，壮役每名日给饭食银三分，按名按日给发报销等语。查每起难番所需夫役，各按来番多寡添拨，除每起通事一名，水火夫二名，毋庸添给外,其壮役人等,如番人在十名以内者,准派壮役二名,若在十名以外,每五名准添壮役一名,所有各项饭食俱与准销成案相符,应准其分别支给。

○难番如有货物随带,应与收藏,酌量大小轻重,赁屋存贮,赁银即照住房赁价报销等语。应如该抚所议办理。

○难番觅船回国,按程每名给与船价银一十二两,应请照给。如程途更远,亦应计算声明加给等语。查大洋辽阔,未便按里计算,从前仲兵衙等各案,每名给船价银一十二两,并无加给之例,应仍照旧划一办理。再查后款开有修船工料,则该番既有原船回国,并办给工料银两,则此项船价自应删除。如果无原船可归,或有船而不堪修补,必须另附洋船回国者,每名准实给船价银一十二两,一例报销。

○在途口粮盐菜,应请照内地给发之例,按名按日给与随带等语。查在途口粮在所必需,应照仲兵衙之例,每名给与四十日口粮,每日给米一升,在于常平仓额贮米谷项下作正开销,又给盐菜银三分令伊随带。

○开船神福应每名给与钱五钱等语。查殿培等十二名共给神福银一两八钱,梁外间等二十名共给神福银四两。今每名给与五钱,为数较多应照梁外间之例计算,每名准给神福银二钱。

○恩赏银两,照例按名,每名给银二两等语。查赏给银数与历年抚恤案内报销数目相符,应照例实给银二两。

○难番携带货物,逐一点明,称重册报,进馆登舟,均应按照程途轻重,给与夫价等语。查浙省采买水脚章程案内,外路官塘每石每十里给银一厘,小港每十里一厘五毫,陆路平坦每里一厘,山路每里一厘五毫。所有难番货物进馆登舟,给与夫价,亦照此例分晰程途里数报销。

○难番如有患病,应给医药,各按延请次数、用药贵贱,据实报销等语。查番人患病延医服药,如寻常病症不得至二两,其重者不得至三两,仍令一面医治,一面申报该管上司宣验据实报销。

○难番内如有亡故,应给赏棺木,觅地埋葬。每名酌给银六两,通融办理报销等语。应如所请办理。

○收留地面如无开往该国船只，必须另遣员役护送，前诣水口安顿，候船起身。所有委员，每员日给饭食银一钱，脚力银一钱，随役每名日给饭食银三分，俱自起程日期至回任归班日止，给发报销等语。查与历年抚恤难番之例相符，应如所请办理。

○难番在路，或有疾病，难以前进，应令将病番交明该地方官一体留养，给发报销。俟病痊，令行拨护同行，余仍按程行走，应免员役糜费口粮等语。应如所请办理。

○难番移往水口，或有径由水路，应请酌给溪河船价，另行声明，据实报销，其护送员役亦应照给等语。查难番径由水路移往水口，每八名准给小船一只，每只每日大河给饭食船价银二钱，溪河给银三钱，其护送员役亦准照给。

○难番原有船只被风打坏及损失俱应代为修葺，并将该船形式扛棋逐一开报，视损坏之轻重，临时确佑［估］，酌给修费之多寡等语。查修理番船，事隶工部，应令造报工部准销之日，即行报部查核。以上各条内除恩赏路费盐菜月赏四款，俱照实数支给外，其余制买衣装物件工价、房价、脚价、官役薪水等项，俱以纹银九三折实，在于备公银内动支，仍咨该抚严饬各属，务令仰体皇仁，照例实给。并饬该管各上司加意查察，如有报不以实，给不如数，致有开多给少情弊，照例查办可也。

○每名不拘住日多寡，每名给米粽二十个，每个二厘九三折实。（续增）①

从以上抚恤各条来看，可分为以下几方面的内容：

其一，妥善安置。当把遭风外国难民救上岸后，当地官员一面上报一面妥善安置，从吃、穿、住、用、行等各方面给予资助。甚至详细到枕头、手巾这类细小的事情："每起难番既经查验行装，如无铺陈者，按名给与夏用草席

---

① （清）杨西明：《灾赈全书》卷4，清道光也宜别墅刻本。

一条,给银一钱;棕荐一条,给银二钱,蚊帐一顶,给工价银一两七钱;枕头一个,给银五分;手巾浴布各一条,共给银七分;蒲扇一把,给银二分;布单被一条,给工价银三钱。每名共应给银二两四钱四分,如在冬日将棕荐换为草荐二条,共给银四分添给棉布被一床,棉木褥一床,共给工价银二两八分。将蒲扇减去,其余与夏日同。每名共给银二两六钱四分,其蚊帐、棕荐、被褥过后应准其携带回国,毋庸加减。"同时还考虑到语言不通,专为其配有"通事"做翻译,并配有水火夫供其差遣。当难民中有患病者,"令一面医治,一面申报该管上司宣验据实报销"。如有亡故,也会"赏棺木,觅地埋葬"。如嘉庆八年(1803)九月,琉球国民人马齿山在洋被风漂至台湾凤山县,浮水上岸后,"经该县陈起鲲酌给衣履、银元,护送到郡,饬发台湾县薛志亮验明该难夷患病未痊,拨医调治",终因医治无效,嘉庆九年(1804)二月八日,马齿山在台病故。台湾县官员"亲赴查看,置备棺衾,妥为收殓"。①

其二,经济上补偿抚恤。清代包括台湾在内的沿海各省地区官员,对难民的货物变卖是十分优惠的,"难番携带货物,逐一点明,称重册报,进馆登舟,均应按照程途轻重,给与夫价"。据当时浙江省的市价进行变卖补偿,"外路官塘每石每十里给银一厘,小港每十里一厘五毫,陆路平坦每里一厘,山路每里一厘五毫。所有难番货物进馆登舟,给与夫价"。如嘉庆十五年(1810)四月,琉球人李喜清等运送贡米,途中不幸遭风漂到台湾鸡笼,船只损坏,获救后安置在该地公所。淡防厅"将难夷破船同小杉板并丢,剩粟米五十四包、落花生一包、小豆二包、红马一匹,共变价银八十四两九钱四分,交给难夷李喜清等承领"。② 在这些难民中,也不乏为达到贸易目的而制造难船假象的情形。如"道光十二年三月,英吉利夷船一只遭风到厦。船式与吕宋呷板船相似,船头有一木镌作和尚形,其色白;炮械整齐。通船七十余人,载货七八千石。译讯据供:欲往日本贸易,亦愿就厦销货。船主名胡夏美,圆目高鼻,睛光带绿;能通汉语,人甚狡谲。见官吏,两手以布套

---

① 吴幅员:《琉球历代宝案选录》,第269—271页,载台湾文献丛刊外编第一种,台湾开明书局1975年版。

② 《清代中琉关系档案选编》,第415—416页;吴幅员:《琉球历代宝案选录》,第292页。

之。船中役使之人,多黑色。文武会商堵逐,越三日乃去"。之后该英商非但没回国,反而"嗣后乘风驶至福州、宁波、上海、山东等处游弋"①,被发现后,皇帝特旨将其严行驱逐。

其三,护送回国。当有外国船只回国时,可送该难民登船回国,如遇时恰无回该国的船只时,"必须另遣员役护送,前诣水口安顿,候船起身"。送难民回国开船时,除给予必备钱粮外,还给予"开船神福"。所谓的"神福"指古代沿海或沿江的人们在开船之前,对神祭祀,祈求保佑,这种仪式就叫作神福。祭祀的酒食则被称作福物,所谓"买点神福",其实买的就是福物。吃这些福物,则叫"饮福"或是"散福"。

(二) 外国船只遭风被劫

并不是所有的遭风漂流到中国沿海的外国难民都能得到官府的保护与救助。有些甚至引发了国际争端。如同治十年(1871)十二月,琉球国六十六名船员,遭风漂到台湾登岸后,被当地番人抢劫杀害;十三年(1872)二月,日本中州地区船员漂到台湾后,亦被劫掠,幸得保全性命。日本国陆军中将西乡照会闽浙总督部堂李:"台湾土番之俗,自古嗜杀行劫,不奉贵国政教,海客灾难是乐。迩来我国人民,遭风飘到彼地,多被惨害;幸逃脱者,迫入贵国治下之境,始沾仁宇恩恤,藉得生还。"②之后又告知清国朝廷,日本国要自己派兵去剿灭杀害该国国民的台湾番人。"明治四年十二月(清同治十年,1871),我琉球岛人民六十六名遭坏船漂到台湾登岸,是处牡丹社,竟被番人劫杀,五十四名死之;十二名逃生,经蒙贵国救护,送还本土。又于明治六年二月,我备中州人民佑藤利八等四名漂到台湾卑南番地方,亦被劫掠,仅脱生命。幸蒙贵国恤典,送交领事,转送回国。凡我人民,叠受恩德,衔感无涯。兹我政府独怪土番幸人之灾,肆其劫杀;若置不问,安所底止?是以遣使往攻其心,庶几感发天良,知有天道而已。故本中将虽云率兵而往,惟备土番一味悍暴,或敢抗抵来使,从而加害,不得已稍示膺征之惩耳。但所虑者,有贵国及外国商民,在台湾所开口岸运货

---

① (清)周凯:《(道光)厦门志》卷5,《船政略之番船》。
② (清)《恒春县志》卷18,《边防》。

出入者，或见我国此间行事，便思从中窃与生番互通交贸，资助敌人军需；则我国不得不备兵捕之。务望贵大臣遍行晓谕台湾府、县沿边口岸各地所有中外商民，勿得毫犯。又，所恳者：倘有生番偶被我兵追赶，走入台湾府、县境内潜匿者，烦该地方随时即捕交我兵屯营是望！特此又片以陈。"①（琉球国于1872年被日本占领，宣布琉球王国属于日本的"内藩"，琉球群岛是日本的领土。同治十年，琉球还未成为日本内藩，但日本此时却将当时的琉球称为"我琉球岛人民"，其目的恐怕并不只是为了维护本国人民的利益吧。）

遇风漂至海岸被劫事件，在海边其实是屡见不鲜的，在清代台湾《噶玛兰厅志》的采访录里就有这样的说法："商船遭风，寄碇搁浅口岸，匪类群起，搜其货、折其船者，控案累累，厅县几视为家常矣。"②而日本在这里如此严肃地提出并要亲自登上台湾岛捉拿劫匪，实则是借以侵占台湾，并想向清国获取利益补偿。很快，已处于半封建半殖民地社会的清廷，给予日本回复，并列出让日本满意的"台湾戕害日本商民会议抚恤条款"：

台湾戕害日本商民会议抚恤条款

大清国、大日本国为会议条款，互立办法文据事：照得各国人民，有因保护不周受害之处，应由各国自行设法保全；如在何国有事，应由何国自行查办。兹以台湾生番，虽将日本商民等妄为加害，日本国本意惟该番是问，遂遣兵往彼，向该生番等诘责。今与中国议明退兵善后办法，列列三条于后：

一、日本此次所办，原为保民义举起见，中国不指以为不是。

二、前次所有遇害难民之家，中国定给抚恤银两；日本所有在该处修道、建房等件，中国愿留自用；先行议定。筹备银两，另有议办之据。

三、所有此事，两国一切往来公文彼此撤回注销，永为罢论。至于该处生番，中国自宜设法，妥为约束，以期永保航客，不能再受凶害。

---

① （清）《恒春县志》卷18，《边防》。
② （清）《噶玛兰厅志》卷5上，《海船》，《附考》。

大清国、大日本国为会议凭单事：台番一事，现在业经英国威大臣同两国议明，并于本日互立办法文据。日本国从前被害难民之家，中国允给抚恤银十万两。又日本退兵，在台湾所有修道、建房等件，中国愿留自用，准给费银四十万两。亦经议定：准于日本国明治七年十二月二十日，日本国全行退兵，不得愆期；中国同治十三年十一月十二日，中国将银两全数付给，不得愆期。日本国兵未经全数退尽之时，中国银两亦不全数付给。立此为据，彼此各执一纸存照。同治十三年九月二十二日。①

原本在沿海民间看来屡见不鲜的抢劫遇难船只的事情，在积贫积弱的清朝末期结果却成为侵略者提出不平等条约，侵略我国领土的借口。赔偿之白银远远大于前代抚恤外国难船的数量，也可以从侧面看出中国清代海洋意识之淡薄。

二、中国船只发生海难状况及赈恤

（一）官兵船海难抚恤

在无情的海洋灾害面前，无论是官是商，都是渺小无力的。人们只能靠抚恤遇难者的家属来安慰那些葬身大海的亡灵。遇难官船的，主要是巡海哨船和运送军饷的海船。大部分的难船均是在遭遇飓风后，漂流至外洋，冲礁击碎的。如遇"台飓迅发"，则"浪涌滔天"，船上水兵虽"极力保护"，但也难以幸免。嘉庆七年（1802），台湾水师提标右营二十七名水兵驾万字六号哨船，在厦配载漳州城守营把总一员，管带二起换台外委黄志昌并班兵六十员名，又跟丁口名，又配载汀州右营把总崔发一员，管带二起班兵六十名，于二月初六日在厦门出口放洋。初八日夜二更时候，驶近澎湖大洋，陡遇飓风。全船目兵极力保护，因风浪猛烈异常，舵杆拗折，大桅拔起，船无把握，随风漂流。至初九日寅刻，冲着姑婆屿外洋沉礁击碎。全船弁兵同军装、炮械、钤记、公文，概行落水，水兵洪清海等四人扳扶板片，倚岸遇救得生，其余

① （清）《恒春县志》卷18，《边防》。

一百四十余名弁兵及本船目兵淹毙。① 嘉庆五年(1800)，台湾水师右营澄字四号船，内配操驾目兵林正达等三十名、护饷目兵侯世在等三十名，前赴厦门运载庚申年全台大饷银两，于嘉庆五年(1800)二月二十九日在鹿耳门挂验出口，三月初四日开驾放洋。初五日晚在洋遇风，不能收澳。本船尾舵被浪拗折，大桅被猛浪刮折，连篷落水，无奈坠椗，听其漂流，至十三日漂冲南椗外洋，沉礁击碎，寸板无存。所有防船军械、炮位、药铅等项，一概沉失。漂失兵丁黄彪龙一名。② 又如乾隆年间运送台湾军饷的船只，仅在六、七两个月内就有遭风死亡官兵上百名：

> (乾隆)戊申七月十八日，台饷船遭风飘至凤山外洋，破且沉，溺毙无算；捞救得生者，委员卓津、费霖二员及从人数名而已。行李及所载，皆付东流。后于海滩寮舍中得鄂松亭同年赠余墨拓"平安"两大字，完好如故。又拾获仲弟京信一函，外封皆湿烂；内有附寄弟之履历，见者知为余家言，而送于署。盖以油纸加高丽笺包其外，故尚能辨识之；或海若怜其友于之情，而呵护之欤！是年六、七月，飓风大作，土人名台风；溺死换戍弁兵两次共百十余人，循例奏闻。又传闻某员家属男妇并奴仆十一人，亦附兵船而来，乃船价为出海(船中管事者)所蚀，已登舟而被水师营弁逐之上岸，闻者大恚；及知其船之覆没，则以为大幸。然其始，亦讹传并没。某使人至遭风处沿岸访之，果有女尸及幼孩尸，皆土人捞获而代为埋瘗者；掘而视之，不能辨，某痛愤如狂。后得登舟逐出之信，而始释然。然所视之尸，又不知为谁家之眷属也！遭风哨船有临时趁船未及者、商船有附配而又上岸者、饷船员弁有临时事故更易者，命该不死，莫非前定耳。然人事宜尽，爰集洋防诸书，为测海录。③

----

① (清)兵部"为内阁抄出台湾总兵爱新泰等奏"，《台案汇录戊集》卷2，海洋遭风(嘉庆朝)。

② (清)《台案汇录戊集》卷2，海洋遭风(嘉庆朝)，闽浙总督玉德题本。

③ (清)《斯未信斋杂录》之退思录。

据于运全在其《海洋天灾》中的"粗略统计,在 1736—1834 年间,共有 20 只运兵船被风后沉没,有 2463 名官兵漂入海中,溺死 899 人"。①因为官船遇难必须要上报朝廷,所以我们可以看到清代对官船海难处理一些情况。尤其是哨兵船在海面上遭风击碎或因风漂失。如雍正六年(1728),广东总督孔毓珣上报朝廷,近期龙门协副将景慧渡海调取考验时遭风漂没、该协右营把总谢廷彦轮值冬季游巡时,亦被风漂没。雍正帝借此机会,谕内阁:

查康熙五十二年内,福建台湾,广东碣石,有海洋遭风伤损官兵之事。蒙圣祖仁皇帝特颁谕旨,令地方大吏加以恩恤,并令嗣后通行。但向来未曾分别官兵详着为例。恐地方官奉行不力,或至日久废弛,亦未可定。朕思海洋危险之地,凡官弁兵丁,若因公事差委遭风受困者,当照军功加恩,傥有不幸至于身故者,当照阵亡之例优恤,再漕运船只,在大江黄河危险之处遭风漂没者,亦系因公,情实可悯。又如黄河下埽之人办理工程,不惜身命,均当比照军前之例,定以恩恤之条。着九卿分别详细定议具奏,寻议、嗣后沿海省分,因公差委之官弁兵丁、与领运弁丁,黄河下埽之人,凡于海洋、大江、黄河、遭风没水,幸获生全者,照军功保守在事有功之例加恩;其或漂没身故者,官员不论职衔大小,俱照军功阵亡例,以现在职任、分别赠恤;外委官员,及马、步兵丁、旗丁等,亦照军功阵亡例,分别给与祭葬银两,其无亲属者,该督抚给银、委官致祭,再滨海岛屿,并内江运河,如有奉文差委官弁兵丁工役人等,遭险受困及漂没者,令该地方官确查分晰具题,照例予恤,至奉调考验之官弁兵丁,其予恤之处,照军功例各减一等,头舵水手人等被淹身故者,照军功二等例。②

而在《军需则例》卷四之阵亡赏恤中载明,对于阵亡官员,弟子可以

①　于运全:《海洋天灾》。
②　《清世宗实录》卷66,雍正六年丙戌条。

蒙荫承袭："阵亡伤亡官员所得世职,其实系阵亡者袭,次已完其子孙,仍予以恩骑尉世袭罔替,如并非嫡派子嗣,系过继为嗣者,袭次已完即停其承袭,此系现行定例,至因伤亡故官员所得世职袭次已完,毋庸议给恩骑尉此拟增";抚恤阵亡兵丁的家属条,规定"出征阵亡病故兵丁多支月饷,免其扣追其本兵名粮,若子弟内有可以训养成材者,即令顶补以资养赡,如并无子弟眷□无倚,及子弟□小不能食粮者,每月给与半饷,银五钱米三斗,不扣小建朋银,遇闰加增,其有子弟□小者,俟年至十六岁以上,堪以顶补食粮,即行截支,其无子弟者,俟该故兵现存之祖父母眷属亡故之日截支,此系现行定例,至未出等项兵丁情节各有不同,凡照阵亡例议恤者,所遗无依眷属,亦照此例给与半饷,其照阵亡例减半议恤者,给与半饷之半以示区别,此拟增".①

　　而对于遭风后侥幸存活的兵丁,按照八旗兵与绿营兵的不同,清朝也分别有规定。八旗"巡洋官兵如在大洋大江遭风受困,浮水登岸扶板遇救幸获生全者,官准军功加一级,兵丁照头等伤,赏银五十两。若在内洋内河及停泊海口岛屿等处,修造船只遭风受困幸获生全者,官准军功纪录二次,兵丁照二等,伤减半赏银二十两"②;绿营"巡洋官兵如有遭风受困浮水登岸,扶板遇救幸获生全者,官准军功加一级,兵丁及舵工水手俱照军功头等,伤例给银三十两。至内洋内河因公差委,及停泊海口岛屿等处修造船只遭风受困幸获生全者,官准军功纪录二次,兵丁人等照军功二等,伤例减半给银十二两五钱".③ 从这里可以看出对侥幸逃生的绿营兵只给予三十两,比八旗兵的抚恤赏银少了二十两,可见在清朝,满汉之差别亦是表现在了各个制度层面。

　　皇帝厚恤遭风遇难的沿海官兵,原本初衷是为了显示其对官兵的爱护之情,但是一些贪官却借此谎报遭难人数,来获得更多恤款,发灾难财。虽然清代帝王对这种贪污渎职行为明令禁止,并加大处罚力度,但是甘愿以身冒险的贪官仍然不乏其人。雍正八年(1730),南澳巡海哨船遭风谎

---

① (清)阿桂:《军需则例》,《兵部》卷四,清乾隆刻本。
② (清)伯麟:《兵部处分则例》卷37,《八旗》,清道光刻本。
③ (清)伯麟:《兵部处分则例》卷37,《绿营》,清道光刻本。

报遭难人数冒领赏恤案就是当地的千总、守备贪心冒领恤银而发生的。雍正六年六月时，南澳巡海哨船遭风，被淹死的官兵有把总一员、兵丁十四名。被淹而幸获生全者，兵丁九名。南澳的千总守备为了冒领恤银，上报时多写入兵丁三十七名。后在雍正八年时被举报查明，此三十七名兵丁并未上船随行，乃冒开姓名，希图领赏。雍正帝大怒，"念江海之中，风涛不测，凡官弁兵丁，因公事差委，遭风受困者，着照军功加恩。倘有不幸至于身故者，着照阵亡之例，优加赏恤，此朕轸恤弁兵之特恩"。没想到好意却被贪官污吏所利用，于是，雍正帝"着各省督抚提镇，通行晓谕水师弁兵等，嗣后、若有遭风受困者，务据实开报，该管营弁、确查转详，勿以一时图利之念，忘朝廷格外之恩，而蹈欺罔之罪，晓谕之后，该管大臣等，益当仰体朕心，稽查核实，倘有不应赏而赏，与应赏而不赏者，经朕访闻，皆于该管之大臣是问"。[1]

此外，当沿海突发强烈台风灾害后，无论是在岸上的兵丁还是在海上遇难的兵丁，对其的抚恤同一般沿海灾民一样。"各营兵丁，如果实在被潮冲淹，或伤及人口，或庐室荡然，非抚不能存活者，应饬各营员据实查明，移会州县办理。该州县即委各官，务必秉公覆查，不得将同营同汛未经冲没兵丁一概混入，致滋冒滥。查此条已奉抚宪、宪台饬行查办，并附入条规，理合登明"，"坐落州县之卫所灾军，照民例一体查办"。[2]

（二）民船海难抚恤

康熙二十三年（1684）开放海禁后，中国沿海各省之从事捕鱼、经商等民出海之数增加。为了防范沿海居民与海盗勾结，清朝制定了严密的民船管理制度，通过海关、地方官、海防汛营一起对出洋船只进行监控，并与地方基层保甲制相结合，层层把关，全面监管。

出海的船只首先需要到沿海地方官处获得出海牌照，接着海关给予许可，到汛营验照。如果在海中遭风毁损，或年久不用，都需要到官府通报销案。乾隆三十七年（1772），《厦门志》中援引《福建省例》对此种情形的

---

[1] 《清世宗实录》卷92，雍正八年三月条。
[2] （清）佚名：《赈案示稿》（节选），《中国荒政全书》第二辑第二卷。

规定：

> 无论商、渔船照，一年一换；如有风信不顺，余限三月。如逾限不赴原籍换照，不准出洋，拿家属听比；如在他口，押令回籍，不许挂住他处。又船户届期换照及商换渔照，均须查明人船是否在籍，察验旧照相符无弊，方准换结。如有代呈请换者，严查人船著落拿究（工部则例）。又凡有大小已编之船，不准重复验烙，如遇朽坏及遭风被劫，亦即通报销案。①

雍正六年（1728）议准：

> 出洋商船于出口之处将执照呈守口官弁验明，挂号填注出口月日，放行造册，详报督抚。该督抚于每年四月内造册，报部回时，于入口处守口官，弁将照与船比对相符，详报督抚销号。该督抚于每年九月内造册报部，如出洋人回而船不回，大船出而小船回，及出口人多而进口人少者，该督抚严加讯究。果系番欠未清竣，来年六七月间乘风驾回其被风飘往别省者，船户取具彼处地方官印结赍回。呈验遭风覆溺者，若有余存之人及同行邻船客商舵水等，即讯取确供保结，再加地方官印结，详报均于入口册内，声明报部免其讯究。倘留番清欠之船，来年仍不驾回，捏报遭风飘溺等弊，并无彼处地方官印结，及余存之人，邻船客商舵水甘结者，该督抚严察治罪，原出结地方官交部议处。②

以此来看，民船谎报遭风偷渡的案件已经屡见不鲜，所以官方对此海难事件调查十分详细。如果调查属实，那么沿海地方官员就会上报请求赈恤。如同治五年台湾赴省城参加考试的考生，遭风溺水身亡，当地学政核实后，上奏请求赈恤：

---

① （清）周凯：《（道光）厦门志》卷5，《船政略》，道光十八年刊。
② （清）官修《大清会典则例》卷14，《兵部》，清文渊阁四库全书本。

臣丁曰健职兼学政，每逢乡试之期，台属文武各生由臣录遗送考。查同治三年系甲子正科，臣于是年四、五两月岁、科并试后，即录取文武各生，造册送省；嗣因发逆窜扰漳郡，奉文停止。旋于四年六月二十八日，接抚臣闰五月初六日抄折行知，会同督臣左宗棠、学臣曹秉濬奏请四年九月间补行甲子乡试，声明考官俟到闽酌定入闱开考日期等因；臣当即示谕，一面行知府、厅、县各学一体晓谕。各生因考期未定，是以晋省稍迟。讵知四年入秋以来，飓风时作，访闻台属晋省乡试各生有遭风淹没情事；当即通饬府、县各学确查禀覆去后。兹据台湾府学教授沈绍九、彰化县学教谕邱培英详称：有府学附生黄炳奎、彰化县学廪生陈振缨、黄金城、蔡钟英四名，八月间由鹿港配金德胜商船晋省，该船在洋遭风沉溺，黄炳奎等尸身日久探捞无获，取具各亲属切结前来。臣伏思该生等因观光志切，覆溺身亡，殊堪悯恻！查咸丰壬子科有台湾县学廪生石耀德等四名赴省乡试，遭风溺毙；经抚臣徐宗干在台湾道任内附片请恤，荷蒙鸿慈逾格，议给训导职衔。今附生黄炳奎等四名事同一辙，合无仰恳天恩，援照咸丰四年廪生石耀德等请恤成案，敕部议恤，以慰游魂。谨合词附片陈明，伏乞圣鉴训示。谨奏。①

这因是乡试生员遇难，所以才可上奏朝廷加以抚恤，同治帝也很快下旨，令"礼部核议具奏"。如果是一般的民间船只遇风遭灾，远没有官方船只的优待赈恤。有时就算捡命到靠岸，甚至还有被沿海官兵、村民抢夺杀害的情况出现。虽然在嘉庆《大清律例》中有规定民间"乘危捞抢"罪同抢夺②，但是民间抢夺失事船只的事件仍然时有发生。在台湾《噶玛兰厅志》卷五（上）内，抄录的"问俗录"中就有这样的问讯记录：

然则台湾遂无劫案乎？
曰："有。南风柔而浪软，北风刚而浪劲。春夏南风司令，内地匪

---

① （清）丁曰健：《治台必告录》卷7，乡试各生赴省有遭风淹没请恤片。
② 《大清律例》卷24，"白昼抢夺"。

船驶至台湾洋面行劫，南北水师分段巡哨最为吃紧。迨七、八月，朔风起，匪船回棹，水师高枕而卧矣。"

然则台湾本地无匪船乎？

曰："有。淡水、台府盐船，澎湖尖艚船，均傍内海往来。有时勾串陆路贼匪，同船抢夺。但止能行劫小船，不敢行劫大船。"

然则此外无抢劫乎？

曰："有。商船遭风，寄碇搁浅口岸，匪类群起，搜其货、折其船者，控案累累。厅县几视为家常矣。"①

在洋面抢劫的海盗多为"内地匪船"，台湾本地的海盗也常与内陆海盗相勾结，抢劫往来台湾的商船，不过"不敢行劫大船"。而且这些劫匪抢夺搁浅遇难船只，已经是屡见不鲜，以至被厅县的地方官"几视为家常"。甚至官员及地方民众都默许了，抢救遇难海船收取谢金的"俗例"："搁浅破漏之船，公议一人保护，许以大船谢金八十元，小船四十元。如有失物，惟渠是问。"

不过在官方早已规定"洋面失事，专责水师；勘执迟延，专责地方官"。② 即驻洋水师有与沿海地方官府打捞遇难船只与勘定难船来处等的职责。但是，有时候也难免会有水师兵丁见财起意，谋财害命之例。所以，在雍正九年（1731）就针对官兵抢夺难船的情形，议准奖赏处罚条例：

商船在洋遭风落浅，巡哨汛守兵丁不为救护，转抢夺财物，拆毁其船以致商人毙命，或未致毙命，皆照例分别首从治罪在船。该管官弁，如同谋抢夺，虽兵丁为首，该弁亦照为首例治罪，虽不同谋，但分赃者照为从例治罪，实系不能约束，并无通同分肥情弊者革职，若遭风被淹，商人救援得生，兵丁因而捞取财物者，坐赃治罪，该管官钤束不严，降二级留任。其商人淹毙在先，见系飘没无主船货，因而捞抢入己不报者，亦

———————————
① （清）《噶玛兰厅志》卷5（上）。
② （清）《噶玛兰厅志》卷5（上）。

坐赃治罪。如见船覆溺,因不许抢夺捞取财物,阻挠不救以致商人毙命者,阻救之人系官革职,兵革粮,皆分别首从治罪。至沿海汛口弁兵极力救护遭风人船,不私取丝毫财物者,该管官据实申报,督抚提镇记功,遇有水师千把总员阙拔,补其守备。以上各官救护船二次者纪录一次,倘弁兵内因救护人船或受伤被溺,该督抚提镇保题照,因公差委弁兵受伤被溺例,给与恤典。①

沿海地方官员也不断想方设法来减少此类事件的发生。如澎湖厅乃孤悬海岛,列岛三十六座,"每年冬春,北风盛发,狂飓非常,往来船只,尚有遭风击破。虽西屿有灯塔为行船标准,而狂风骇浪澎湃之中,亦属人力难施。沿海乡愚,捞抢遭风船物,习惯成性,视为故常。叠经出示严禁,三令五申;但积习已久,难免仍蹈故辙"。于是光绪二年(1876)闰五月,抚宪筹议救护遭风船章程,"按乡实贴各澳海口,俱用木板糊挂。以后遇有中外遭风船只,即照章程,竭力救护。并谕饬各澳耆甲,就每乡内选举地甲一人,各屿保举头目一名,专司救护。容俟赶催举齐点验会勘,分清地段,绘图注说造册通送外,合将遵办缘由,先行详报"。另外,还发布了《救护遭风船条规五则》,广谕沿海各州县,具体章程如下:

规条五则（抚部院丁奉奏）

定地段以专责成也。查沿海岛屿星罗,犬牙交错,非明定界址,必致彼此推诿。兹责成沿海厅县,会同营汛,定明所辖界限。每十里为一段,饬令就近公正绅耆,保举地甲一人;其岛屿则保举耆老头目一名,列名册报,以专责成。凡遇中外船只漂撞礁浅一切危险,本船日则高挂白旗,夜则接悬两灯,以示求救。在地之居民、渔户人等,见有此等旗、灯,即时首报地甲头目,一面飞报文武汛官,一面酌量夫船数目,集派助救。其文武汛官闻报后,亦即督率兵役,亲往看验救护,不得稍有违误。其往来报信之人,一切费用,均由失事船主给还;惟

---

① （清）官修《大清会典则例》卷114,《兵部》,清文渊阁四库全书本。

官役不得勒索使费。

明赏罚以免推诿也。查沿海文武汛官，如有救护船货至一万两以上，中外人等救至十名以上者，一经该管上司查明申报及领事照会关道有案，藩司立即注册。记功三次以上者，文武汛官详请酌记外奖；五功以上者，分别详请题升，以示优奖。地甲头目亦分别上次劳绩，随时赏给顶戴匾额，以昭激劝。倘文武汛官，不肯认真办理，照例参惩。地甲头目，若有救援不力，甚至希冀分肥者，分别轻重严究。至于望见船只危险，首先报知地甲头目及文武汛官者，以初报之人为首功，由失事船主给予花红。大船多至三十两，中船以十两为度。

定章程以免混乱也。凡遇险船只，其力尚可自存，船主并不愿他人上船者，则救援之人，自不得混行上船。倘船主须人援救，或系应先救船、或系应先救货、或系应先救人，均听船主指挥，不得自行动手。救起货物，应寄顿何处，亦由船主作主。其有擅行搬取，或私自藏匿者，经船主及地甲头目指明、查有确据者，即行由官追究治罪。倘有人出首确凿者，亦赏以应赏之款。诬揑者不准，并行反坐。

定酬劳以资鼓励也。凡救起之货，须候文武汛官验报。如系外国存货，则并报明附近领事官会同查核，将货估价，按照出力多寡难易，抽拨充赏；多至三分之一，以赏救援之人。若有货无人，则须禀明就近地方官及领事官，秉公将货酌赏。倘无货有人，则须将人救护。无论中国、外国之人，均先行给以衣食，就近送交地方官、领事官，妥给船只，分别资送回籍。倘系外国人，无领事可交者，即报明通商局，资给盘川，传令自行回国。其小船出力救护，倘本人无力可以酬谢者，即就近禀报地方官。小船每救人一名，赏给洋银十元，就近由地方官先行核给，按月汇报通商局发还，虚揑者严究。至遇风涛泊涌，人力难施，或在大洋，为救援所不及者，均宜各安天命。不得任意株连。

广晓谕以资劝戒也。凡海滨愚民，皆缘不知救船之有赏、不救船之有罚，是以坐视不救，或致乘机抢夺。此后所有沿海文武各官，均宜将以上告示条规，分别札行各汛，严加告诫；并将告示条规，书写木牌，遍处悬挂，使一切渔户愚人，皆知遇险之船，救护为有功、不救护为有罪；

庶人人有救船之念在其胸中，不敢视为无足重轻之举矣。①

从上述五则条例可以看出：首先，海滨居民抢劫遇难船只已经成为常见之事，甚至到了非整治不可的程度，故而列出告示，张贴各处。同时官府已经向地方俗例屈服，同意抢救难船之人可以向船主讨要"花红"，而且已经是"大船多至三十两，中船以十两"的明码标价，小船船主没有钱酬谢的话，官府甚至贷款先行付给救护难船之人，"小船每救人一名，赏给洋银十元，就近由地方官先行核给"。其次，该章程将海难救助与沿海当地的保甲制度相结合，分地段负责，明确救助主体和责任，且配备专门的救助船只与设备。再次，将救助表现纳入到官员考核的范围，鼓励官员广泛宣传，动员群众合力救助。最后，该条例对于处理所救之海难船员的步骤过程也进行了规定，"无论中国、外国之人，均先行给以衣食，就近送交地方官、领事官，妥给船只，分别资送回籍"。即救起遭风难的船人后，给予衣物与饭食，此时要注意，"船中人饿将绝者，急与食，往往狼吞而致死"。所以如"煮稀粥泼桌上，令饥人渐渐吮食之，方能得生。盖饥肠微细，不堪顿食也"。② 待其生命状态稳定之后，交予地方官进行查问勘定，如果没有什么可疑之处的话，送其返回故里。这就大大提高了救助成功率。

光绪十一年（1885）遭遇海难的民船被劫案件已经成了非治不可的地方大事，针对此种情形，特在台湾"奉文复设澎湖巡检一员，由罗汉门巡检移驻八罩，网埯澳，配弓兵十八名。凡遇遭风商船搁浅，乡民抢掠者，可以随时救护弹压，每年津贴六百两"。③

光绪十四年（1888）四月，山东巡抚张曜在前人《救护遭风船条规五则》的基础上，增加"添水师以资防护"条，建议"水师营拨兵十二名，分驻管理，按月换班，以免懈怠。官弁、兵丁果能出力，随时优奖"。④ 这次修改后的六条海上遇难船只救助章程，陆续颁行全国，成为清末海上海难救助机制的主

① （清）《澎湖厅志》卷5，《武备》。
② （清）陆增禹：《钦定康济录》卷4，《赈粥须知》，[日]纪藩含章堂藏刻本。
③ （清）《澎湖厅志》卷6。
④ 《台湾私法商事编》，《台湾文献丛刊》第91种，第305—308页。

要章程依据。

　　清代的海难救助，对官方来讲，主要是以宣扬"天朝大国"之气概为目的的，多针对外国船只。民间船只遇难时，还是多靠当地官府或地方士绅组织出钱救助。但在沿海地区实际上存在着这样一种俗例：打捞受灾船只与船员后，问其要救捞钱；或是直接强抢受灾船只与船员等。因此，可以说清代海难救助机制是相对消极的，是农业为主的管理意识在海洋灾害面前的体现。

第五章　民间自救力量在
沿海社会的活跃

随着中国海洋社会经济的发展,民间海洋力量逐渐强大。面对海洋灾害带来的巨大损失和官方救助制度的乏善可陈,他们自愿、或在官府引导下,通过提供资金、技术、人力等方面的支持,积极参与到海洋灾害救助过程中,为社会安定、经济恢复做出了巨大贡献。其救助方式主要包括灾前捐粮入义仓、兴办善堂、临时抗灾抢险、助赈、平抑物价、赈贷、代完税课、免去债券、施药治疗、施棺掩埋等。

第一节　民间抗灾救灾活动

民间抗灾救灾活动同官方相比,其形式更为多样,从灾前预防、灾时抗灾到灾后重建以及平时帮助村民、族人,都有民间力量的身影。由地方绅士富民发起建立的慈善机构更是民间救助活动的主要载体。清代沿海民间慈善机构的建立,无论是其规模还是形式均远远超于前代。

一、灾前预防

清代各地以扶危济困为目的建立起来了形式多样、为数众多的民间慈善机构,即善堂。清代的善堂不但具有较固定场所,且内设专职管理人员,并有独立的经费来源。作为官方赈灾的补充,官方十分重视民间慈善机构的建设。大批的民间慈善机构被修整重建。地方官员与士绅通过自身的影

响力,写劝善文章,倡议各阶层有余力的民众捐款助善。如《澎湖续编》中所载清代地方士绅刘伯琛

修义冢劝捐小引

刘伯琛(皖桐人)

昔周西伯掩骴路曲,后世称仁;汉曹褒埋骼山阿,于今颂德。澎湖海涯斥卤,土薄沙浮。凡客殁此邦、旅榇未能归垤者及澎人贫而绝嗣、难营窀穸者,多草草浅殡于大海之滨;冈阜既属平衍,潮汐又复冲啮。荒原日落,眠冢上之狐狸;古岸风凄,聚墦间之蝇蚋。触境兴念,极目伤怀。琛等从善有心,赴义无力。咏陆士衡哀亡之赋,徒教泪洒平芜;读庾兰成感逝之文,不觉情深宿草。知众擎之易举,爰撰词以劝捐。腋集裘成,土移邱积。所冀宰官善士,慨然解囊;每当佳节良辰,埋殖筑冢。从此荔衣萝带,游魂皆匿影销声;依然麦饭棠梨,灵魄定衔环结草。非同托钵,勿吝倾筐。条议章程,悉具于左。是为引。①

在地方官员与士绅的影响下,各种善堂如雨后春笋般办起。如《鄞县志》中就载有民间慈善机构养济院、育婴堂等固定的慈善机构,并且形成定制,由该地区乡耆经管,通过租佃义田、存款取息等方式,发给善堂雇佣工人的工钱,令其持续经营下去:

养济院在甬东四冨七塔寺后,康熙五十二年(1713),原建房屋三十七间。乾隆五年(1740)添建二十七间,四十六年因风潮坍坏六间,现存五十八间。每年损漏,系经管乡耆动用院内旧置田一十四亩七分,租息小修正额。孤贫三百名,每名按月给银三钱五分,于地丁项下,领给浮额。孤贫十名,每名按月给银一钱三分六厘有零,于耗

---

① (清)《澎湖续编》卷下,《艺文纪》。

美项下,领给县册。① 育婴堂在永丰门内,佑圣观左。乾隆元年建,大门厅堂群房共二十四间,周围基地一百零七丈五尺。大学士兼总督嵇曾筠题其扁曰:"教成保赤"。四十年添建房屋八十六间,四十八年因岁久圮损兴工大修,并添建土地祠三间,俱系动支息钱报销县册。(案:婴堂经费由县发商生息。现存本银及历年息银,共一万三百两有零,捐置田二百九亩有零;又房屋一十八间,一库每年租银五十八两四钱九分五厘;又涂田八十七亩每亩,租米三斗;又涂地四十七亩,每年租银六两七钱五分五厘。又乾隆四十年间详定,每年鄞邑捐乳米三十八石四斗,慈奉镇象定五邑各捐乳米三十六石,其每月给发乳妇婴孩口粮药饵一切向,设董事一名,并委员稽查以杜浮冒扣克。)②

但是,好的初衷与制度并不代表就能持续得到预想的效果。随着养济院的普遍,很多贪利之人或重犯,冒充无能力者,骗取善堂收养之事时有发生。"养济院近来竟成弊薮兑,独不沾实惠,皆由吏胥添捏诡名混冒,须是州县官据其陈告者审实给以面貌木牌,仍不时查核分别革留,凡男妇犯重罪或游荡倾家,及有子孙埒侄可养者,不得混收。"③清人唐仲冕的《修养济院》中亦生动地描写了养济院的年久荒废,无人修理的情况,作者为民着想,自己出资重新修葺一新:

修养济院

王政悯无告,穷覆大恓幪。计口授厥餐,鳏寡靡不容。年深鞠茂草,露处号凄风。长官治其廨,亭馆开玲珑。此屋乃不修,诿曰金钱空。我来趣召匠,吏白筹先佣。册籍中台司,稽核常相蒙,我言百余命,惟赖一亩宫。稍逼霜雪紧,半填沟壑中。爰令鸠众材,亲与规百弓。墙垣筑

---

① (清)《(乾隆)鄞县志》卷6,清乾隆五十三年刻本。
② (清)《(乾隆)鄞县志》卷5,清乾隆五十三年刻本。
③ (清)陈弘谋:《五种遗规》,《从政遗规》卷下,清乾隆培远堂刻汇印本。

坚固,渠浍疏周通。分门别男女,比舍戒祝融。侏儒曳断者,瘖聋扶瞽翁。相将就衢巷,笑语忘龙钟。鼓腹午炊白,曝背朝暾红。安得千万间,安集无哀鸿。一夫恐不获,在宥仰皇衷。小臣力其职,岂必财用丰。①

养济院的设立原本是在皇帝的支持提倡下,各地捐资修建的。但是因养济院非营利机构,多仰赖地方官员或耆老士绅的捐助才能坚持下来。年深日久,养济院的房屋已经漏雨荒废,地方官员以"金钱空"为借口搪塞,不予修葺。这样无人管理经营而最终荒废的现象,随着时间的推移,越来越严重,对善堂的持续发展,可谓是一大阻碍,也是令某些善堂无法维持下去的原因之一。

二、灾时积极抗灾

当遇到突发性的风暴潮灾来临时,沿海居民所面临的是海堤决口,房屋被淹,人畜漂没的惨剧。所以当灾难突然来临时,地方的乡绅义士并不只一味地等待官方救援,而是积极组织地方民众一起抗灾抢险。主要表现为:

首先,抢救人命是最要紧之首务。乾隆四十六年(1781)四、五月间,台湾加藤港,忽然海水暴吼如雷,巨涌排空,水涨数十丈,"近村人居被淹,皆攀援而上至尾,自分必死。不数刻,水暴退,人在竹上摇曳呼救,有强力者一跃至地,兼救他人互相引援而下"。② 雍正二年(1724),长江下游三角洲地区,夜晚猝遇大型台风,直隶太仓州邑学生"预稔有水患,储糇粮备木筏。及海潮奔决,居民漂没,乃悉渡溺者至宅,别男女给衣食安之"。③ 祝大中,"雍正二年潮灾,首捐千金作糜食,饥者存活甚众。先是食将尽,闻总督已拨银助赈,知县恐不可即得,大中请往迎之,策马丹阳道上数堕雪中,巡抚张楷给额旌之,其子景南,景孙万年,皆以岁祲煮赈为当

---

① (清)张应昌:《诗铎》卷1,清同治八年秀芷堂刻本。
② (清)《台湾采访册》,《祥异》。
③ (清)《(嘉庆)直隶太仓州志》卷34,《人物》,清嘉庆七年刻本。

事所旌"。① 余杭人孙有威"每逢岁侵,出粟赈饥,免租贷息,取贫者券,悉焚之。然诺千金不易"。② 郭中令,"岁辛亥飓风覆舟,海门溺尸横流,买棺收瘗之"。③

其次,修护堤塘。大型的风暴潮灾来临时,多会冲毁海塘海堤,进而冲毁田园庐舍。因而抢救、捐修堤塘也是沿海民间士绅常做之善事之一。据凌申的《范公堤考略》中研究,从宋庆历元年(1041)至清光绪九年(1883)的842年间,仅范公堤就重修55次,其中较大规模的有9次,平均每15年修筑1次。④ 康熙年间,乡贤蔡士骏"邑中堤堰津梁,率先捐资修葺。"⑤进士沈近思"出夫十之七助许筑堤"。⑥ "汪泰来创议捐筑,躬先畚锸不数月堤成。"⑦同治三年(1864),在前江苏粮道杨坊、候选主事经纬、候选主事蔡庆地、江西候补同知冯祖宪、江苏候补同知赵立诚、广东补用知县冯珪、举人裘澄宗等倡捐筹办下,至"四年二月,绅民捐筑仁和海宁戴家汛、翁家汛、土备塘","自同治三年八月初八日开工起,至四年二月初三日止,一律完竣。自戴家汛积字号起,至翁家汛字字号止,计长二千六百九十丈,面宽二丈四尺,底宽五丈。又翁家汛文字号起,至西宙字号止,计长一千六百六十八丈,面宽三丈,底宽五丈。统计工长:四千三百五十八丈,塘身均高一丈二尺,外用抢柴扦钉椿木裏,用茅柴垫筑其沟渠。深处底宽七八丈不等,多用枪柴钉椿,以资巩固。又东塘戴镇念三汛一带土备老塘,多有低窄之处,亦经加高培厚,间用茅柴填补。计工长:一千二百余丈。如

---

① （清）《（嘉庆）直隶太仓州志》卷34,《人物》,清嘉庆七年刻本。
② （清）《（雍正）浙江通志》卷187,清文渊阁四库全书本,台湾商务印书馆1921年版。
③ （清）《（光绪）香山县志》卷14,《列传》,清光绪刻本。
④ 参见凌申:《范公堤考略》,《盐城师范学院学报（人文社会科学版）》2001年。
⑤ （清）《（雍正）浙江通志》卷188,清文渊阁四库全书本,台湾商务印书馆1921年版。
⑥ （清）《（雍正）浙江通志》卷158,清文渊阁四库全书本,台湾商务印书馆1921年版。
⑦ （清）《（雍正）浙江通志》卷167,清文渊阁四库全书本,台湾商务印书馆1921年版。

式完整,足资捍御共用工料钱二十五万串"。① 苏州知府周范莲"至绍兴修江塘海塘,清厘夏盖湖官田浚,余姚、汝仇湖郡大水,上虞水及城垣观察,往勘饥民哗扰,范莲即日发赈治为首者一人众乃服,又筑榆柳、利济二塘以工代赈,存活甚多"。② 以工代赈不但使灾民生活有所保障,有了一定的经济生活来源,而且很多水利工程都是通过以工代赈而兴修起来的,也可以说是,以工代赈推动了水利事业的发展,间接为未来的防灾备灾起了很大作用。同时,以工代赈也是保障社会稳定的重要手段,避免了灾后灾民背井离乡状况,为官方减轻负担。

三、灾后多方集资救助

民间乡绅富贾在救灾过程中,往往能发挥重要作用。他们通过灾捐和灾赈、平抑物价、赈贷、代完税课、族内及邻里接济、施药疗救、施棺掩骼等形式,以求尽量减少灾害造成的损失。

第一,灾捐和灾赈。在大灾过后各地方官员与民间士绅纷纷出资捐赈,设立粥厂平粜。为鼓励有能力的民众出资捐助,地方官员往往会与地方士绅一起作劝募诗相互和唱。如道光年间人吴慈鹤的《劝捐》诗:"保富国有经,安贫乃良□。盗贼贫所为,钱刀富所惜。饥来思握粟,寒至将求帛。况值荐臻年,焉能守程尺。强者已可哀,弱者尤可恻。盗贼且不能,甘心死荆棘。人岂无仁术,对此讵能适。两府进吏民,不惜万言说。诚极动豚鱼,欣皆出私积。富家一颗粒,贫家终岁食。绸缪麦秋前,可以安保息。"③

有了地方官的倡议,地方士绅们也很快慷慨解囊。顺治年间的浙江乡贤高允中,"遇饥岁,立粥厂于里门,全活甚众,施棺掩骼交亲,贫者有所乞无勿应。"④康熙年间的名宦崔华于"康熙十六年,以前四年钱粮难民子女流离散失者,通详遍访捐金赎回,小民复得完聚。疫气盛行,广开药局疗治,全

---

① （民国）《杭州府志》卷52,民国十一年本,台北成文出版社1970年版。
② （清）《（同治）苏州府志》卷89,清光绪九年刊本。
③ （清）张应昌:《诗铎》卷14,清同治八年秀芷堂刻本。
④ （清）《（雍正）浙江通志》卷187,清文渊阁四库全书本,台湾商务印书馆1921年版。

活无算。其有死于兵,死于疫者。悉买棺瘗埋野,无暴骨"。① 郑光先"康熙丁丑癸巳,邑洊饥,捐米百余石助赈,郡守邑侯咸旌其门。"②康熙三十五年(1696),广东香山县民人李卓揆"捐米百五十石散赈,另设粥饭于门三关,月至稻熟而后止"。③ 郭兰芳"康熙丁丑饥,首捐谷倡赈,癸巳又饥,复捐赈煮粥于通衢,存活不下数百人"。④ 陆晋公"康熙三十五年潮灾,作糜以活饥民,或不敷以米与钱给之,四十四年大风伤谷,明年长沙大饥,畀钱往散之存活尤众"。⑤ 施璋、施浩兄弟"雍正二年岁饥捐赀以煮赈","借出赀以济贫乏"。⑥ 梅秀禄,"雍正二年潮灾掩埋溺死者,捐赀赈饥。知府蔡永清,总兵陈天培,知县张文英俱给匾以奖"。⑦ 雍正十年(1732),直隶太仓州的陆釚,"海潮灾偕里人,设粥平粜,全活甚多"。刘信烈,"岁饥,蠲粟散赈费至二千余金,借以存活者无算。他如修文庙、筑河堤、捕蝗虫,凡有益于公事者,悉以力行"。⑧ 郑儁"遇岁饥出粟散赈里中。借以举火者众"。⑨ 乾隆十二年(1747)潮灾,张文忠自己家里的"墙屋圮米湿计百余石,家人欲晾干出粜,为修造费,文忠止之。立造土灶用甑蒸米,招邻里计口分给,一时群聚米尽,继以谷,谷尽继以麦,倾家所有。两日中不下二百余石"。⑩ 乾隆十二年(1747),"一闽贾橐千金生理,尽散于灾民,豪举也"。⑪ 乾隆十八年,山东盐运使崇福,"于途次亲见凋敝情形,当即捐廉赈贷,设厂施粥,全活无算"。⑫ 曾绍礼,"乾隆丁巳饥,施糜粥,活人甚众。辛未又大饥,官府不能给,绍礼

① (清)《(同治)苏州府志》卷155,清文渊阁四库全书本,台湾商务印书馆1921年版。
② (清)《(光绪)香山县志》卷14,《列传》,清光绪刻本。
③ (清)《(光绪)香山县志》卷14,《列传》,清光绪刻本。
④ (清)《(光绪)香山县志》卷14,《列传》,清光绪刻本。
⑤ (清)《(嘉庆)直隶太仓州志》卷34,《人物》,清嘉庆七年刻本。
⑥ (清)《(嘉庆)直隶太仓州志》卷34,《人物》,清嘉庆七年刻本。
⑦ (清)《(嘉庆)直隶太仓州志》卷34,《人物》,清嘉庆七年刻本。
⑧ (清)《(光绪)香山县志》卷14,《列传》,清光绪刻本。
⑨ (清)《(光绪)香山县志》卷14,《列传》,清光绪刻本。
⑩ (清)《(嘉庆)直隶太仓州志》卷32,《人物》,清嘉庆七年刻本。
⑪ (清)龚炜著,钱炳寰整理:《巢林笔谈》卷四,飓风成灾,中华书局1981年版。
⑫ (清)《(道光)济南府志》卷37,清道光二十年刻本。

倡捐赈济”。① 嘉庆九(1804)年七月,盐政佶山奏:“据淮南商人洪箴远等,以江苏安徽二省间被水灾,公捐银二十万两其银,于本年甲子纲楚岸奏:准六钱岸费内节省银十万两拨回,应解余银十万两即备见银候拨。”②沈庭枬,“值筑城之役民力困,倾囊助之。灾祲荐臻流亡塞途,典质家产,施棉絮,设粥局,全活无算。解组之日,士庶攀辕泣,送为立碑,名召棠”。③ 王元相与兄元松,“同以好善闻于时。先是江苏大水,岁饥及道光咸丰间遇有水旱,元相皆出赀以赈。若规设善堂捐置义冢等事尤众”。④ 朱嘉文,“仗义乐施,道光初瘟疫流行,频年施棺櫘千八百具。十三年捐置上朱洋义塚,十四年饥籴台湾米数百石为粥以食。饿者全活甚众”。⑤ 谢钦栋,“咸丰三年六月间,风雨浃旬,大水害稼,倡捐谷三百石以赈之。六年七月,又遭飓灾。府学明伦堂及东西两廊均被摧,钦栋独力捐修计,靡钱一千六百八十缗”。⑥ 乡贤陈之闇,“每遇歉岁,率先煮粥以赈,流离乐善好施,族戚里闾咸颂其德。”⑦沈万祥,“里有贫不能婚丧者,出赀相助,有负债力不能偿者,即焚其券。每遇岁饥,出粟助赈。有客死于途者,为具棺殓,造义塔于排岭头、马坞庵等处。分别男女收藏胔骼。邑当江浙接壤行人往来不绝,洪水泛溢,桥梁尽圮。重建新溪渡、创木桥。置田亩房屋以为久远计。重修马溪桥、亭口桥、观正桥、凤凰桥、太平桥及天井潭之景,坑桥双溪口之泥钟桥,复于路口建亭施茶汤,冬夏无缺。前后邑令,皆给匾以旌其义,举乡饮大宾”。⑧ 陆序,“岁歉郡民大饥,捐资煮赈,全活无算”。⑨ 周士达,“潮灾避水裸而至者,几百人给以衣,又饲之粥”。⑩ 何源彭,“每遇饥年,辄出粟数十石以赈贫乏。……更为计口授食,死者为之殓

① (清)《(光绪)永嘉县志》卷18,《人物志六》,清光绪八年刻本。
② (清)王定安:《两淮盐法志》卷146,《捐输门》,清光绪三十一年刻本。
③ (清)《(道光)济南府志》卷51,清道光二十年刻本。
④ (清)《(同治)苏州府志》卷107,清光绪九年刊本。
⑤ (清)《(光绪)永嘉县志》卷18,《人物志六》,清光绪八年刻本
⑥ (清)《(光绪)永嘉县志》卷18,《人物志六》,清光绪八年刻本。
⑦ (清)《(雍正)浙江通志》卷187,清文渊阁四库全书本,台湾商务印书馆1921年版。
⑧ (清)《(雍正)浙江通志》卷187,清文渊阁四库全书本,台湾商务印书馆1921年版。
⑨ (清)《(嘉庆)直隶太仓州志》卷32,《人物》,清嘉庆七年刻本。
⑩ (清)《(嘉庆)直隶太仓州志》卷32,《人物》,清嘉庆七年刻本。

葬"。① 郑懿，"两遇岁饥倡蠲散赈，借以存活者甚众"。② 周士达，"潮灾避水裸而至者，几百人给以衣又饲之粥"。③ 黄云峰，"谨岁饥助赈，倾囊不吝"。④

清代的皇帝也对此事十分重视，雍正帝曾谕内阁，对捐赈者加以表彰鼓励。"闻上年秋月，江南沿海地方，海潮泛溢，苏、松、常州近水居民，偶值水患。其本地绅衿士庶中，有雇觅船只救济者，有捐输银米煮赈者，今年夏间，时疫偶作，绅衿等复捐施方药，资助米粮，似此拯灾扶困之心，不愧古人任恤之谊，风俗淳厚，甚属可嘉。着该督抚宣上□日褒奖，将捐助多者照例具题议叙，少者给与匾额，登记档册，免其差徭，并造册报部。"⑤

第二，施药施棺。几乎每次风暴潮灾过后都有大量的灾民被潮水冲走，有时整个村落都会全部被水冲走，人口损失严重。潮水退后，饿殍载道，尸横街头的惨象到处可见。如不赶快处理这些尸体，就会引起更大的灾害——瘟疫。而这些死去灾民的家属，要么无钱埋葬，要么也都被潮水冲走。但是官方所办的施药、治疗机构远远不能满足灾民的救治需要，因此施药给活着的灾民预防疾疫，施棺建立义冢，让这些死去的灾民得以入土为安，就成为在大灾过后另一项重要的救济活动。如"金诗学，会海潮灾，知州设粥平粜，赞襄赈务，全活饥民甚众，造桥修路，舍药施槽，不惜财力为之"。⑥ "陈国甲，康熙戊子己丑间，遇饥疫赈粟施药，存活无算。居常赙赠有丧者，助贫不能婚嫁者，寒施絮暑施茶，桥梁道路修葺以便行人。"⑦顾焕爵，"雍正八年秋海溢漂没者无算倡同人掩埋以千计又设放生会"。⑧ 王斌，"雍正十年秋，海潮灾，岁大饥道殣相望，请于当道力任办荒，捐赀以千计，全活数万人，舍棺施药，置塚设仓"。⑨ "张氏，沈池辉妻。夫亡抚三孤，洪

① （清）《（光绪）香山县志》卷14，《列传》，清光绪刻本。
② （清）《（光绪）香山县志》卷14，《列传》，清光绪刻本。
③ （清）《（嘉庆）直隶太仓州志》卷32，《人物》，清嘉庆七年刻本。
④ （清）《（嘉庆）直隶太仓州志》卷34，《人物》，清嘉庆七年刻本。
⑤ （清）官修《大清会典则例》卷55，《户部》，清文渊阁四库全书本。
⑥ （清）《（嘉庆）直隶太仓州志》卷32，《人物》，清嘉庆七年刻本。
⑦ （清）《（乾隆）江南通志》卷161，《人物志》，清文渊阁四库全书本。
⑧ （清）《（嘉庆）直隶太仓州志》卷33，《人物》，清嘉庆七年刻本。
⑨ （清）王昶：《（嘉庆）直隶太仓州志》卷32，《人物》，清嘉庆七年刻本。

熙、洪祚皆读书洪业中。雍正七年武举，氏犹勤纺绩出有余以周邻里，及雍正末潮灾，瘗埋流尸作糜赈饥。"①施郁学，"为乾隆十二年海溢为灾遗骸漂露学捐赀掩埋无主棺六十三"。② 柴熙元，"乾隆二十年岁祲，官设粥厂实力襄之，施棺之无主者"。③

第三，免收债券。大型风暴潮灾过后，农田被卤，池水也成为盐水，如果要把庄田去卤，只能依靠天降大雨。这时候多为靠天吃饭。因此虽有官府在灾年的蠲免、借贷，但到了基层，很难落到实处，民人依然要缴纳赋税。为此，一些有能力的士绅，就在灾年代灾民捐纳赋税，或者把灾前灾民所欠自己的钱粮全部免除，减轻灾民负担。如肥人武举李琪合，"顺治九年（1652），斗米四钱琪置饥民，簿计口授粮，月三次轮给之近者铺以糜，里人称。贷券可盈尺，一日尽焚之"。④ 邑学生施震汾，"康熙四十一年，例贡捐修学舍，赞造育婴堂，潮灾助赈蠲租，称贷者皆焚其券，遠近称善士焉"。⑤ 黄朝绅，"康熙丁丑癸巳（康熙五十二年，1713），岁饥出粟百石以赈邻人德之，买紫马岭地作义塚，俾贫人无葬地者，托焉。邻邑关某侨居里，闻遭丧鬻子以殓，绅闵之乃为焚券仍助之"。⑥ 黄时应，"辛丑，胙大饥，应设厂煮粥，平粜劝粜，亲历乡村，民沾实惠已。而奉征旧欠凋瘵莫偿应，罄家资代完通税，并偿仓谷三千余石，壬寅运米口外，崎岖万里余，筹画悉协机宜升斗无损，部以军功议叙"。⑦

第四，族内接济。作为同族的民人，因有血缘关系，往往更容易相互接济，且接济物资丰厚，包括到了生活的各个层面。如何圣强，"自癸巳至癸丑五值荒年，圣强迭捐米二千七百余石，借以存活者无算。复捐田济宗族之贫乏者，建社仓积谷为里邨备荒用"。⑧ 周拱斗，"善岐黄术，贫者施之以药，

① （清）《（嘉庆）直隶太仓州志》卷48，《人物》，清嘉庆七年刻本。
② （清）《（嘉庆）直隶太仓州志》卷34，《人物》，清嘉庆七年刻本。
③ （清）《（嘉庆）直隶太仓州志》卷32，《人物》，清嘉庆七年刻本。
④ （清）《（乾隆）江南通志》卷161，《人物志》，清文渊阁四库全书本。
⑤ （清）《（嘉庆）直隶太仓州志》卷34，《人物》，清嘉庆七年刻本。
⑥ （清）《（光绪）香山县志》卷14，《列传》，清光绪刻本。
⑦ （清）《（光绪）香山县志》卷14，《列传》，清光绪刻本。
⑧ （清）《（光绪）香山县志》卷14，《列传》，清光绪刻本。

更给钱米。遇宗党间施恩尤厚，子国翰……广任囗施与不倦"。① 邑庠生樊圣传，"雍正十年，岁大祲，同族百口皆待举火无失所者，又旁及邻里力不继则称贷益之，后每遇岁祲以为常，精岐黄，贫无力者助药资，全活不可胜计"。②

从粥赈到死者安葬以及对遗孤的赡养，民间义赈无所不包，进行。参与的社会成员士农工商各个行业都有，具有广泛性。地方士绅是其中坚力量。但值得注意的是，很多商贾也成为民间灾难救助的重要力量。这种力量的出现，表明了该地区商品经济发展已具有一定规模，工商业者的力量正在壮大的事实。不过换一个视角来看，民间义赈的频繁也突显出社会危机的潜在严重性。

第二节　救灾慈善体制的完善

随着大量善书的刊行，向善之风在清代社会已经蔚然成风。善会善堂纷纷成立，嘉行义举绵绵不绝。官商缙绅创办的义庄、义田、会馆等公益设施，对本族的族民开展慈善救济活动。按照经费来源、创建者和管理者来划分民间慈善机构的话，有两种形式：一是慈善组织由民间社会力量自发组织，自行筹款建设，同时也是由民间慈善家自主经营管理各项慈善活动费用的民办慈善机构；一是由民间社会力量创办，但是也得到官府一定资助并接受其监督的官府督办性质的慈善机构。

一、清代慈善组织的特点

（一）民间慈善组织数量增多

清代民间社会组织除了官办的养济院、惠民药局外，各种民间自发组织的慈善团体数量众多。仅据民国《吴县志》卷 30 中统计，在吴县一带稍具

---

① （清）《（嘉庆）直隶太仓州志》卷 34，《人物》，清嘉庆七年刻本。
② （清）《（嘉庆）直隶太仓州志》卷 34，《人物》，清嘉庆七年刻本。

规模的民间慈善团体就有 28 个,其他小型的慈善团体没有记载,也许还有很多。其他各州县也在各自的不同地域情况的基础上,设置很多,跟前代相比,有增无减。如乾隆年间《福州府志》中记载:

表 5-1　乾隆年间福州府各县慈善堂冢

县　名	慈善堂名	处　　所	创建时代	创建人	义田亩数
闽　县	育婴堂	设在城北遵截铺地方充为堂中乳哺衣药之需里人黄鹭来有记	雍正二年（1724）		巡抚黄国材捐置田五百四十余亩又拨盐耗银两,布政使赵国麟复拨公费银五百两以备不足
	普济堂	奉府县闽侯二县公设在华林寺内共计堂房一百三十九间	雍正二年（1724）闰四月	文建总督觉罗满保巡抚黄国材布政使秦国龙转饬	
	养济院	东门外易俗里官窑厂为屋三十七间			
	义冢	捐置一所在东关孝义里	康熙三十三年（1694）	巡抚卞永誉	
		捐置九所:一在东关孝义里。一在南关上渡。一在南关傍边山。一在南关下湖。更五所在汤关孝义里	雍正二年（1724）	巡抚黄国材	
		捐置三所:一在东关易俗里。一在东关孝义里。一在东关孝义东大山	雍正七年（1729）	将军阿尔赛	

续表

县　名	慈善堂名	处　　所	创建时代	创建人	义田亩数
长乐县	普济堂	邑后西边			
	育婴堂	邑后西边			
	养济院	城东北			
	义冢	郑山			
连江县	普济堂				
	育婴堂				
	养济院	在天王寺前			
	义冢	县南			
罗源县	普济堂				
	育婴堂				
	养济院	城西门外			
	义冢	在上梅岭酒牌垄	康熙二十三年（1684）	游击韩祖蕲建	
		在北门外邑厉坛上		知县陈钦如倡建	
		在安金里洋		后邑耆老公建	
		在邑厉坛前	康熙六十年（1721）	知县王楠倡建	
福清县	普济堂	县西门			
	育婴堂	县城内			
	养济院	城北隅			
	义冢	县北隅			
侯官县	普济堂	闽县公设华林寺内			
	育婴堂	闽县公设城北遵截铺			
	养济院	西关外			

续表

县　名	慈善堂名	处　所	创建时代	创建人	义田亩数
侯官县	义冢	三所：一在北关丞相坑，一在西关保福，一在西关坑褙	雍正二年（1724）	总督觉罗满保巡抚黄国材捐置	
		捐置八所：一在西关凤凰墩。一在西关后限。一在北关梅柳。一在北关红墙。一在北关义井。一在北		巡抚黄国材	
古田县	普济堂	一保后垄庵			
	育婴堂	在三保双坝河边			
	养济院	县治北后林			
	义冢				
屏县	普济堂				
南县	育婴堂				
	养济院				
	义冢	北门外厅坛右			
闽清县	普济堂	南关外			
	育婴堂	北门内			
	养济院	城隍庙右			
	义冢	县治东南			
永福县	普济堂	水门内			
	育婴堂	水门内			
	养济院	县治西			
	义冢	县治东			

　　福州府下属各县几乎都设有普济堂、育婴堂、养济院与义冢。地方官员自己出资捐助或由地方耆老一起捐建，有时甚至同时捐建多所。全国各地亦如是。

（二）种类功能齐全

　　从上面灾前、灾时、灾后救济的内容来看，包括了捐谷、设粥厂、施药、施棺、义冢、代完课税等，基本上涵盖了灾难救济的各个方面。同官方赈济措施相比较，民间赈济更具有针对性，效果更好。台湾《新竹县采访册》卷五，同治年间新竹县《明善堂开销义举条款碑》中，详细注明了该善堂救济的范围。

明善堂开销义举条款碑

署台湾北路淡水总捕分府、加十级、纪录十次（以下阙），立定条款，谕饬遵办，以垂久远事。

照得淡辖各屯番社之附近一带荒山圹地，向归各社番丁（以下阙）租，大社可收千余石、小租亦有数百石不等，是为番社公业。由本厅饬就该社公举妥番承充业（以下阙）正供钱粮，开销社中公费，按给番众口粮。惟支收各款，均归该业户一手经收，不准汉民干预（以下阙）。即图中饱，任意侵渔；如大甲德化社原设业户巧万珍病故，接充之巧联成虽有其人，乃系汉（以下阙）分府察核利弊，创立新章，将业户改为佃首，责成催收。其收纳各款，由大甲司及堑城明善堂绅（以下阙）。据该绅董佥禀，复经饬差押纳，并出示晓谕各去后。续经本分府确查德化社年额收支存租（以下阙）侵蚀。即据绅董公禀前来。除批示外，合定条款，谕饬永远遵办。为此，谕仰明善堂绅董等即便遵（以下阙）条款，各义举认真办理。外赢余若干，如（以下阙）该绅董等永远遵行，无稍懈忽，是为至要。切切，特谕。

今将德化社年额收支存剩项下，酌定义举，核实开销各条款开列于左：

1. 文庙大成又后殿、东西两庑每逢春秋祭丁，届期油香灯烛虔备足用，以昭盛典。

1. 城内外庙宇每逢岁抄，各捐油香二元，以昭诚敬。

1. 每月雇工检收字纸，由本堂酌给薪劳。其破碎磁器及瓦片有字者，概行收检，无间风雨。

1. 建设义塾，俾贫寒子弟无力栽培者从学肄业，免送脩金，以资成材。

1. 滴仔庄大路并暨西门外香山一带之冲衢,如有崩圮,及时修理完固,以便行人。

1. 南门外义冢,如有无主坟墓穿塌者,即雇工修复,以安孤魂。

1. 各处沙滩有浮尸飘流、白骨暴露者,随时雇工检埋,以免抛弃。

1. 每年逢五、六、七等月,制造药茶、药丸施送,以祛暑疫。

1. 地方如有拿获真正劫棺之盗,送官审明确实。其在场帮同拿获者,各分别酌量给赏。

1. 遇地方事有关义举者,虽未经登列款内,该董事等不妨随时酌议举行,以广善行。

以上各善事,永远归本城明善堂诸绅董秉公办理,无稍懈怠。须至条款者。

同治八年九月①

上面的碑文中,首先写明了明善堂的经济来源。"淡辖各屯番社之附近一带荒山圹地,向归各社番丁(以下阙)租,大社可收千余石、小租亦有数百石不等,是为番社公业。"即利用无人开垦之荒地租给番社佃户后,收获的粮食与租金就成为明善堂的经济来源。其次,注明明善堂慈善赈济的范围,如每岁"捐油香"、每月"收纸"、"设义塾"、修路、"义冢"、"埋浮尸"、每年五、六、七等月"做降暑药茶"、捉盗墓贼等。可以说包括了地方慈善事业的方方面面,而且长期实行,形成定例。最后,从管理人员来看是地方的"诸绅董",也就是地方士绅主持管理。而地方士绅多为文化知识水准较高的阶层,经济充足,在地方一定的范围内有很大的影响力。因此,由他们主持明善堂的管理,正是善堂可以持续经营,经久不衰的原因之一。

（三）参与阶层广泛,财力充足

清代民间慈善的参与者不但有地方官员还有乡绅耆老。随着清代商品经济的发展,工商业者也参与进来,并逐步成为民间慈善的主要力量。加上普通百姓的广泛参与,更是扩大了慈善活动的影响力。其经费来源:一是地

---

① （清）《新竹县采访册》卷五。

方官员的养廉银,一是士绅百姓捐赈房产、田产,也有地方耆老捐助其生辰宴席费用以及工商业者捐助的资金等。同时也有不少善会善堂将屋产、田产租赁出去或把捐款存典生息来维持日常生计。如太仓州人毕礼"于东亭子桥,置义冢于东一都,捐助育婴堂田亩,公建社谷仓厫,里中事,无大小,必倡率经理"。① 官员谢包京就曾"效范文正公义田法,设义租数百石,俾族之公正殷实者主之,凡读书婚嫁无力者,酌量周恤,借以成立者甚众,学宫倾圮,捐涂田四百亩以助,鼎新所积租谷永为修葺之费,瓯郡海氛犯,顺远近戒,严包京同守土官登城固守,乡民被难入城,饿殍载道,乃悉出庾粟煮粥赈赡,为好义者倡,全活无数"。② "艾朝锦监生候选县丞,乐善好施于谨,约捐地五亩为义冢。"③乾隆年间,宁波知府汪起"修葺学校、浚治水利、咸实心经理。到任数月,即以忧去遣使回籍取白金八千余两,以五千两付育婴堂生息以补经费之不足,其余为修学浚河之用"。④ 鄞县县令宋鉴在水灾发生后,"鉴亲往按户抚□,于常例之外复以己俸济之,又修筑万金土塘,及甬东南北二塘,令饥民赴工就食,民赖其惠。南关郑郎堰,为商农舟楫所经,鉴令改作石坝,又修筑栋木萧皋二碶,公私便之事。"⑤

在台湾《新竹县志》中载有道光十六年(1836)所立的《义冢捐名碑》,其中捐资者的职业就不仅是地方官员,士绅商人也在捐献人里。

义冢捐名碑

义冢捐题姓名,开列于左:

淡防分府玉捐银一百元。前任淡防分府李捐银十大元。艋舺营参府邱捐银二十元。北路右营游府祥捐银十大元。淡水儒学高捐银二大元。艋舺县丞赵捐银四大元。竹堑理刑厅汪捐银十二元。大甲分司高捐银八大元。北路右营副府曾捐银四大元。艋舺中军府欧阳捐银四

① (清)《(嘉庆)直隶太仓州志》卷32,《人物》,清嘉庆七年刻本。
② (清)《(光绪)永嘉县志》卷18,《人物志》六,清光绪八年刻本。
③ (清)《(道光)济南府志》卷56,清道光二十年刻本。
④ (清)《(乾隆)鄞县志》卷12,清乾隆五十三年刻本。
⑤ (清)《(乾隆)鄞县志》卷12,清乾隆五十三年刻本。

大元。

厅署幕席：屠桂山捐银二十大元。杨晴江捐银二十四元。张春台捐银一十六元。包时仲捐银十大元。李文樵捐银十二元。章友凤捐银八大元。高杏村、朱承高、朱仲熏、周燹堂各捐银四大元。平成济、沉实庵各捐银二元。

厅署内、艋舺中军署内：李诠、李永清、欧阳春；以上各捐银二元。

原任广西柳州府林平侯捐银一百元。新艋泉郊金进顺捐银三十元。艋舺厦郊金福顺捐银二十元。

绅耆铺户：郑用钟、吴振利、曾昆和各捐银三十元。吴称其、金振成、周智仁、陈词裕、金广福各捐银二十元。郑长源捐银十二元。林元会、罗德春、刘联辉、李青云、逢泰号、陵茂号、源泰号、益三号、郑琨臧、春贞记各捐银十元。林长青、高华、镒泰号、协裕号、德隆号、郑藻亭、谢承烈、黄裕源、陈大彬、大甲、林逢泰各捐银四元。陈毓瑛、彭作栋、王丰瑞各捐银二元。张英石捐银一元。

道光十六年（丙申岁）仲春之吉，首事职员郑用钟、拔贡郑用鉴、职员吴称其、生员林元会、吴清江、铺户吴振利、郑武略、陈祖居、刘联辉、督修黄大华。①

上碑中所刻的捐资义冢的人士，分列开来，有官府中军、"厅署幕席"、郊商、"绅耆铺户"等，涉及了该地区有经济能力的各个层面。之后由地方士绅推选出代表人物进行负责，"首事职员郑用钟、拔贡郑用鉴、职员吴称其、生员林元会、吴清江、铺户吴振[赈]利、郑武略、陈祖居、刘联辉、督修黄大华。"

（四）活动经常

清代设立常设慈善机构，如普济堂、育婴堂等，不受时间限制，只要有需要帮助之人，就可以立即救助，善举活动十分频繁。如民国《杭州府志》中载的民间兴办的"栖流所"："栖流所旧在斯如一图百岁坊内，道光二年十一

---

① （清）《新竹县采访册》卷5。

月二十八日钦奉恩诏:‘内开一各省民人有孤贫残疾,无人养赡者,该地方官加意抚恤。如无室庐栖处,该地方官酌设栖流所,以便栖处,钦此。’当经绅士徐培,余锷,董事金枝,王锡等,分任捐赀,购地创建。内构恩纶阁,恭奉恩诏誊黄,昭示万世,计捐经费银八千两,复经四所盐商吴恒聚,方复元,汪义生,祝逢吉筹助,每引输银一分积。至六年四月二十一日,开办衣食医药,随时酌给,夜半司事轮流巡察病痊,工役给赀不得向病茕需索,殁则棺殓殡葬,注册勒石以备亲属认领,迁徙其倒毙浮尸,别立报验规条,以免株累邻右。兵燹后附设普济堂右,其报验赴场给费,由同善堂施材局司事兼办,杭州知府陈鲁有永禁勒索碑。”①为了方便民人看病,还开设夜班药房,而且“工役给赀不得向病茕需索,殁则棺殓殡葬”可以说是一个全部免费的慈善场所。

二、民间慈善救灾活动兴盛的原因

清代民间慈善兴盛的原因是多方面的。首先是官府的大力倡导支持(前文已对此有述及)。其次,传统慈善观念与大量善书的刊行传播。清代善书遍布各地,江浙地区尤多。光绪二十九年《江苏杂志》中就载:“感应阴骘之文,戏子放声之局,遍于州县,充于街衢。”②咸丰二年刊印的《宣讲集要》也讲了善书流通之普遍:“善书之流传伙矣。入则充栋,出则汗牛,殆不啻恒河沙数也。”③《三圣经》《玉历宝钞》《百孝图说》等善书,以图文并茂的故事形式,向人们宣扬多行善事,“善人日多,地域日空”的观念。

最后,商品经济的发展为民间慈善义举的开展提供了必要的物质基础。再对清代社会经济进行横向比较,我们就可以看出,慈善义举活动最活跃的地区就是商品经济发达的地区。而中国沿海地区自宋以后,商品经济活跃,

① (民国)李榙:《(民国)杭州府志》卷73,民国十一年本。
② 光绪二十九年江苏同乡会创办发行《(江苏杂志)第9、10期合本《社说·江苏人之信鬼》,东京:江苏同乡会重印,总第1573页,转引自游子安:《善于人同——明清以来的慈善与教化》,第17页。
③ 《宣讲集要》,咸丰二年福建吴玉田刻本,《序》,页1甲,转引自游子安:《善于人同——明清以来的慈善与教化》,第17页。

社会繁荣，是清代慈善义举活动最活跃的地区之一。

灾害的民间自救缓解了可能激化的社会矛盾，从而不至于导致激烈的反抗，保持了社会秩序的安定。民间自救系统的建立既需要官府的积极倡导，官府及时的表彰表，还需要整个社会风气的跟进，社会各阶层都可能参加到捐助事业中，为救灾的各个环节发挥积极作用。民间救助正可以弥补官府救灾的不足，有效地解决好难民的生计问题，使沿海地区的居民可顺利度过灾后最艰难的时期。

第六章 海洋灾害与海神信仰

海洋灾害是自然致灾因素对人类社会造成的危害。海洋自然灾害的发生和发展往往有一定程度的突发性与不可预测性,不可抗力合破坏力。面对海洋自然灾害长久威胁和不断的袭击。防灾、抗灾和减灾乃是人类社会长久的愿望和不断的努力。在科学与技术部不甚发达的古代,让人们将防灾、抗灾和减灾的愿望寄于诸神明,于是就产生了沿海地区所独有的民间习俗与民间信仰。

第一节 海洋灾害与禳弭信仰

清代以农业立国,自然灾害带来的影响是阻碍社会发展的主要因素之一。为了减轻灾害带来的损失,保障社会稳定向前发展,禳弭制度成为社会应对自然灾害的一种手段。所谓的"禳弭"指的是祈求、祭祀各有关神祇、偶像以求风调雨顺,获得丰收,是人类较早的减灾对策之一,而且在较长的时期内相当普遍地存在。这种状况,除了受人类对自然界、对自然灾害认识水平的局限外,还与自然灾害的肆虐及其对人们心理的打击等因素有关。

神灵信仰是一种历史现象、社会现象和心理现象,无论是发达国家还是第三世界国家,无论是资本主义国家还是社会主义国家,不同的民族、不同的国家、不同的地区、不同的经济地位……到处都有神灵信仰的存在。神灵信仰能在人类的社会生活中存在如此长的时间,影响如此广泛的原因,是历史、社会和心理三种原因交错结合的作用,而心理因素是其最主要和重要原因。

在宗教心里学中，对神灵信仰，更强调与人们在情感上对解释和适应神秘与灾难性的东西的需要。心理学家欧文·古登纳夫（Goodenough，Erwin）把宗教描写为人类对自己的安全、安定以及将来的生存受到经常的威胁时所作出的反应。特别是当人们得知许多熟悉的事物不仅将最终消亡，而且这种消亡可能在任何时候发生，这时就引起严重的焦虑和不安定。古登纳夫把这种情况叫做 Tremendum，这是一个拉丁词，意思是"令人害怕的东西"或"恐怖的来源"。①

而著名的心理学之父西格蒙德·弗洛伊德（Sigmund Freud）认为宗教行为是一种神经症的反映，它始于婴儿的无助感和对有力量的保护者——也许是父亲的渴望。这些情感"由于对命运超强力量的恐惧而永远性延续下来。"②因此，弗洛伊德把宗教称作一种集体愿望的实现。为保护自己不受可怕的、不可预测的世界的伤害，我们将头脑中解除这种处境的救世主向外投射到上帝身上。因此，对弗洛伊德来说，上帝不过是以幼稚的方式造出来为我们提供安全感的无意识的父亲式人物。

中国古代，在无助的、未知的自然灾害面前，神灵宗教信仰就成为人们谋求安全感的最有效的心理慰藉。邓拓曾说过"我国救荒思想发展之原始形态乃是天命主义之禳弭论，而在其实际政策中，则表现为巫术之救荒。"③

因此，遇到天灾，必定要祈祷，这是数千年间中国上到皇帝、下到百姓普遍采用的禳灾方式。早在先秦时期的典籍《左传》中就载有"国之大事，在祀与戎。"④故"自天子命祀而外，下至于州县，凡有守土之责者，莫不竭虔尽敬，率乃典常，以修岁祀，孔惠孔时，冈或忒焉。"⑤

时至清朝，记载该朝典章制度的专著《清朝文献通考》中更是清晰的看出国家对祭祀禳灾之看重："我朝凡遇水旱，或亲诣祈祷，或遣官将事。皆

---

① 欧文·古登纳夫：《宗教经验的心理学》，纽约基础书籍出版社 1965 年版，第 6 页。
② 西格蒙德·弗洛伊德：《图腾与禁忌》，上海人民出版社 2005。
③ 邓拓《中国救荒史》，第 271 页。
④ 春秋左丘明《左传》，成公十三年。
⑤ 清《澎湖纪略》卷二。

本诚意以相感格,不事虚文。初立神祇坛,以祷水旱,雩祀既举,礼仪修备。间或遣祷山川,悉准古典。"①不仅如此,"岁遇水旱,则遣官祈祷天神、地神、太岁、社稷。至于(皇帝)视旨圜丘,即大雩之义。初立天神坛于先农坛之南,以祀云师、雨师、风伯、雷师;立地祇坛于天神坛之西,以祀五狱、五镇、四陵山、四海、四渎、京师名山大川、天下名山大川。"②遇灾官方主持祈祷禳弭祭祀,已经形成中国历代朝廷安抚百姓之要事。

雍正二年(1724),江浙沿海遭强台风袭击,受灾地区达40多个州县,浙、淮盐场均遭受毁灭性袭击,死亡人口在十万以上,且海水倒灌,大量农田被卤,农业生产遭受严重损失。同年八月,雍正帝下诏谕曰:

> "谕江浙督抚等。朕思天地之间,惟此五行之理,人得之以生全,物得之以长养。而主宰五行者,不外夫阴阳,阴阳者、即鬼神之谓也。孔子言鬼神之德,体物而不可遗,岂神道设教哉。盖以鬼神之事,即天地之理,不可以偶忽也。凡小而邱陵,大而川岳,莫不有神焉主之,故皆当敬信而尊事。况海为四渎之归宿乎,使以为不足敬,则尧舜之君、何以望秩于山川,文武之君、何以怀柔百神、及河乔岳。今愚民昧于此理、往往信淫祀而不信神明,傲慢亵渎、致干天谴,夫善人多而不善人少,则天降之福,即稍有不善者、亦蒙其庇,不善人多而善人少,则天降之罚,虽善者、亦被其殃。近者江南奏报上海、崇明诸处、海水泛溢,浙江又奏报海宁、海盐、平湖、会稽等处、海水冲决堤防,致伤田禾,朕痛切民隐,忧心孔殷,水患虽关乎天数,或亦由近海居民、平日享安澜之福,绝不念神明庇护之力、傲慢亵渎者有之。夫敬神固理所当然,而趋福避祸之道、即在乎此,能敬则谓之顺天,不敬则谓之亵天。亵天之人、顾可望绥宁之福乎,《诗》曰:敬天之怒,无敢戏豫。又曰:畏天之威,于时保之,朕固当朝干夕惕、不遑宁处、以敬承天意,亦愿百姓共凛此言,内尽其心,外尽其礼,敬神如在,以至诚昭事而不徒尚乎虚文,人意即神意,一

① (清)官修《清文献通考》卷九十六郊社考,清文渊阁四库全书本。
② (清)官修《清文献通考》卷九十六郊社考,清文渊阁四库全书本。

念之感格自足以致休祥,岂独一乡一家之被其泽哉,若百姓果能人人心存敬畏,必获永庆安澜。着该督抚将此谕上□日、令地方官、家喻户晓,俾沿海居民、一体知悉。"①

这是清代帝王仅就沿海潮灾发布的诏书。在此诏书中,先是阐明雍正皇帝个人的观点:世间应遵循"五行阴阳之说"与"天地之理",如"信淫祀而不信神明",则天会降灾,以警示众人。这一观点,充分体现了中国千年传下来的"天人感应"是灾异产生的思想观念的根深蒂固,昭显了帝王对"天象示警"的敬畏之情。接下来,雍正帝对自己的政德进行自责与反省,表现出对受灾地区百姓的同情与怜悯:"朕痛切民隐,忧心孔殷。"这是在大型灾难后诏书中不可或缺的内容,几乎与公文范例类似。之后,提出自己对此的意见,即要敬畏天威,皇帝自己以身作则外,"亦愿百姓共凛此言,内尽其心,外尽其礼,敬神如在。"只有"百姓果能人人心存敬畏",则沿海就会"永庆安澜"。最后,以此为契机,督令群臣和地方官员认真办理灾后对灾民心理慰藉以及赈恤重建事宜。在雍正二年(1724)六月庚子,雍正帝曾经对江西民众拜祭邪教之事颁布诏谕:"朕惟除莠所以安良,黜邪乃以崇正,自古为国家者、绥戢人心,整齐风俗,未有不以诘奸为首务也。闻江西地方、颇有邪教,大抵妄立名号、诓诱愚民,或巧作幻术,夜聚晓散,此等之人、党类繁多,踪迹诡秘,苟不绝其根株,必致蔓延日甚。地方各官、傥务姑息,不行访挐,是养奸也,澄清风俗之谓何。该督抚亟当严饬各属、密访为首之人,严加惩治,能去邪归正者、则予以从宽,如有出首者,即酌量奖赏。务令萌蘖尽除,奸民屏迹,风俗人心、咸归醇正。傥或仍前因循、不能查禁,事发之后、该管官一并从重议处。此等查禁之事,亦不必张大声势,以骇众听,惟当留心密访、设法缉获,祇将为首者重惩,其余被诱惑者、概不深究。如此,方合朕意,假若不肖有司、借此恐吓平民、波及无辜,则不特无益、而反有害矣,须饬谕属员知悉。"②所以对这次海潮灾害的诏书,多以"禁淫祀,敬天道"为主要内容,亦为防止受灾地区的灾民受"邪教"

---

① 《清世宗实录》卷之二十三,八月条。
② 《清世宗实录》卷之二十一,六月庚子条。

蛊惑,进而起义造反的情况的发生。

清代已将遇灾祈祷作为一种国家制度从前代继承下来。而且在大型灾害时,多由皇帝亲诣或亲自对神灵进行敕封。以妈祖为例,仅清代就由皇帝敕封了15次,把封号字数加至62字,是众神之中所受封号最多的神。

而从另一方面来讲,宗教信仰在灾害发生时或灾害过后,可以对人们的无助、受惊等心理进行治疗。也就是"信仰疗法"。所谓的"信仰疗法"是指"通过某种不被传统医学所承认的机能使一个人对某种生物(动物或植物)发生有益的作用或影响,这种治疗方法包括集中精力、沉思默想、祈祷、举行某种仪式等等。有的信仰疗法师认为,他们只不过是通过治疗恢复病人的机能;有的认为他们把自己的精力转给了病人;有的声称,他们是连接宇宙力量的桥梁,他们把这种力量传给了病人;许多人还认为他们运用了上帝或神的力量。"①信仰的存在,可以给人三样东西:一是给人的生活一个永恒的总目标,从而凝聚起人的所有力量,实现人的内在统一。二、可以唤起人真正的爱心,使人从爱自己向爱别人转变。三、给人解决困难以超世俗的能力。

在中国古代沿海地区的人们,多以航海捕鱼为生,海洋天灾跟沿海居民有着密切的联系,海洋天灾比起陆地上的灾害更无法预测。沿海地区时常会猝遇风暴潮灾,屋毁人亡,田禾被卤之事亦时有发生。而在茫茫大海上航行时,常常很难见到陆地,而且经常会遇到风暴、台风等海洋灾害。一不小心就船毁人亡,生死难卜,所以在沿海地区的人们对神灵,尤其是海洋神灵的信仰更虔诚,更频繁,仪式更复杂。

一、海洋神灵

海洋神灵信仰,是沿海社会文化的重要组成部分。所谓的海神,指的是"人类在向海洋发展与开拓、利用的过程中对异己力量的崇拜,也就是对超自然与超社会力量的崇拜。"②在生产力十分低下的古代社会,面对潮水的肆意妄为,人们措手无策、毫无办法,只能求助于神灵来佑护,各式各样的海

① ［美］F.D.沃林斯基:《健康社会学》,科学文献出版社1992年版,第426页。
② 王荣国《海洋神灵——中国海神信仰与社会经济》,江西高校出版社2003年版,第28页。

洋神灵也就应运而生。随着时间的变迁,海神的种类不断增加,其职能也不断扩充,最早的"海神"名称出于《山海经传》:"东海之渚中渚岛,有神人面鸟身珥两黄蛇,以蛇贯耳践,两黄蛇名曰:'禺□'。黄帝生禺□,禺□生禺京,即禺强也。禺京处北海,禺□处东海,是惟海神。言分治一海而为神也。"①出于古代人类认识水平的局限,沿海先民相信万物皆有神。与自己生活息息相关的大海也是神灵之物,海洋神灵也就应运而生。且随着时间和人类对海洋探索领域的变化,其形象由模糊笼统的水体简单崇拜,逐渐丰富,成为多形象,多种类的神灵体系。

到了清代,随着民间海洋贸易分发展,海商们不仅信仰妈祖、龙王。很多如关公、城隍、土地等陆地神灵也加入到他们的信仰之中。海神妈祖信仰在全国进一步传播,成了全国普遍信奉的海神。清朝历代帝王也对海神无比敬畏,对海神庙宇的建立亦十分虔诚。在大型海洋灾害过后,敕令沿海地区建海神庙,并亲自祭拜册封的事不胜枚举。如康熙三十四年(1695)五月"上(康熙)阅视海口,命于其处立海神庙。"②雍正七年(1729),"谕工部:朕惟古圣人之制祭祀也,凡山川岳渎之神,有功德于生民、能为之御灾捍患者,皆载在祀典。盖所以荐歆昭格,崇德报功,而并以动人敬畏祗肃之心也。雍正二年,浙江海塘潮水冲决,朕特发帑金,命大臣察勘修筑,并念居民、平日不知畏敬明神,多有亵慢,切谕以虔诚修省之道,令地方官家喻户晓,警觉众庶。比年以来,塘工完整,灾沴不作,居民安业,盖已默叨神佑矣。今年潮汐盛长,几至泛溢,官民震恐,幸而水势渐退,堤防无恙,此皆神明默垂护佑,惠我烝民者也。兹特发内帑银十万两,于海宁县地方、敕建海神之庙,以崇报享。着该督遴委贤员、度地鸠工,敬谨修建,务期制度恢宏,规模壮丽,崇奉祀事,用答明神庇民御患之休烈。且令远近人民、奔走瞻仰,兴起感动,相与服教畏神,迁善改过,永荷麻祥,则国家事神治人之道,均有赖焉。"③雍正十年(1732)三月,"敕封浙江海宁县海神、为宁民显佑浙海之神"④乾隆四

---

① ［晋］郭璞《山海经传》大荒东经第十四,四部丛刊景明成化本。
② 《清圣祖实录》卷之一百六十七,康熙三十四年五月条。
③ 《清世宗实录》卷之八十五,雍正七年八月条。
④ 《清世宗实录》卷之一百十六,雍正十年三月条。

十三年(1778)八月,乾隆帝拜谒祖陵的路上,看到北海自山海关至盛京一带未有海神庙,就谕旨"着该部于滨海地方,择地望祭,派庄亲王永瑢、行礼,所有应行事宜,各该衙门即速照例备办,并着周元理、于山海关澄海楼相近处所,度地建立北海神庙,即行绘图呈览,候朕降旨发帑兴工,俾庙貌崇闳,以妥神佑。"①之后,山东、江苏等省的海神庙也奏请照浙江省海神庙敕封之例祭祀。② 不仅如此,清代皇帝还多次派专员去浙江海神庙拜祭,乾隆帝曾浙江海神庙题匾,曰:"保障东南"。

海神庙中所供奉的海洋神灵,不是一种,而是繁多而庞杂。按其结构层次可以分为如下几类:

(一)海洋本位神灵

"海洋本位神灵"是指对海洋水体的崇拜产生的海洋神灵,对栖息在海洋中的水族的崇拜而产生的鱼神、龟神等。正如全祖望在其《天妃庙记》中所讲"自有天地以来,即有此海;优此海即有神以司之。"③在古代先民"万物有灵的"的意识下,把周围所有的事物都认为具有灵性,充满各式各样海洋生物的大海,也是充满灵性的世界。夏商时期就有了"四海之神"之祭祀,"四海之神"最早出自《山海经》。据《山海经·大荒东经》记载,北海之神"禺彊","北海之渚中,有神,人面鸟身,珥两青蛇,践两赤蛇";东海之神"禺猇","有儋耳之国,任姓,禺猇子,食谷……人面鸟身,珥两青蛇,践两赤蛇"④。《山海经·大荒南经》记载,南海之神曰"不廷胡余","人面,珥两青蛇,践两赤蛇"⑤。《山海经·大荒西经》记载西海之神"弇兹","人面鸟身,珥两青蛇,践两赤蛇。"⑥这时的"四海之神"的形象都是人兽同体,脚踏两蛇,具有远古时代先民的自身的文化渊源。到了汉代,自然神开始出现了"人神化"的趋势,海神亦列其中。汉代的海神不但"人神化",改了名号而

---

① 《清高宗实录》,卷之一千六十四,乾隆四十三年八月条。
② 《清高宗实录》,卷之六十八,乾隆三年五月条。
③ (清)全祖望:《天妃庙记》《清朝文献通考》卷一百五十八《群祀考二》。
④ 《山海经全译》,第 270 页。
⑤ 《山海经全译》,第 284 页。
⑥ 《山海经全译》,第 299 页。

且都配备了"夫人"。到了唐朝，开始册封"四海之神"为王：东海广德王、南海广利王、西海广润王、北海光泽王。《旧唐书·志第四》"（天宝）十载正月，四海并封为王。"并派遣"太子中允李随祭东海广德王，义王府长史张九章祭南海广利王，太子中允柳奕祭西海广润王，太子洗马李齐荣祭北海广泽王。"①宋代时，东海之神依旧是"广德王"，南海海神有二：其一为"祝融"，"南海之帝实祝融。祝融，火帝也，帝于南岳，又帝于南海者。《石氏星经》云：南方赤帝，其精朱鸟，为七宿，司夏、司火、司南岳、司南海，司南方是也。司火而兼司水，盖天地之道，火之本在水，水足于中，而后火生于外，火非水无以为命。水非火无以为性，水与火分而不分，故祝融兼为水火之帝也。"②；其二是原本是中国古代的方位神、海神、水神的"玄武"，"盖天官书所称，北宫黑帝，其精玄武者也。……盖以黑帝位居北极而司命南溟，南溟之水生于北极，北极为源而南溟为委，祀赤帝者以其治水之委，祀黑帝者以其司水之源也。"③

"四海龙王"，道教神祇之一，是汉族民间所敬之神，始崇拜于隋唐时期，北宋末年，得到朝廷的正式认可并册封，大观二年册封天下五龙神："青龙神封广仁王，赤龙神封嘉泽王，黄龙神封孚应王，白龙神封义济王，黑龙神封灵泽王。"④朝廷的册封，提升了民间龙神的地位，刺激了龙王庙的发展，与四海之神对应，产生了四海龙王，即"东海龙王敖广""南海龙王敖钦""西海龙王敖润""北海龙王敖顺"。龙王的民间盛行，使得四海海神的影响力有所弱化。但是到了元代，随着妈祖神阶的迅速上升，四海龙王的的地位也开始下降。明清时期，四海龙王形象出现在众多民间曲艺小说中，如《西游记》《东游记》《封神演义》等。至此，四海龙王形象真正定型。沿海地区常会出现龙卷风、龙化水的现象，龙卷风是大气中最强烈的涡旋的现象，它是从雷雨云底伸向地面或水面的一种范围很小而风力极大的强风旋涡。在科学技术不发达的古代，人们对龙卷风的形象犹如海龙升天，人们自然而然地

---

① 《旧唐书》卷24，《志第四·礼仪四》
② （清）屈大均《广东新语》卷6，《南海之帝》。
③ （清）徐松辑《宋会要辑稿》《礼四之一九》。
④ （清）屈大均《广东新语》卷6，《真武》。

就认为是海龙神显灵。如雍正二年(1724),长江下游三角洲地区发生大型风暴潮灾,一时间"海潮奔溢浸,灌镇民自分鱼鳖矣,既而潮忽渐退,居民登候涛山,望见龙身横截海中,潮因之不能入。是时,沿海多被漂溺,而镇独安堵无恙,是又为龙神捍御保障之功也。"①雍正帝应镇民之吁,勅封涵元昭泰镇海龙神,旋发帑金卜邑镇远门之东。该庙建成于雍正八年,次年雍正帝派李卫前去浙江祭祀诸位海神,留下《李卫蛟门龙神庙碑记》刻于龙神庙旁,永做纪念。

风神,是古代先民对自然现象的一种崇拜,且其具有陆神与海神两种属性。沿海渔民将其作为海神崇拜,尤其是远洋航行时,海船多为帆船,对风力的依赖性大,也与渔夫船员的性命相关。在南方沿海地区,掌管海洋飓风的风神被称为"孟婆",大约兴盛于北齐。据《佩文韵府》卷二十云:

> 宋徽宗词:"孟婆好俶些方便,吹个船儿倒转。"蒋捷词:"春雨如丝,绣出花枝红袅。怎禁他孟婆合早。"
>
> 按北齐李问陆士秀曰:"江南有孟婆,何神也?"士秀曰:"《山海经》,帝之女游于江中,出入必以风雨自随,以帝女,故曰孟婆,犹郊祀志以地为泰媪。"

从《佩文韵府》的这条记载来看,将"孟婆"作为风神来理解,最晚出现在南北朝时期,而且主要在江南地区使用。如明代栖慎《词品》卷五《孟婆》说:"江南七月间有大风,甚于舶,野人相传以为孟婆发怒。"《南越志》记载:"飓母即孟婆,春夏享有晕如虹者是也。"由于飓风来时强大而激烈,常使渔船遇难,沿海盐场、田地和房屋也会遭遇毁灭性打击,因此南方多供奉以老媪形象为主的风神孟婆。屈大均在其《广东新语》就记有广东沿海对风神的崇拜:

> "粤在离方,飓者,离风之郁而不得出,火气暴发而为灾患者也。

---

① (清)查祥《两浙海塘通志》卷16,清乾隆刻本。

粤岁有飓，多从琼、雷而起，离之极方也。故琼、雷皆有飓风祠，其神飓母，有司以端午日祭，行通献礼，诚畏之也，飓者具也。飓一起，则东西南北之风皆具而合为一风，故曰飓也。曰母者，以飓能生四方之风而为四方之风之母，分其一方之风，可以为一大风，故曰母也。又巽为风，干之长女主之，雷以复万物之性，有父之道，故曰公。风以复万物之命，有母之道，故曰母也。大风为母，而微风则曰少男少女也。起于泽为少女风，起于山为少男风，而皆以飓为之母。又巽为风主，巽者月与水之本，月与水皆生于风，故曰母，或曰，飓母即孟婆，春夏间有晕如半虹是也，此盖以虹为飓母也，然婆即母也。

地之神莫大乎雷、风。雷、风者所以生日月者也。事雷之神，所以事日，事风之神，所以事月。而雷之神在雷州，风之神在琼州，以二州南之极也，南之极其地最下，雷生于地之最下而风从之，故雷与风之神在焉。"①

此外，在海中，有飓风出现，则常常是九死一生，危险系数相当大。古代沿海居民还把飓风冠以神名，清人徐葆光《中山传信录》、光绪《香山县志》、中就记载了一年中各种飓风的名称：

"正月初四日接神飓，初九日玉皇飓，此日有飓则一年之飓皆验，否则各飓有不验者。十五日三官飓，二十九日龙神会飓。又初一、初八、初十、十三、二十、二十一、二十六日，年时有风，无风则雨；二月初二日白须飓，初七日春期飓，二十一日观音飓，二十九日龙神飓，又初二、初九、十二、十七、二十四、三十日酉时有风；三月初三日真武飓，初七日阎王飓，十五日真君飓，二十三日天后飓，又清明日忌北风，又初二、初三、初十、十七、二十七日午时有阴雨；四月初一日白龙飓，初八日佛子飓，二十三日太保飓，二十五日太白飓，又初八、初九、十九、二十三、二十七日午时有阴雨；五月初五日屈原飓，十三日关帝飓，二十一日龙母

---

① （清）屈大均《广东新语》卷六，神语，中华书局 1985 年版。

飓，又忌雪至，风距正月雪日一百二十日，则其候也。又初五、初十、十三、十九、二十九日酉时有恶风；六月十二日彭祖飓，十八日彭婆飓，二十日洗炊笼飓，又初九、十二、十八、十九、二十七日卯时，有大风；七月十五日鬼飓，十八日神煞飓，又初七、初九、十五、廿五、廿七日卯时有大风；八月初一日灶君飓，初五日大飓。旬十四日伽蓝飓，十五日魁星飓，二十一日龙神飓，又初二、初三、初八、十五、十七、二十七日主大风；九月初九日重阳飓，十六日张良飓，十九日观音飓，二十七日冷风飓，又十一、十五、十七、十九主大风雨；十月初五日风信飓，十一日水仙飓，二十日东岳飓，二十六日翁爹飓，又初十、十五、十八、十九、二十二、二十七日卯时有大风雨；十一月十四日水仙飓，二十七日普庵飓，二十九日西岳飓，又初一、初三、十三、十九、二十六日主大风雨，又有冬至风；十二月二十四日扫尘飓，二十九日火盆飓，又初一、初二、初五、初六、初八、十一、十八、二十二、二十六、二十八日有大风雨。"[1]

把飓风冠以海洋神灵的名字，也暗含沿海居民对飓风的神灵敬畏之情，具有很明显的沿海文化特色。此外，在海中航行，遇到海雾，也会面临触礁沉没的危险，沿海地区流传"神仙难撑雾天船"的谚语，足见海雾的危险。这时，人们就在船上祭拜"风狮爷"，风狮爷可以驱散迷雾，避免触礁的作用。

（二）航行时的保护神

元代以来，随着人们的航海知识的丰富，技术的进步，海上活动日益频繁。无论是海洋运输、海洋渔业还是海洋贸易，都要在海上航行很长时间，航程的也随着时间的增长而增长。航程长，遇到复杂海况的几率就越大。在航海交通工具与技术相当落后的情况下，渔舟夫子只能仰仗神灵的保佑。因此产生了众多的海上保护神。全国性民间普遍祭祀的保护神主要有观音和妈祖。

---

① （清）陈澧《（光绪）香山县志》卷八海防，清光绪刻本；（清）徐葆光《中山传信録》卷一，齐鲁书社 1997 年版；[清]吴震方《岭南杂记》上卷，商务印书馆 1936 年版。

观音可以算是我国历史上第一位女性的海上保护神。观音是观世音菩萨的简称，慈悲和智慧的象征，无论在大乘佛教还是在民间信仰，都具有极其重要的地位。观世音菩萨具有平等无私的广大悲愿，当众生遇到任何的困难和苦痛，如能至诚称念观世音菩萨，就会得到菩萨的救护。在南方沿海以及南洋华侨间，观世音菩萨被奉为海上保护神，其信众极为普及，所谓"家家阿弥陀，户户观世音"。浙江定海的普陀山，还是著名的观世音菩萨应化的道场。

妈祖，又称天后、天妃、天上圣母等。中国旧时神话传说中的女神，东南沿海及台湾、琉球等地所奉的航海保护神。相传妈祖的真名为林默，小名默娘，故又称林默娘。宋建隆元年（960）农历三月二十三日诞生在莆田湄洲岛，宋太宗雍熙四年（987）九月初九逝世。妈祖一生在大海中奔波，救急扶危，在惊涛骇浪中拯救过许多渔舟商船；她立志不嫁慈悲为怀，专以行善济世己为任。航海的人传说常见林默身着红装飞翔在海上，救助遇难呼救的人。因此，海船上就逐渐地普遍供奉妈祖神像，以祈求航行平安顺利。后又在妈祖像左右加立"千里眼"和"顺风耳"来充当妈祖的耳目，令其不漏掉一船。根据史料记载，宋、元、明、清几个朝代都对妈祖多次褒封，封号从"夫人"、"天妃"、"天后"到"天上圣母"，并列入国家祀典。在清人陈恭尹的《独漉堂诗文集》中《天妃神庙纪事》载："吾乡滨海所虔事之神，则英烈天妃为最，相传为莆田林氏处女，今闽人谓之天后者也。人之往来海上者，每当风涛大作，则竭诚拜祷，众口同声仰颂英烈天妃名号，顷之必有神火从空中飞来集于樯上，异香飘然入于舟中，则其舟自定，虽浪如山岳，若履坦途，否则安危未可知也。故神之名号莫不家奉而户祭之，甚于事其父母，而庙貌之建，在在有之。佛山为商客所归，其殿宇尤为壮丽，每三月神诞，香花火爆之盛，旌旗仪卫之设，牲脤报赛之具，咽阗衢陌，歌舞累月而不绝。"①香火的繁盛再加上妈祖下属神的增多，妈祖的神格不断被官方的民间抬高、影响力不断扩大，都是反映了妈祖救护能力的增强。

---

① （清）陈恭尹《独漉堂诗文集》文集卷十四纪事杂录，《天妃神庙纪事》清道光五年陈量平刻本。

　　清代,妈祖的信仰扩散到沿海各地,甚至在内陆地区都有设立妈祖庙、天后宫。如浙江鄞县天后宫"在县甬东隅(《延佑志》),县东二里,东渡门外,宋绍熙二年建元至正末毁,明洪武三年汤和重建。天顺五年守陆阜重修闻志,明季颓废。国朝康熙二十三年后,海禁既弛,闽粤商贾辐辏海中,屡着灵异,捐资修建为城东巨观。雍正五年勅号天后,曹志别庙在大嵩所闻志。"①福州府天后宫一座位于平远县石正镇东北部的南台山,康熙五十九年(1720)特准予春秋致祭。旧有宫在郡水部门城下建,自前代明时累经修葺,雍正十一年(1733)总督郝玉麟、巡抚赵国麟重建,今所奏请扁额御赐"锡福安澜"四字,乾隆十五年(1749)巡抚潘思榘重修。另一座在闽安镇,康熙十九年(1680)总督姚启圣、巡抚吴兴祚建。②

　　水仙王也是沿海地区,尤其是闽台地区普遍祭祀的海神。水仙王其实是多种人性神的合称,把各代与水相关的忠义之士神化,演变为海洋神灵。水仙宫中一般供奉五座神像,"或曰大禹、伍子胥、屈原。又其二有谓为项羽、鲁班者;更有以鲁班易鼂者,更属不经。或曰:王勃、李白。按禹平水土,功在万世;伍子胥浮鸱夷以遁;屈子投汨罗;王勃省亲交趾,溺于南海;李白秕视尘俗,沉于采石,没而为神,理颇近焉。凡洋中猝遭风浪,危急不可保,惟划水仙一事,庶能望救。其法在船诸人,各披发蹲舱,以空手作拨棹势、假口作钲鼓声,如五月竞渡状;即樯倾柁折,亦可破浪穿风,疾飞抵岸。其灵应如响,亦甚殊绝矣哉。"③这些忠义之士或治理洪水有功,或与水有因缘,或与造船业相关。

　　只被某一区域内的民众所信仰的海洋守护神分为以下几种:

　　1.跨省区的守护神如晏公、临水夫人等。晏公的由来有两种说法:其一,据明人王士性在其《广志绎》中记载:"晏公名戍仔,亦临江府之清江镇人也,浓眉、虬髯,面如黑漆,生而疾恶太甚,元初以人才应选,入为文锦局堂长,因疾归,登舟遂奄然而逝,乡人先见其驺从归,一月讣至,开棺无所有,立

---

①　(清)钱维乔《(乾隆)鄞县志》卷七,清乾隆五十三年刻本。
②　(清)鲁曾煜《(乾隆)福州府志》卷十四,清乾隆十九年刊本。
③　(清)《澎湖纪略》卷二。

庙祀之。亦云本朝封平浪侯。"①晏公初作为内陆神灵来祭祀，明初因朝廷推崇而成为具有全国性影响的海神。其来源二：晏公是古代汉族传说中的一只怪物，面如黑漆，浓眉横髯，常年于海上兴风作浪。被妈祖投绳缚妖后，收为部下。后成为妈祖部下总管，掌管巡逻江河海水域，尊称为"晏大元帅"。

临水夫人，姓陈名靖姑。福建和台湾等地汉族民间崇奉女神，又称大奶夫人、顺懿夫人。据传陈靖姑二十四岁时，因祈雨抗旱、为民除害而牺牲。民间传说临水夫人在保护妇幼上颇有奇效，因而被称为"救产护胎佑民女神"，一直受到许多人的信仰。同时还具有祈雨、斩杀水妖、掌管江河的功能。初为闽江流域的船民所尊奉，后来演化为妈祖下属的海神，具有保护海船、救助海难的职能。

2. 省区内的保护神。

在广东境内一直敬奉着海神"伏波将军"。伏波将军，最初是古代对将军个人能力的一种封号，伏波其命意为降伏波涛。伏波神是指"伏波将军"被奉为神。这主要有两位，一位是西汉路邱离，他曾在越南"开九郡"，另一位是东汉光武帝时候的马援东，他曾平息交趾女子征侧、征贰反叛，稳定了越南也稳定了岭南。二者均称"伏波将军"②，二人均被粤人奉为海神。

早在妈祖出现之前，福建就已经产生了许多地方性的海洋神灵。如泉州南安九日山的通远王。通远王原是山神，其原型是唐时位于福建永春与南安交界处乐山的一个老隐士，死后被奉为山神，其职能后来又扩展为护佑"蕃舶"一帆风顺。南宋时，官方大力喧染的海神通远王。元朝建立后，大力抑制海神通远王，另外抬出一尊海神与之抗衡并取代其位——妈祖。通远王的神位下降。柳冕，唐贞元年间任福建观察使，在福唐、莆田、仙游设置牧马监。去世后成为莆田沿海民众所信奉的海神，立庙于秀屿，舟行者"尤恃以为命"③。

① （明）王士性《广志绎》卷4《江南诸省》，第86页。

② （宋）苏轼《伏波庙记》，《儋县志》《金石志一·碑记》上册，第630—631页

③ （明）黄仲昭《八闽通志》卷6，《祠庙》莆田县"灵感庙"条，下册第409页，点校本，福建人民出版社1991年版。

在山东,成山头沿海民间信奉始皇帝为海神。传说,秦始皇两次巡幸成山头,当地百姓备感荣耀,于是在秦始皇行宫遗址上兴建始皇庙。不过秦始皇真正被渔民奉为海神则是清朝嘉庆朝的事。嘉庆年间,一艘江南货船北上,在成山头附近海域沉没,仅账房先生幸免于难。据他说,他是被始皇庙里发出的一丝白光指引上岸的。从此,"秦始皇"在民众中名声大振。后来,这个账房先生回江南化缘重修始皇庙,并出家于庙中,终其一生到处宣传始皇的神力,使一代帝王演变成一方海神。

此外还有浙江沿海的隋炀帝、陈相公,山东的刘公刘母等众多省内海神,他们多因造福该地百姓,死后被立庙成神,随着时间的推移,其职能也扩展到了海上,成为当地海神的一份子。

3. 一个府或县的海上保护神

发源于海南岛东北部清澜港的"水尾圣娘",全称南天闪电感应火雷水尾圣娘,又名南天夫人。水尾圣娘本是中国神化传说中的电神,但在实际信仰中,她充当的却是海神妈祖的作用。嘉庆年间,嘉庆帝更是将水尾圣娘赐封为"南天闪电感应火雷水尾圣娘",极大地提高了她的海神地位,至今在海南岛的一些地区,水尾圣娘庙的香火十分旺盛。

广东澄海县的"莱芜神女"是一尊地方性海神。传说她是凤凰仙姑的弟子,看到此地渔民受到海怪鱼精的危害,私自下凡除害。不料反被杀害,曝尸海边。后来化成莱芜岛,东屿是她的头颅,海边的两座山是她的乳房,东屿附近有一片褐色的石堆是她流的鲜血,南屿和北屿是女神的履桃。她世世代代保护着渔民的安全。当地民众管这里叫向美人①。

此外,海洋渔民、海洋移民等往往将本地的保护神或本村的护境神如王爷等当作海上保护神。

（三）经济活动的专业神

1. 镇海神

镇海神通常是在沿海的海岸地带,个别则在海岛上。在古代先民看来,大海波涛汹涌,是海神支配的结果,是海神表达其情绪的表现。海洋灾害是

---

① 隗莆编著《潮汕诸神崇拜》,第17—18页。

海神对人类的惩罚。因此，如果想避免遭受海神降罪，人们想出了一种可以起"镇压"作用的海神。如海边巨石、神剑等。江苏孔望山南麓有一汉代雕刻的"石蟾蜍"。江苏海州湾的大村海清寺塔附近曾有"二石屹然"，俗称"石剑"。据吴铁秋《苍梧片景·云台山的异闻》记载："形象厌龙脉，半插地下半地上"，是为镇海之物。花果山照海亭的"云台遥镇，海不扬波"八大字摩崖题刻都具有"镇海"之意。在海州秦山岛东侧的"二大将军"石，捍海堰"万金坝"边的"石人"，海州山南"石人"等等，都是古海州人们祭海、镇海习俗所遗留下来的遗物。上海有座"法华塔"就具有镇海性质。据碑文记载："昔塔之兴也，官长迁而人文盛，如陈口口年即摧科道，归赵申须诸先生，俱发巍科，历显仕。今塔之衰也，不独官长艰屯，而本邑绅士亦俱寥落，甚至海潮泛滥，民为鱼鳖。形家者云：'浮图远镇，则蛟龙不惊，海不扬波。'而梵经云：海神阿修罗等夜瞻塔灯，遥为皈礼。诚哉阴阳之理，未可忽也。"[①]

2. 引航神

以上这些海洋神灵无论其形象、职责如何，都是海洋先民的心理和实际的需求的体现，也是海洋先民对未知自然世界的一种敬畏。

二、妈祖信仰兴盛的原因

在中国沿海地区，妈祖是信仰最广泛的海神。无论在陆地上，还是在航海过程中，人们供奉的海神都以妈祖为主。清人郁永河在《海上纪略》中对其是这样描写的"海神惟马（妈）祖最灵，即古天妃神也。凡海舶危难，有祷必应，多有目睹神兵维持，或神亲至救援者。灵异之迹，不可枚举。洋中风雨晦暝，夜黑如墨，每于樯端现神灯示祐。又有船中忽出爝火，如灯光，升樯而灭者，舟师谓是马祖火，去必遭覆败，无不奇验。船中例设马祖棍，凡值大鱼水怪欲近船，则以马祖棍连击船舷，即遁去。"[②]妈祖的"有祷必应"，对航海的船员来讲，是一种很好的心理依靠，所以船中多会供奉妈祖神龛。妈祖

---

① （清）马翼《重修法华塔捐助督工碑》，上海博物馆资料室编《上海碑刻资料选辑》，上海人民出版社 1980 年版，第 58—59 页。

② （清）郁永河《海上纪略》"天妃神"条。

在 10 世纪后期最先被福建省莆田县湄洲沿海的百姓承认并奉为海神,且主要事迹和职责就是为救助海难。后因多次受朝廷敕封,渐次升格为"灵惠夫人""灵惠妃""天妃""圣妃""圣母",官方授予其最长封号是咸丰年间赐予的"护国庇民妙灵昭应弘仁普济福佑群生诚感咸孚显神赞顺垂慈笃佑安澜利运泽覃海宇恬波宣惠导流衍庆靖洋锡祉恩周德溥卫漕保泰振武绥疆天后之神",同治十一年(1872)要再加封时,"经礼部核议,以为封号字号过多,转不足以昭郑重,只加上'嘉祐'二字。"得到朝廷的承认,对妈祖的崇拜就归于礼部的监督之下,礼部会按照"司天"的标准来对待。也就是说,在朝廷的支持下,妈祖这一海神拥有了很多特权,比如国家出钱建造庙宇、成为朝廷对沿海地区"教化"的手段等。妈祖这一以中国东南沿海为中心信仰的海神信仰,沿着中国海岸线分别向南、北方向传播,甚至随着远洋商人、船工、华侨的流动,传播到海外。随着时间的推移,在远洋贸易发达的沿海地区,妈祖信仰不但超过了对龙王的信仰,甚至把龙王变成了妈祖的侍从。这种妈祖信仰的兴盛,与其职能范围、个人主观信仰等因素是分不开的。

首先,从妈祖的性别形象来讲,女性的天性是慈爱柔顺,善良敦厚,极富同情心,易于亲近。史书中对妈祖的描写也多为:"婉娈季女,俨然窈窕仪型"与真人一般的美女形象,比起从男性形象臆想出来的龙王更加平易近人。妈祖为了拯救海上遇难的船员,施恩不为任何理由,无偿给予,不求回报,"凡海舟危难,有祷必应,洋中风雨暝晦,夜黑如墨,每于樯中见神灯示祐,亦灵异也哉!"①这种无条件就难的形象与人类"母亲"的形象相重叠,更符合神仙在人们心目中的形象。而不像龙王、海神之类的男性神灵,会生气,会作恶,会贪得无厌地向人类讨要好处。所以,妈祖作为海神,准确说是航海神出现后,亦极具亲和力的女性形象,迅速被人们接受推崇。

其次,从妈祖的职能范围来讲,妈祖的主要职责就是航海神,亦即航海过程中的保护神,随着时间的推移,人们又将儒、释、道、宗法等各种思想意识竞相给妈祖女神打上烙印,使其形象更美更善,神通更广大。妈祖身上逐渐附加了保佑漕运、驱疫、生产、生育、祈雨等的职能,逐渐演化成一个"多

①　(清)《澎湖纪略》卷之二。

功能"的神祇。古代人民对海神、龙王等水神的信仰，从本质上来讲是反映了远古先民对海洋的无知、无能和恐惧、乞怜。而从妈祖的种种传说来看，"曹蒲治病""化草救商""救父寻兄""乘席渡海""拯饥救灾"等行为，从本质上反映了古代人民的探索，表达了人民征服海洋的愿望和信念。因此，旧的、无知的产物海神、龙王等旧水神，必将会被代表新的生产力发展水平的妈祖所替代。

第三，从妈祖的国家干预来讲，由于当地士宦的提议和倡导，朝廷也频频给予妈祖赐封，妈祖的地位变得越来越高。到了清代，康熙十九年（公元1680年），妈祖被赐封"护国庇民妙灵昭应弘仁普济天妃圣母"，康熙二十三年（公元1684年）又被赐封为"护国庇民妙应昭应普济天后"，"天上圣母"和"天后"从此便成了妈祖的尊称。而且享受得是至少是官祭中的中祀，即"官祭者有上祀、中祀、群祀之分（上祀设乐备物，中祀祭以太牢，群祀祭以少牢）。就台湾而论：先师孔子庙、文昌庙、武圣关帝庙，上祀也。天后宫，中祀也。"到了二月二十三日妈祖诞辰，安平县民"上而嘉义，下而凤、恒以及内山屯番，或夫妇偕来，扶老携幼，自二月初旬起，络绎到庙叩祝，锣鼓笙弦，不绝于道。总在神诞前，昭其诚敬。"①官方的推崇是利用国家政权来拓展妈祖信仰的辐射范围，这种政治化的信仰干预、标准化的"宗教"迎合了大众需求，同时也对官方管理沿海甚至是海外起到了"镇定"和"教化"的作用。妈祖成为了地方秩序甚至是宗族秩序的稳定因素和维护者。所以，妈祖信仰的官方化与宗族化，对清朝廷维持地方稳定起到了很重要的作用，她的兴盛，也就不言而喻了。

第四，从妈祖代表的民族文化来讲。清代，随着沿海地区海商的壮大，妈祖信仰更加速传播至沿海各地，而后又扩大到琉球、日本、东南亚等更多国家。徐恭生等《海上贸易与妈祖信仰的传播》一文据琉球国《历代宝案》所载的中国商船遇海难至琉球事件，其中福建商人船户几乎都携带有妈祖神像。②这就极大便利了妈祖信仰的对外传播，南来北往的商人、海员等成为妈祖崇

---

① （清）《（台湾）安平县杂记》。

② 徐恭生、翁国珍《海上贸易与妈祖信仰的传播》，《海内外论妈祖》，中国社会科学出版社1992年版，第305—312页。

拜的义务宣传员。这时的妈祖已经成为了集中华民族的传统美德和崇高的精神境界于一身的海神。妈祖作为一个汉族民间的渔家女,善良正直,见义勇为,扶贫济困,解救危难,造福民众,保护中外商船平安航行,凡此种种都是有益于民众的善事义举。海外华人为了不忘记祖先,建庙祭祀妈祖,同时也希望通过妈祖祭祀,团结异乡华人,将妈祖的扶弱济贫、正直善良的精神及忠孝的观念发扬光大,代代相传。

综上所述,妈祖作为海上航船的守护神,能不断被朝廷加封,影响力扩展迅速以及职能的增加,都是有一定的原因的。她是古代先人渴望了解海洋、经略海洋的体现,是海外中华民族血脉精神联系的纽带。

三、海洋灾害与海神信仰的关系特点

通过以上考察,我们可以发现以下几个特点:

第一,海神信仰多元化。无论从船中和平时人们供奉的海神还是行业神灵,都是有多个神灵并存的,且附有明显的海洋性特征。即使是内陆地区也信仰的神灵,在沿海地区,其职能有增无减。各种天后宫、龙王庙、保生大帝庙等遍布沿海各个府县。而不同的地区又流行不同的海洋神灵。如闽客家的水仙王庙、开漳圣王庙,浙江鄞县海神庙等。形成了以天后宫、龙王庙等海神为主体,兼之各地、各行业特色多种海神的庞杂海神信仰体系。

第二,信仰主体的广泛性。在传统社会,禳弭活动是关系着地方安定,国家税收稳定的重要赈灾活动,所以上至皇帝下至百姓,对海洋神灵的祭祀都是十分虔诚的。以妈祖神为例,清廷因妈祖神在对台统治、册封琉球和漕运等方面的作用,使妈祖在清代国家祭祀体系中占有一定地位。如"康熙二十二年(1683),册使汪检讨楫林舍人麟焻归舟,飓风三昼夜,舟上下倾,仄水满舱中,合舟能起者,仅十六人,厨灶漂没,人尽饿冻,□祷天妃,许为请春秋祀典。桅箍断而桅不散,顶绳断而蓬不落,与波上下竟保无虞。"[1]平安上岸后,上疏请清帝册封祭祀天妃,得康熙帝同意。"查康熙十九年臣部议得,将天妃封为'护国庇民妙灵昭应弘仁普济天妃',遣官致祭等。因具题

---

① （清）徐葆光《中山传信录》卷一,清康熙六十年刻本。

奉旨依议钦遵在案,今天妃默佑封舟种种灵异,应令该地方官春秋致祭编入祀典,候命下之日行,令该督抚遵行可也。臣等未敢擅便谨题请旨等,因康熙五十九年八月初三日题本月初六日,奉旨依议。"①在《钦定大清会典事例》中,令妈祖享"春秋两祭"②。类似这种官方主导海洋神灵的加封祭祀,是官方正式性质的祭祀。如《治台必告录》中就记载了道光八年,台湾数日持续狂风,该地官员写祭文,以少牢之牲在郊外举行祭祀天妃、海神以及城隍的仪式,借以求得风平浪静。

祷海神息浪通舟文

维道光八年岁次戊子,孟秋月己亥朔,越十有一日己酉,某某等谨以少牢清酌庶羞之奠,敬祷于敕封护国庇民、妙灵昭应、宏仁普济、福佑群生、诚感咸孚、显神赞顺、垂慈笃佑天后暨海上诸神之灵曰:惟旁浅中深之鹿耳门,实联海东岛屿之七鲲身;藉咽喉以为呼吸,引此往彼来之楫若云屯。通塞所关甚巨,呵护全赖明神。当夏令震惊百里,似貌吼与雷喧。涛怒不因风激,天朗不睹祲氛。但闻大声吹地,已知高浪排天。

顾自昔之轰鍧不匝月,惟去岁之澎湃兼五旬;经有司陈词以祭告,渐转危境为安澜。不谓今兹之海涌更久,闻者并胆战而心酸。贸迁之商贾辐辏,待济之行旅纷纭;终日颠簸于巨浪,竟夕不帖夫惊魂。或归枢之冒险,或眷属之单寒,冀早达彼岸为幸,谁堪此狼狈之盘桓! 望外洋之飘风俱利,怅水激沙涌之限以篱藩! 间值浅搁而舟漏,登岸求生之成群;讵舴艋不堪触浪,老幼载胥以沉沦!

呜呼! 生民何罪? 丁此艰辛,伐檀有诛,讽刺素餐。如果官吏不职,祈神灵加殃于其人;傥物怪凭依为厉,宜荡扫以现乾坤;傥及溺犹能为鬼,巫招巫阳以释烦冤! 勿任沴气之难散,累及无辜之蚩氓。

用是吉蠲虔祷,同肃韠绅;伏愿昭假在上,鉴兹愚忱! 息波涛之汹涌,俾口门之深宽;舳舻相接乎台岛,久客得归夫故园;文报无不迅速,

---

① (清)徐葆光《中山传信录》卷一,清康熙六十年刻本。

② 《钦定大清会典事例》卷四百四十五,礼部,康熙五十三年条。

海外永庆长春。尚飨！①

祭溺海兵民文

维大清道光二十有九年，岁次己酉，六月丁卯朔越祭日乙酉，某谨陈羊一、豕一、清酒、面饭致祭于海洋溺亡兵民之灵而告之曰：

共托兮大造，我与若兮同行海岛。倏独于尔兮沦亡，何昊天兮不吊？夫谁非生之者之所珍兮，竟沉没于荒渺。号父昆兮路遥，割妻孥兮年少。夕阳红时春草碧，夜潮黑兮秋月白；爰居叫兮魂冷，精卫啼兮血滴。叹游魂其奚适兮，登彼岸其何时！闪青磷于波面兮，寄悲啸于天涯。遇风涛兮飓母，遭覆溺兮水师。叩天阍兮上陈，泊重洋兮良苦；吁圣恩之褒恤兮，表姓名于朝宁。嗟嗟！援手之不及兮，譬则己之所溺。荷戈受以从戎兮，莫贵于效忠而殉节！致命亦得其所兮，夫何怨而何泣！伊他乡之逆旅兮，居未共而行与偕；四海皆为家兮，何必故土之掩埋？人生自古有死兮，同为旷垠之点埃；是宜逍遥于世外兮，毋为厉以浠灾！山苍苍兮水茫茫，曰方壶与圆峤兮，汝惟翔翎；雨冥冥兮风渐渐，曰鲲身与鹿耳兮，汝惟栖息。念汝既馁而漂荡兮，岁举祀事于初夏；聊望汝以来享兮，向长空而奠斝。焚楮币而沉牺牲兮，近云车而送风马。表余一念之微忱兮，使汝格狂澜而度来者！尚飨。"②

祭溺海文

维大清道光三十年，岁次庚戌，五月壬辰朔越祭日癸卯，福建台湾道徐宗干等谨陈羊一、豕一、清酒、面饭，致祭于海洋溺亡兵民之灵而告之曰：

呜呼！自戊申履任未久，惨闻官兵沉溺者百数十员名，商民死者尚不知凡几；旅魂渺渺，将何所归？上年六月乙酉日率属祭告后，帆樯来往多获安全。因仰赖海神好生之德，而人力所不能施者，冒险无恙；则尔众冥冥中与有力焉！夫生而正直，殁为鬼神；为王事而致身者，虽亡

---

① （清）《治台必告录》卷二。
② （清）《治台必告录》卷五。

如存。救危济难，犹是仰体圣天子己溺之怀，为国家效力；即兵民中，岂
无忠信公正、授职波臣者？谨再循旧典，复展明禋；酬已往之勤劳，冀将
来之呵护。近年以来，各官兵因公沉没，同戊申秋师船溺亡者，已照例
请恤；并于新修昭忠祠内诹吉附名供设，以妥幽灵。如眷恋乡井，既已
名达天庭，来往自无阻滞。此外无主游魂，当牒请城隍默赐引导，护还
故土，得享族类禋祀，无为此邦疵疬。呜呼！自今以往，尚无淹滞荒埔，
徒蒿目于中元之羹饭也！哀哉！尚飨。"①

另外的一些民间祭祀，多是在神灵的祭日举行庙会、祭祀仪式等活动。
所谓祭祀日是指神灵的诞生日（或降生日）、忌日（成道日）。在中国几乎所
有的神灵信仰都有专属祭祀日。妈祖的生日与忌日亦即神诞日与升天日是
农历三月二十三日与九月初九日，这是举行祭祀、庙会的重要日子。在莆田
乃至福建祭祀都是在上述两个日子举行的，天津最盛名的皇会也是在农历
三月二十三日举行的。此外，有些地方出海的渔民为求得妈祖的保佑，往往
按户按船按庄用红纸开列详细名单并放在妈祖塑像前，以求圣母娘娘按名
单保护每一个人的安全。有经济能力的则会把自己的船制成模型，做成
"愿船"放在天后宫内，以祈求妈祖保佑船在海上的安全。

第三、海神信仰习俗的地域性。在沿海地区和长江流域及其南方地区
的一些商业城市和商品集散市镇，天后宫的修建伴随着商业的发展扩展到
内地。陈尚胜的《清代天后宫与会馆》②一文，仅根据山东大学图书馆所收
藏的方志，清代商帮会馆所修建的天后宫就有159座。实际上，如果再加上
全国各地民间及官方修建的天后宫，那数量就更多了，分布范围也更广。但
是，相比较而言，沿海地区的捕鱼、远洋贸易等海洋活动较多，且海潮灾害是
时常可以威胁到沿海人民或航海船员生命的主要灾种，所以沿海地区的海
神庙宇，远远多于内陆地区常见神灵，且一庙多神供奉。

---

① （清）《治台必告录》卷五。
② 陈尚胜：《清代天后宫与会馆》，《清史研究》1997 年第 3 期，第 50—55 页。

四、海难与海神信仰

在航海船中为保佑其航海平安,常常设有神龛,里面供奉一种或三种神灵。明代张燮的《东西洋考》:"以上三神(协天大帝、天妃、舟神),凡舶中来往,俱昼夜香火不绝,特命一人为司香不他事,事舶主每晓起率众顶礼,每舶中有惊验,则神必现灵以警众,火光一点飞出舶上,众悉叩头至火光更飞入幕乃止,是日善防之然。"①攡清人徐葆光著的《中山传信录》:"将台下为神堂,供天妃、诸水神",专设香公一人,"主天妃、诸水神座前油灯、早晚洋中献纸及大帆尾缭。"②清人陈侃《使琉球记》中写到出海船只装备时:"舟后作黄屋二层,上安诏敕,尊君命也;中供天妃,顺民心也。"据王荣国对《历代宝案》中清乾隆年间至道光年间琉球国救起的沿海各地船商上所供奉的不同海神研究,得出妈祖与"顺风耳千里眼"或"顺风耳千里眼总管爷"的组合则最常见,这表明身家性命的平安是第一位的。妈祖与"观音"或"圣公爷"组合也与前者具有同样的意义。③

在航海过程中,当航海者在海中遇到飓风大雨时,往往最先想到的就是有神灵路过,马上下拜向这些神灵祈祷避过灾祸。如清人《舟中猝遇大风有作》诗中所描述的"焚香下拜祈天妃"

> "蜚廉空中张两旗,狂风怒卷颓云飞。踆乌三足已遁走,义驭退舍韬晶辉。舟人色怖急抛碇,沙砾乱打船窗扉。船身掀簸忽下上,蹴天巨浪舂高圻。雷辊电掣走铁骑,杂沓似突昆阳围。昏霾白昼等长夜,呼仆秉炬光依微。人言髣髴有神过,焚香下拜祈天妃。自未至酉过三刻,风伯力倦渐敛威。云阴解㪗庶开霁,林表荒忽明斜晖。"④

即使是船只真的被风吹的支离破碎,船员不但自救,同时也会把神像带

---

① （明）张燮《东西洋考》卷九舟师考,清惜阴轩丛书本。
② （清）徐葆光《中山传信録》卷一,封舟,清康熙六十年刻本。
③ 王荣国《海洋神灵》
④ （清）秦瀛《小岘山人集》诗集卷二十一,清嘉庆刻增修本。

在身上不抛弃。如在清代朝鲜国救助遇灾漂流到朝鲜的清国船民的案件记录——《备边司誊录》中就有很多这样的问讯记录：

雍正十年（1732），江南扬州府通州籍船民十六人，在十月从山东做生意返航回家时，猝遇大风，不能制船，为屿所触，终至破船，装载物件，俱为漂失，漂到朝鲜后获救，朝鲜官员对其详细闻讯"问：你等所持佛像乃是寺庵中所宜有，而航海行商之人，为何带来。答：佛爷是神也，敬奉则必有阴助，故在家行走俱皆供奉，以尽其诚，不敢造次离舍。"①

乾隆二十七年（1762）十月，浙江宁波籍船商，九月二十五日从上海装货出发至山东海面时，猝遇狂风，昼夜漂荡，十月初二漂到朝鲜获救。"（朝鲜地方官员）问：尔们佛像，何以随身不离耶。（中国船商）答：俺等商船，荣养佛像，则自有许多默佑之故耳。"②

嘉庆十年（1805），江南太仓州和上海县籍清国船商，在十一月初二日回返本乡时，猝遇飓风，船具破裂，于十八日漂到朝鲜境内获救。"（朝鲜地方官员）问：尔们船中，有三座佛像，能默佑尔们，尔们赖其力，无一淁死者云，其果然耶。（中国船商）答：贵国差官，与俺等问情酬酢之际，谓俺等曰，佛像何为持来，俺等答以敬奉祈福云尔，则差官谓俺等曰，佛如有灵，胡为遭风，辛苦之如此，俺等答以我们之无一淁死者，安知非佛力，此是偶然所答，非有意于其间而言之耳。"③

嘉庆十三年（1808），山东省登州府宁海与蓬莱县籍船商，于十月初七日夜半猝遇西北风并大雪，一连七昼夜，十三日如朝鲜境内，十九日获救。"（朝鲜地方官员）问：尔们金像，何为带来。（中国船商）答：此是天候［后］圣母，系福建省林氏，昔日皇帝，为贼所追，至江边，林氏指浅滩过江后，贼来问答不知，贼欲杀之，林氏投江身亡，其后皇帝，追封天妃娘娘，果然有灵，遂

---

① 《备边司誊录》九十三册，第510—514页，转引自［日］松浦章《清代帆船东亚航运史料汇编》。
② 《备边司誊录》第百四十二册，第819—821页，转引自［日］松浦章《清代帆船东亚航运史料汇编》。
③ 《备边司誊录》第百九十七册，第818—821页，转引自［日］松浦章《清代帆船东亚航运史料汇编》。

加封天候[后]圣母。"①

嘉庆十八年(1813),福建泉州府同安县金门、厦门籍船商从天津载货回福建途中,猝遇西北大风,漂荡大洋,桅折舵破,漂流两日后到达朝鲜。"(朝鲜地方官员,下面问者同)问:你们现今驮来卜物,何物也。答,五位金佛及随身衣服器皿,如干银钱耳。问,佛像是何佛耶,答,一位天上圣母娘,三位玄天上帝,三位都是圣母之将,而本是供养船上,祈蒙庇佑者也。"②

美国哲学教授威廉·詹姆斯(William James)在其《宗教经验之种种》中提到一个宗教在健全心态的作用,称之为"医心运动"(Mind-cure Movement),认为人的心灵中存在一种兽性标记——"恐怖",而信仰神灵的目的就是为了消除这种"恐怖",达到人性的完满。而人们在海洋灾害中对海洋神灵的信仰就有这样的一种心理暗示功能,使人们走出对海洋灾害的恐惧。像上面这种船上设立神龛,遇飓风下拜祈祷天妃等行为,就充分显示出,妈祖等海神不仅为船员面对灾难时的信念源泉,而且成为航海之人面对风潮灾害时的心灵慰藉。

五、神灵信仰在人们面对海洋灾害的作用

美国著名心理学家西尔瓦诺·阿瑞提认为,宗教信仰意味着两个含义:不仅相信神灵的存在,而且对神灵也抱有希望或信赖。因此,我们也可以说,对神灵的信仰,不单单是对世界的解释,同时也是一种希望。③ 这里面的对神灵的"希望"实际上就是神灵信仰的慰藉功能,它可以满足人们的心理需求。希望是人们对未来的关怀和希冀,是人生的精神支柱,是对现实的超越。如果一个人失去了希望,就意味着生命的终结。不能带给信徒希望,

---

① 《备边司誊录》第百九十九册,第15—19页,转引自[日]松浦章《清代帆船东亚航运史料汇编》。

② 《备边司誊录》第二百三册,第740—743页,转引自[日]松浦章《清代帆船东亚航运史料汇编》。

③ 参见[美]西尔瓦诺·阿瑞提《创造的秘密》第十章第一节,辽宁人民出版社1987年版,第310—342页。

那么这个宗教也就不是真正的宗教。佛教的释迦牟尼当初出家的目的就是为了寻求解脱生老病死等痛苦之道，这个"解脱之道"也就是寻求人们对未来的希望；基督教的三主德："信、望、爱"，其中的"望"即是希望、盼望之意；伊斯兰教的基本教义——六大信仰①中的"信后世"，讲的就是人死后将接受安拉的审判，并被复活，即给世人以希望，今生得不到的可通过修行等会再次复活，这种心理支撑功能，使人们忍受现实的苦难，向往美好未来。无论是如上所举的三大宗教还是古代社会的自然宗教，他们的来世论、天堂地狱论、审判复活论等都可以说是"宗教希望论"或"终极关怀"。神灵信仰的医心功能也就从这里派生出来。对于信徒来讲，神之所以重要，就是因为他可以就世间灾难，是救世主，是精神慰藉的来源。各种神灵信仰的教义，都是宣传神灵的无所不能，知道世间万物，知道前世未来，是全能的。人们只有服从神的旨意，按照神的旨意办事，才可逢凶化吉，平安无事。在面对不可预测的天灾时，神就是信徒们的依靠，有了这种神的依靠，就有了抵御与面对灾害的信心与力量。这种对神灵的依赖感，实际上就是对心灵的一种寄托与安慰。

其次，宗教组织活动是宗教观念的体现。各种各样的宗教组织活动加强了人们对宗教的信仰。尤其是集体的祭祀活动，信徒之间相互影响，相互感染，相互暗示，使得对宗教的信仰进一步加强，比起个人独自修行活动，效果更加明显。而且，在宗教组织活动中，我们可以看到很多教徒在祈祷的时候痛哭流涕，在宗教节日的时候异常激动等行为，这可以说是宗教活动使其感情的到宣泄，心理得到满足与慰藉。每年的海神祭祀、宗教活动、庙会活动等信徒集体行为，都是祈神禳灾的共同心理，令大家走到一起，在海神面前，寻求共同的心灵寄托，宣泄情感。

再次，海洋灾害发生后常常出现赈济物资短缺，医疗生活资源匮乏，瘟疫流行。同时，海洋灾害发生，会对人们的心理产生冲击，令人感到自身的渺小与无力，亲人的去世、周遭生活环境的破坏感，使人们不自觉地产生某

---

① 伊斯兰基本理论：六大信仰、五大功修。六大信仰：信安拉、信经典、信使者、信天使、信后世、信前定。五大功修：作证（除安拉外没有任何神灵）、礼拜、纳课、封斋、朝觐。

种适应、回避、或者减轻灾害的需要,促使心理恐慌。这时,如果没有正当的、积极的心理引导,人们就会不自觉地作出有别于平时的行为,认得自私性也在这时充分发挥出来。放任这种心理恐慌而产生的行为不管,就会造成严重的社会危害,会发生诸如"凶岁子弟多暴","饥寒起盗心"等出轨行为。因此,如果地方官员和士绅利用信仰来安抚灾民,念经、打醮、祈福禳灾等行为,让海神信仰给灾民心理起到一种缓冲,降低暴力冲突等社会危害性行为的发生机率客观上稳定了受灾地区的和谐稳定,缓解了灾难引发的社会风险与动荡的压力。

此外,"宗教信仰是自然压迫的产物。这种自然压迫实际上就是自然与人的对立。"①人类的力量与大自然相比,简直是微乎其微。当它"发怒"时,狂风暴雨,飞沙走石、地动山摇,人们的生命与财产,顷刻之间就会被毁于一旦。面对如此强大的自然灾害,人们就把自然力量如太阳、月亮、海洋、闪电、水灾等人格化,试图利用祈祷、献祭等仪式来感动或取悦自然界的各方"神灵",可以消灾禳祸、除难降福。如嘉庆十四年七月,闽浙总督阿林保等奏(闽)省城骤发飓风、损坏房屋田禾、恳请加恩。嘉庆帝获悉后,下旨抚恤缓征,谕旨:"该省(福建省)五月内业经被水,今复猝遇风灾,实堪悯恻。但此次海飓大作,公廨、民居、兵船、商船无不损坏,甚至伤毙人口、漂没田禾,迥非寻常灾祲。推原其故,或吏治民风均有不能感召天和之处。该署督等必当震动恪恭,自加警省,实心实力,抚恤灾区;并于地方一切事务,认真办理,除莠安良,庶可虔祈昊佑。并著于天后宫敬谨致祀,以迓神庥。将此谕令知之。钦此。"②福建五月、七月连续飓风被灾,被嘉庆帝认作是"或吏治民风均有不能感召天和之处",是海神对当地的民情吏治有不满之处,从而连续降灾,是海神认为当地民众应该受到教训。所以嘉庆皇帝不但不抱怨天妃的袖手旁观,反而著该署督阿林保等到天后宫去"敬谨致祀,以迓神庥"。

① 辛世俊:《人类精神之梦——宗教古今谈》,河南大学出版社 2001 年版,第 157 页。
② (清)孙承谟《(同治)天妃显圣录》之后记。

第二节 海神信仰与灾后心理救助

海洋灾害不仅给个人、地区社会及国家带来严重的经济损失，而且还带给受难者无比残酷的打击，甚至引起诸多社会问题。美国纽约哥伦比亚大学教育学院心理学教授朱迪·库里安斯博士（Judy Kuriansky）认为，自然灾害的幸存者在复原过程中，先是受到冲击，接着是严重的忧郁或愤怒阶段，再经历接受现实的过程，这与一般遇难者的表现类似，但由于灾害具有发生突然、难以预料、危害大且影响广泛等特点，在人的心理上造成更加严重的创伤。①

相对于物质财产的损失，个人心灵所受的创痛恢复所需的时间更长。一场不期而至的灾难，打破了人们的正常生活。灾难来临时的恐惧感、失去一切的幻灭感、无力救援的愧疚感和偏激愤世感等心理变化，让受灾者无所适从，不愿面对现实，甚至出现自杀的行为。现实中的家园容易重建，心理的家园有时用一生也难以复原。

这时，神灵信仰的作用就可以发挥出来了。在科学技术不发达的古代，人们用神话故事来解释灾难的原因。如《广东新语》中，雷州海溢，"海水溢溢十余丈，漂没人畜屋庐莫可胜计。"这次风暴潮灾的原因就被当地（作者）归咎为"盖海神怒，二郡民之弗虔也。"②类似这样用当地的民间故事、神话等说法解释风暴潮灾的起因，在现在看来很是荒谬。在现实中，即使是现在，这样的说法较之于更科学的"天文运动"、"水文现象"更容易被人们接受。对神灵的想象和信念给予灾民情绪和感情方面的补充和慰藉。科学知识可以帮助人们理解自然世界，但是传统的、神秘的海神信仰却包含了自然科学无法提供的情感、道德、信念、信仰以及习俗方面更多的文化和精神要素。因此，在祭祀海神的过程中，向神倾诉自己的不幸，甚至痛哭流涕都是

---

① 转引自［韩］瑞光《扩大佛教心理治愈和世界化的摸索——在第十六次中韩日佛教友好交流会议上的补充发言》，《法音》2013 年版 12 期，第 33 页。

② 《广东新语》卷六，海神。

人们运用神灵获得心理宣泄的方式。被祭祀的神灵在此时扮演着通过举行宗教仪式活动来禳黜灾害,并安慰人心的角色。

在突如其来的海洋灾难发生之后,灾难除了给人带来身体和物质上的损失外,还给人带来的痛苦、无望、恐慌、畏惧等负面心理感受。这时,神灵信仰所固有的、难以直接证伪的思想观念体系,及其延伸出来的行为准则和奖惩机制设计,对处于逆境、心灵绝望的灾民而言,提供了对灾难缘由的独特解读,因而有助于慰籍灾民惶恐的心灵,给人们提供安身立命的方法,帮助人们重新树立生活的信念,这也是神灵信仰之所以能不断在灾难中扩大影响的原因。

第三节　民间习俗与禁忌

神灵信仰的情况可能是这样:信则有,不信则无。然而禁忌却与其截然不同,凡是处于某一禁忌场域的人,不论他是否知晓禁忌,禁忌都对他产生作用,《礼记·曲礼》中就有"入境而问禁,入国而问俗,入门而问讳"[1]之说。"禁忌"一词,在国际学术界称为"塔布"(taboo),现在已经成为宗教学、人类学、民俗学的通用词语。它是一种消极的信仰方式。英国著名的人类学家和民俗学家J.G.弗雷泽在其著名的研究原始信仰和巫术活动的科学著作《金枝》一书中,谈到禁忌的原则时说:"如果某种特定行为的后果对他将是不愉快和危险的,他就自然要很小心地不要那样行动,以免承受这种后果。换言之,他不去做那类根据他对因果关系的错误理解而错误地相信会带来灾害的事情。简言之,他使自己服从于禁忌。总这样,禁忌就成了应用巫术中的消极的应用。积极的巫术和法术说:'这样做就会发生什么什么事';而消极的巫术或禁忌则说:'别这样做,以免发生什么什么事。'"[2]

一般而言,禁忌行为多起因于人们无法改变和抗拒的灾祸,那么,贯穿

---

① （汉）郑玄《礼记》卷一,四部丛刊景宋本。

② （英）J.G.弗雷泽:《金枝》上册。

于禁忌活动始终的当是某种精神性的转换。在现实的生存中，人们对于许多灾祸邪祟束手无策，尤其是基于认识水平低下产生出的众多神灵鬼怪的幻相，人们在其面前更是只有诚惶诚恐的份儿。这样，人们便创生出多种禁忌方式，试图影响或左右这些非人间力量所能控制的东西，以求生活的平安顺畅、得福免凶。从科学的物质的角度而言，这些努力无疑毫无用处；但从精神与心理的层面来说，这又具有一定的作用。

一、职业禁忌

中国沿海拥有丰富的海洋渔业资源，沿海居民多以捕鱼、航海为业，故多崇信龙王、妈祖、水神、河伯等。这些神灵保佑丰收，也能给人降下灾祸。所以要诚心敬奉祭祀，不可有半点怠慢懈怠。同时人们又需要遵从传统职业的禁忌。船户的禁忌是最多的，比如忌讳说"翻"、"沉"、"倒"等字眼，碰到相同字音的词都要改掉，如把"帆布"说成"抹布"。连有翻动的动作都忌讳，如煎饼与吃鱼时，忌翻面；忌把盆碗等器具翻过来放。甚至船主都忌别人称他为"老板"，因为"老板"有老旧的木板之意，老旧腐朽的木板容易散架、翻船……这都是因为他们所面临的谋生场所大海，是他们生命的依托，同时也是埋葬他们生命的坟墓。在海洋天灾这种不可抗御的自然灾害面前，人们只有通过祈求神灵和种种自我约束限制言行，对其敬而远之，采取心理上的主动防备。这种主动防备可以消除人们对海洋天灾的紧张心理情绪，求得心灵上的慰藉与平衡。

对于沿海捕鱼或航海的人们来说，船既是其谋生工具，也是他们生活的场所。船如同船户的"灵魂"，两者是不可分割的。船对于船户的作用如此之大，以至于船户把船拟人化，赋予了人的性格特征（男性化特征）。古代的船身由木板与钉子组成，"是船三千钉"这句渔谚正是用来说明这一点的。虽说穿上到处都是钉子，但是，在船底纵横两中线上，是绝对不可以钉钉子的。如果钉了的话，就会使船的"枭性"增大，到了海中，会失去控制，主动去追击碰撞其他船只，危及人船安全。这一条禁忌已经成了造船业的潜规则，不过当造船者与船主有深仇大恨，想要报复的时候，就会暗暗在船底的纵横两中线上钉钉子，更有甚者，在舱牙处再放入两颗黄豆，犹如给船增加了2个睾丸。那么在船造好后,这船的枭性就更大,出海就不受控制,见船就撞。另外,造船时还有一个行规"头不顶桑,脚步踩槐",即船头不可用桑木造,船甲板或下脚的地方不能用槐木。因为桑同"丧",槐同"坏",都是同音字,犯忌讳。而且槐木是福气的象征,故而也是不能踩在脚下的。妇女上船时不能从像人头一样尊贵的船头上走过,忌妇女跨越船头、网具,认为"女人跨船船会翻,女人跨网网要破"。如遇到台风无法将船驶回港内时,就要用大米(一袋)和银链裤带压在舵顶,相传这样做可顶住台风,稳住渔船,保大小平安。

二、沿海地区禁忌与习俗

东海地区的船户在出海之前,船上的东西只能进不能出。假使有人在出海前误把自己的物品放错上船,那么这些放在船上的东西绝对不能归还,不过如果是食物可以折价给人钱,其他物品待船返航后归还。船员上传后不穿鞋、不洗脸。无论春夏秋冬都穿单裤,春汛时船老大穿长裤,船员伙计只能穿短裤。东海渔民见有人落水,不论什么人,当救不辞,这种抢险救难的良风美俗流传久远,但救的方法却有种种俗规。如遇死人,若是朝天的女尸或伏身的男尸不能捞,要等海浪将尸体翻过身后才能捞。捞尸时用镶边篷布蒙住船眼睛,以辟邪气。捞上尸体俗称"拾了个元宝"。无主尸体运回陆地埋葬,葬地多集中一处,谓之"义地"。渔船在海上如遇触礁或漏水等海损事故时,要先在船头显要处倒插一把扫帚,然后在桅杆顶上挂起破衣,以示遇难求援。若是晚上则点起火把,敲打面盆铁锅呼救。其他船见求救信号后,须全力援救。当救护船只靠拢遇险船只时,先抛缆救人,后带缆拖船。俗规遇险者跳船或跳礁岛时,要先把鞋子、柴片丢过去,然后人才可以跳上去。

黄海渔民的船忌又与东海的迥异。凡是上船出海的渔民,不可赤脚,最起码也要穿一双蒲鞋。腰间要系用浪麻搓成的罗腰绳或束短围裙,不准敞头,必须戴帽,就是下水把衣服脱光,也要戴帽下水。俗谓不戴帽子的头在水里发亮,很远的怪鱼可以看到,会来吃人。其实渔民的帽子起着"安全帽"的作用。看到怪鱼、怪兽,不能问:"这东西吃人不吃人?"也不能问:"会不会掀大浪?"之类不吉利的话。每条船上还有"老先生",犹如"家堂菩萨",平日由伙头端饭上供。修船时,要用舱板或别的东西在海滩上搭个临时"庙堂",此处即为船上的禁忌之所,平日之活动不得在这里进行。船修好下水时,要把"老先生"请上船。相传"老先生"是船上过去的遇难者,因此他懂得教人们如何去恪守禁忌,不再发生不幸的事情。

船上作业不同于陆地,说不定什么时候会出个什么差错,经常处于危险的境地,因而职业禁忌的气氛很浓郁,而语言禁忌最能使人保持经常性的警惕。

第四节　海神信仰与禁忌在航海过程中的反应

海神信仰与航海禁忌,在外出航行的海员中最为重视,船员对海神的祭祀、禁忌行为,是一种心理暗示功能,使人们走出对海洋的恐惧。下面我们就以咸丰元年(1851)年—咸丰二年(1852)间的《丰利船日记备查》为例。《丰利船日记备查》为中国商船"丰利船"船员陈吉人在咸丰元年(1851)十月初三日至咸丰二年(1852)十二月十九日所记的日记,记录了该船前往日本和停泊长崎的航海和贸易情况。

> 十月初三日,派生意。
>
> 得宝船主杨少棠,财副顾子英、陶梅江、杨亦樵,副财副颜心如、项慎甫。
>
> 丰利船主项抱珊,财副颜亮生、徐熙梅,副财副杨友樵、陈吉人。
>
> ……(中略)
>
> 十一月初三日未刻,领簿子,候船主。领簿毕,同至楼上,拜天后圣母。下楼,拜关帝毕,即向诸东翁拜辞。诸东翁送至船边,舟子敲锣开放。至通贵桥,仍各上岸办事。今日自坐王二小船到闾。
>
> ……(中略)
>
> 十三日巳刻,两船主、副乘轿同往各庙拈香毕,趁轿拜客,回至公

司,另给轿酒钱三百文。此项自贴,拜口上诸公,于本日清晨到各友卧所,用片一拜,为要。

……(中略)

十八日清晨,西局主、副来拜。午后,本局主、副往答彼局,两船今日应吉,拈香,拜客。

……(中略)

二十七日晴。巳刻,见五岛山。其时,乾戌风,微雪。即至尾楼,拜天上圣母。是晚,天色昏黑,船行甚速,甚恐。近山,出伐片时。

二十八日晴。黎明,北风甚轻。至午刻,收进白沙岙,总管来写伐船单一纸,计三十艘。鱼菜单一纸,鲜鱼五十斤,罗卜一百斤,青菜五十斤,山茹一百斤,豆腐一百块。并即寄递在留信一函。未刻开针,晚间拜仙人,送金箱,十四付。

十二月初一日晴。辰刻,至将台,拜圣母。

初二日晴。巳初至尾楼拜迓福。

……(中略)

初六日阴。小雨。丑刻,仍旧开炮。寅正,起摔。酉刻,进港,交办。即至将来,拜圣母。其沙船亦于今晨同时起椗,摔进寄港。沙船一切公务,照例两头番主理。

初七日辰刻,收针,同伙总舵,拜圣母。巳刻,两在留船主并程介堂、陶三叔,下船问信。未刻,上番,在梅溪上岸。两局主、副在梅溪接番毕,同至货库,见头目,结封账,托项慎兄,然后同至公堂一拜,即刻在留库吃点心。少停仍到货库,写结封账。晚膳在留库吃。

初八日晴。辰初,本馆各殿焚香,并拜西局两库、两在留总管、两伙、两总、四老大王先生毕,至二番库吃饭,亦需一拜。巳初,同至货库,业已禀止。申刻,至街财副房,写修理单一纸。夜饭送来。

……(中略)

十五日立春。卯正吃面。其雪较昨更大,不能起货,禀止。巳刻,先在本库烧香毕,即一揖拜春。然后馆内各殿拈香,至公堂见各番皆一揖道喜。

……（中略）

二十日晴。起货至未刻，二十驳，业已洗舱。两老大同总管请香位一并上番。今晚请老大总管，用七菜两点。午后，钮春杉来拜。

……（中略）

二十四日阴。晚间送灶，预将梅单一张写东厨司命。

……（中略）

二十八日晴。子初过年，同至扶梯头，先拜圣母，用三牲一付、猪头一枚、素果十碗，并羔元宝仙茶、酒等，随后到各殿拈香。回至本库，在圣母前奠酒，再拜毕。在库各友一拜道喜。巳刻，去拜源宝船总舱，至公堂见各番皆要道喜。一、二番亦今日过年。未刻，本库祭先，二门库亦要祭先。晚膳年夜饭，……

……（中略）

大除夕雨。申刻，慎甫来邀，诊治丁福，因见病属棘手，谅难回乡，故仍荐王先生开方。晚膳大年夜饭，……吃毕接灶一拜。随后至二番辞岁，一拜。彼即来答，亦一拜。

咸丰二年新正月。

元旦晴。丑初，在扶梯头拜圣母后，即在各殿拈香，并至各番弟兄棚子拜年。回至本库，各友团拜贺岁。小公司叩头恭喜。辰刻，同熙翁再到各殿，自烧年香毕，然后一同至二番拜年。吃点心完，一同出公堂，与王局主、副并四总管团拜。

……（中略）

元宵晴。辰正，各殿拈香毕，竟出公堂，

十六日巳初，本库拜迓福。各番今日大改，二番船播番。

……（中略）

二十六日四艘主、副同往圣庙拈香，轿去。午后与熙翁到秋舫处修表。

二十七日晴。三番船做上番好事。辰刻出公堂，见三番主、副总管需一揖。道喜毕，同至崇福寺拈香。

二十八日晴。本船小伙插番。辰刻出去见头目。……

廿九日雨，大风。辰初同剃头去邀四船大总管、四船伙长、二番主副、两在留同本船老大、王先生。今晚吃上番好事酒。辰至公堂，俟各番及插刀手齐下。船至福济寺拈香，回至梅溪上岸，途遇大雨。午后，本库祭。先把翁因寒热不退，卧床未起。晚间，陪上番好事酒并拈香一切公干，亮二叔代之。丑初，馆内各殿拈香毕，伙总舵同回本库，需吃热点而去。

三十日阴。清晨雪珠微雨。写回棹人名册，须三本。

二月初一日本船理临时卖货物。辰刻出去，见头目在外照应，故未能拈香。未刻大雨发雷。

初二日阴，大风。巳刻，扶梯头拜迓福，出去土地堂拈香。今日乃福德正神诞。……晚间，土地堂撒羹，亮、友二公往。

初三日晴。辰至公堂与一番主、副总管一揖恭喜，系一番船做上番好事耳。见各总管谢昨撒羹，亦一揖。随后至兴福寺拈香。午后，头番送来沙船回掉公函，打印板。

……（中略）

十四日晴。清晨各番同到悟真寺春祭拈香，自与把大叔未往。

十五日清明节，雨。清晨先至扶梯头拜圣母，再往馆内各殿拈香，

……（中略）

十九日大士诞。巳初，至观音殿拈香毕，即出公堂。今日钞卖价落台。

二十日晴。巳初，出馆至大德寺拈香，乃天满宫菩萨九百五十诞辰，系僧人来请，四番皆往。素斋毕，邀看戏文，皆孩子所串。申正进馆。

……（中略）

二十二日晴。四、一番下头番，卯刻在扶梯头拜圣母毕，即至一番本船老大处送行。至公堂一切并送老大顺风与昨同。货库收一百箱头铜。友大叔去，自同伙长公小总管至大船，俟值香供请菩萨到船。值驶神棍毕，与长老奠酒。

……（中略）

三月初一日晴。巳初，馆内拈香。今日二、三番正装参、鲍，每船四百件。二番船又装带丝六百件。

初二日阴。晨，吃装包头面毕，与一番主、副同至梅寄装海带。本船装长带五百件，补包四十五件一零。装毕进馆，再至会所装，正装参、鲍四百包。

初三日阴。巳初，四船主、副至稻荷社拈香，回路至下筑屋，乃两在留请复礼酒。申刻，与子大叔、王先生先回。

……（中略）

初九日晴。子一番船临时卖插番。辰刻，挹翁送来酬仪钞一百五十两，内扣天后宫提缘十五两。

……（中略）

四月初一日晴。本船小伙、临时卖出货。正六点见头目，亮二叔出去。辰刻，馆内各殿拈香毕，出公堂，子大叔、挹大叔、程介叔、钮春叔同去缴礼。

……（中略）

十五日清晨，馆内拈香。辰刻，二、三番下炮手，并洋参进馆。

……（中略）

日记备查（以下为留寓长崎日记）

五月初一日阴，小雨。巳刻，馆内各殿拈香毕，即至公堂乘轿往金昆罗山拈香，十叔未去。

……（中略）

初八日晴。巳刻，同杨二叔至若宫社拈香。

……（中略）

十三日阴。巳刻，先在馆内圣帝殿拈香毕，至公堂同两在留总管往梅崎下船，到圣福寺拈香，乃年例关帝诞也。十叔未去。

十五日晴。午初，馆内各殿拈香毕，至公堂抄米价，每石六两七钱三分二厘五毫。

今日水神诞，馆内每有水处，夫子敲锣祭之。

……（中略）

二十三日晴。巳初，两在留船主、总管并自五人至文光寺拈香。

……（中略）

六月初四日阴。六点半至爱岩山拈香，轿去。和尚因钟楼工竣心欢，即唤附近串戏人演剧一出，以为恭敬谢谢之意。杨二叔赏花红钞七两。

……（中略）

十六日晴。巳初，出公堂，至九赛庙拈香，杨二叔花园修理督工未去。十叔轿往，……

十九日晴。巳初，同杨二叔至馆内观音殿拈香。饭后，秋舫付来烟二十九两二钱。

……（中略）

（七月）十三日晴。巳初，出公堂并至土地堂、仙人堂拈香，乃中元佳节，和尚进馆诵经，其陪和尚名目两局，皆请而不到。

十五日饭后，本库同独脚、二门库祭先。

二十三日晴。巳初同杨二叔、江十叔两总管至福济寺拈香，船去。乃年例天上圣母诞也。

……（中略）

九月初一日晴。馆内拈香。

……（中略）

十一日晴。六点半出馆，至王道头并嗋吤馆前，黄道礼已完，竟至箔屋家看黄道礼六出，至七点时，一竟归馆。今日杨二叔未去。

十六日晴。巳初，新王家进馆，旧王家有病未来。昨日二门库挂灯结采，系在留头番端正。王家进馆时，先在街馆堂一坐，即走城头毕，进二门，主、副在二门口拱手接之；随即至三庙拈香，需两局总管在前领路；进二门库，两船主在库门外拱手接之，至库公堂坐定，两船主朝上见之。然后王家前茶点——燕窝并茶盆十二只二十色：四蜜饯、四干果、四糖食、四粉、四面，皆需两船主移抬。去时，仍于二门口送之。通事朝饭，……嘱总管备弟兄二人，王家进馆并去敲锣。接送。

285

……（中略）

二十三日晴。年例天上圣母诞。出馆至兴福寺拈香。杨二叔未去。

二十五日晴。辰正至悟真寺秋祭，船去，帮内同去。

十月初一晴。辰刻馆内拈香。饭后，本库、独脚库、二门库祭先。今日收郭三大号酒一坛，昨宵一斤。

……（中略）

补初八日晴。和尚进馆，因初一不暇耳。土地堂、仙人堂拈香皆用三牲。

……（中略）

十一月初一日晴。巳刻，馆内各殿拈香。晚间收少记粉紬一匹。

……（中略）

十一日阴。午后仙人堂拈香本库祭先。晚膳十叔请冬至酒。

……（中略）

十二月初一日晴。日本作十一月三十；因唐山十一月小，十二月大。日本十一月大，十二月小。

辰刻，馆内各殿拈香。巳刻，萨摩艇办进馆，在本库吃饭，……两局在留船主斟酒，少停撤羹。其通事未备饭，吃水饺子。

……（中略）

唐山十五日——十四日晴。巳刻，馆内各殿拈香。

……

由上面日记可知，在咸丰元年到咸丰二年这两年间，丰利船的船主、海商对神灵崇拜的具体行为已是处于一种日常性的必做之事的状态中，拈香祭祀十分自然虔诚，祭祀神灵郑重心诚。俗话说"心诚则灵"，海商和船商在祭拜神灵上面是十分虔诚，毫不马虎。

在上面的日记中可见，每当遇到初一、十五，必会拈香拜祭；遇到神诞日更是毫不马虎，祭三牲猪头，素果酒茶供奉。在外生意，难免会遇到过节时因风向、生意等航海条件不足回不了家的情况，但即使在船上，船员也丝毫不会懈怠，依旧跟在家乡一样祭灶、暖锅、拜圣母、迓福（旧时民间商家照例都在每月的初二、十六，准备四果、牲体祀拜土地公，即所谓的"做牙"，也称为"迓福"）。此外，还有当遇到行船、商务中较重要的大事，如开船、送行、开针、收针、船至特别地点（见五岛山和至将台），应吉就会拜圣母、应吉日等。驻留国外期间，拜祭当地神灵也是海商们需要做的，毕竟神灵多拜拜有益无害，而且拜祭当地神灵也有助于融入当地社会，为商业贸易提供便利。

作为航海守护神的圣母被拜祭的最多，在会馆的尾楼扶梯头上设有圣母神龛，下设关帝神龛。除此之外，会馆还设有其它神龛，如观音堂、圣帝殿等。海商拜祭各路神仙几乎日日都有，成为日常生活的一部分。为避免海难发生，海商们对圣母等神灵的祭祀活动，是其对神灵的一种心理依赖的表现，通过这些祭祀活动，不仅仅是消除其紧张的心理，获得心灵上的宽慰，更是增强战胜惊涛骇浪的信心与勇气，去追求海洋活动带来的丰厚的经济利益。

有关海神信仰的信仰、禁忌与风俗，形成独特的沿海海洋文化圈。在灾难面前的祈福与各种禁忌，虽然对于灾害来临没有什么物质上的实质作用，但如果当事人深信这些做法可以带来神明保佑的话，缓解人们对死亡的恐惧，与紧张情绪，心理上得到慰藉，恰恰是灾害发生时所需的冷静与灾后受伤心理重建的重要条件。所以，这些海神信仰与禁忌风俗，对现实中的人而言，主要是在于给恐慌、心悸、害怕者以某种精神鼓励和心理安慰。不可否认的是，有时人们心理上、精神上的安定，确实可以转化为肉体的抵抗力，从而真的达到了消灾避祸的目的。

结　　语

　　清代频繁的海洋自然灾害给中国沿海地区的生态环境和生产、生产力关系都造成巨大冲击，从而形成了有别于内陆区域的自然地理景观与人文社会经济风貌。风暴潮灾引发的海难、屋毁人亡、庄稼被卤；海冰引发海难、近海养殖业受损；赤潮使得沿海水质污染，鱼虾死亡；海雾来时，航船迷失方向，触礁船毁……面对频发的海洋灾害，沿海官民积极应对，修筑堤防以治灾，兴修仓储以备荒，临灾与灾后，都积极地进行抗灾和救灾工作，以使灾害所造成的损失降到最低。透过官民防灾、治灾、救灾的各个层面，我们发现，在社会经济发展相对高的沿海地区，其民间社会力量的发展也比较充分，各种义仓、善堂等的兴办与民间士绅个人出资兴办海塘建设、救济灾民的情况比较多，在一定程度上弥补了官方防灾救灾的不足。在海难的救助方面，官方对抢救外国难船比较重视，有较为详细的抚恤措施，而民间多是自发组织，效果并不是很好。频繁的海洋灾害使得沿海地区的民间信仰与风俗禁忌呈现地域性特点。民间信仰在沿海地区更趋于平民化、区域化、行业化，如妈祖信仰、风神信仰、渔业禁忌等，都是人们在强大的自然灾害面前所采取的消极的对抗措施，但从另一个角度来说，这些神灵信仰与风俗禁忌也带给灾害面前无力的人们以心灵治疗与慰藉，是人文避灾减灾的一项重要内容。

　　清代的沿海地区居民在不断地与海洋天灾抗衡的过程中，无论所采取的措施是积极的还是消极的，都为我们积累了很多有效的经验，值得我们学习借鉴。

一、清代海洋灾害应对取得的成果

首先,进一步完善了封建国家灾害赈济制度。清代的社会救助在继承了前代的荒政制度的基础上,主要依靠政府以赈济银粮、以工代赈、蠲免等多种形式对受灾地区进行物资的有偿或无偿援助而实现。赈灾蠲灾是清政府财政支出的一项重要内容,并在财政的总支出中占有相当大的比例,乾隆帝就曾经发过"国家赈济蠲缓,重者数百万两,少亦数十万两,悉动帑库正项"①的感叹。在这种以财政拨款为主要经济来源的社会救助体制中,国家财政状况的好坏,直接关系社会救助的规模与实效。从清初到乾隆朝,伴随社会安定与国家经济实力的持续增强,救助规模不断扩大。但是嘉道以后,国力日衰,连年的战争与荒灾,令政府财政匮乏,赈恤的规模也不得不随之日渐缩小,从而多依赖于民间捐助。

其次,与政府的救灾济贫活动相比较,民间进行的类似活动就显得力量单薄和分散。而且还受到地域的限制,因此不可能长时间地维持。因而在实际的进行过程中,往往需要政府的帮助与支持。义冢善堂的建立与推广就是明显的例子。清朝廷也非常重视这种民间的社会保障制度,尤其是灾害发生后,必会督令地方政府多予积极提倡并加以引导。为了促使人们多多捐设,协助赈灾救荒的后续安辑工作,统治者制定了相关的鼓励性措施。捐助多者,不仅给予旌奖,而且还可以补授官爵。一些爱民的地方官员也捐出养廉银与该地乡绅一起合力兴办,并建立制度,由该地区有名望、品德高尚者担任主持善堂义冢等的日常活动。是为现代民间慈善组织的雏形之一。

最后,对近现代国家救灾与社会保障制度的转型产生了重要影响。随着社会生产力的进步与西方社会保障观念的传入,清代的救灾赈济制度的职能不断扩充,地方慈善救济的内容也不断扩大,在各种荒政政书的推广下,清代的海洋灾害救济更趋于合理性与灵活性。

---

① （民国）赵尔巽:《清史稿》,《列传》一百二十四,民国十七年清史馆本。

二、清代海洋灾害应对措施的影响和制约

通过对清代海洋灾害与社会应对措施的考察，我们可以看到，清代虽有较完整的荒政措施，但，仍然不可避免地存在着诸多不足。

首先，国家政治与社会救助。清代社会救助不但与国家的经济能力有着密切的联系，与国家的政治状况亦联系密切。清代社会救助的实效，在很大程度上取决于当时当地吏治状况的好坏。清代从勘灾、救灾、赈灾到灾害的防御，每一个环节都离不开从中央到地方的各级官员的具体执行和落实。在报灾勘灾时，虽有严格的报灾奖惩制度，但地方官员出于各种目的，难免会瞒报、谎报灾情；赈灾过程中，时常发生地方官借机侵吞赈款，中饱私囊之事。而且下级官吏则难免与地方豪绅相勾结，徇私舞弊，把大型风暴潮灾认为是"不过风雨罢了"。[①] 赈粥之时"日高十丈官未来"[②]，"煮粥吏、监粥官，吏侵米、法不宽。官侵米、吏无权，侵米一斛十万钱"[③]，"饥民一箪粥，胥吏两石谷"[④]的现象，在中央政府对地方控制力较强，吏治相对清明之时，还能够得到一定程度的抑制，社会救助还能发挥一定的作用。但在政治黑暗，吏治腐败之际，每一次的赈灾，无疑都成为官吏中饱肥私之机，而受灾贫民则从中得不到应有的救济。如前文所提到的康熙三十五年（1696）上海县的陈知县不仅借灾发财，而且地方官员之间官官相护，灾民有苦无处诉。这还是在被称为"盛世"的康熙时期，以此来看，在整个清代，实际上的赈灾效果令人怀疑。

其次，清代吏治的黑暗还导致政务的废弛，海塘水利失修，仓储虚设。防灾措施的疏漏，势必导致整个社会防御灾害能力的下降，自然灾害发生频率增快，受灾损失程度加深。原本不该发生的灾害不断发生，并变成了大灾，真正成为了所谓"天灾人祸"。至晚清时期，国家的中央控制能力减弱，

① （清）姚廷遴：《历年记》16，《清代日记汇抄》之二，上海人民出版社出版 1982 年版。

② （清）张应昌：《诗铎》卷 16，谢元淮《官粥谣》，清同治八年秀芷堂刻本。

③ （清）张应昌：《诗铎》卷 16，陈份《煮粥歌》，清同治八年秀芷堂刻本。

④ （清）张应昌：《诗铎》卷 16，郑世元《官赈谣》，清同治八年秀芷堂刻本。

这种情况普遍存在于全国,当然沿海区域也不例外。

最后,高度集权的专制主义政治体系以及自给自足的小农经济模式,决定了中国封建社会救助系统的基本结构。高度集中的政治权力,最大限度地削弱了各地方以及民间的自治力,同时产生了高度集中的国家财政以及强大的经济控制力,地方及民间基本不具备独立完成救灾所必需的物质基础和政治号召力。而在自给自足的小农经济生产模式下,不仅社会生产的主体处于日益贫困的状态,无力御灾自保,整个民间社会也缺乏实施救助的充足资金和主观动力。在这种情况下,御灾救荒的重任必得由封建国家来承担,而民间社会只能以配角的身份参与其中。

三、清代海洋灾害应对的历史借鉴

对清代海洋灾害与社会应对研究,不仅可以使我们对海洋灾害来临后的应对有所借鉴,同时在预防与赈灾中暴露出的诸多问题,如清朝官员贪污腐败借用赈灾来发灾难财;怕担责任对灾情进行瞒报、谎报;缺乏对海洋的认识等等,对于我们当前的海洋灾难救助的应急措施也有警示意义。

其一,健全海洋自然灾害以及海洋污染灾害的紧急应对计划。以赤潮为例,赤潮作为现代海洋灾害的一种,在清代以前发生次数较少,对人们的生产生活威胁不大。但是随着沿海的开发,近海养殖业的繁荣以及生产、生活污水大量排入海洋,使得海洋富营养化频率增多,沿海频繁爆发赤潮灾害,给人们的生产、生活带来了极大的影响,甚至被冠以“海上赤魔”的称号。仅1997年在我国沿海地区就发生了8起,造成经济损失上亿元。因此,加强控制向海洋倾倒含有大量有机物和富营养盐的污水,推行排污量大的工厂企业建立污水处理装置,按时按批排放就成为刻不容缓之事。同时还应积极开展赤潮灾害预报服务,把沿海各种力量动员起来一起监视海洋信息;积极组织研究赤潮灾害的治理措施,使得沿海人民的生产生活损失降到最小。

其二,完善海洋灾害保险补偿机制。灾后如何安置灾民,如何对灾民进行经济补偿等问题,不只在清代,当今社会也是一个关系着民生的重要问题。对海洋灾害损失进行合理的补偿能够减缓海洋灾害的负面影响,保障人们的生活安定,社会再生产得以持续的进行。我们可以利用保险补偿、政府补偿、社会补偿和自我补偿四种形式来对海洋灾害造成的损失进行补偿。同时利用媒体网络等传播媒介和社会慈善团体,对社会自救进行合理的组织,令可得到最大的赈济范围。

其三,灾后心理干预。利用心理学原理,对灾后幸存者在最佳时间内进行灾后心理干预救助,同时通过利用宗教仪式等活动,对死者进行超度,使得阴安阳乐,死者安息而往生,生者安宁而延生。超度法事彰显了中国人传统中对于亡者以及他者的人文关怀——让生者体会着亡者的苦难,最终超越人生苦难。

其四,科学合理地开发利用海洋。中国是一个发展中国家,发展水平和经济力量有限,使得中国的海洋开发与保护同世界上一些发达国家相比,还存在着差距,特别是自汉代以来,沿海地区人口的不断增加和经济的快速发展,给海洋环境的保护和海洋资源的合理开发带来了很大压力。因此,我们应该善于利用经济和社会发展对于资源、环境的影响和调控:一方面,现有资源物质变换的能力和环境的状况,是以往经济和社会发展的结果;另一方面也可以通过经济和社会发展方式、结构等的调整,改变资源变换方式和影响环境质量,使之向着有利于可持续发展的方向发展。所以,合理地开发利用海洋资源,加强国民海洋意识,使得沿海地区的人口、资源、环境的协调、可持续发展,才能实现人与自然的和谐统一,令中国海洋事业可持续发展战略的终极目标得以。

参考文献

一、古代文献

[1]管仲:《管子》,四部丛刊景宋本。

[2]孟轲:《孟子》,四部丛刊景宋大字本。

[3]司马迁:《史记》,中华书局1982年版。

[4]班固:《汉书》,中华书局1962年版。

[5]王充:《论衡》,四部丛刊景通津草堂本。

[6]郑玄:《礼记》,四部丛刊景宋本。

[7]韦昭:《国语韦氏解》,士礼居丛书景宋本。

[8]郭璞:《山海经传》,四部丛刊景明成化本。

[9]张华:《博物志》,清指海本。

[10]郭璞:《尔雅》,四部丛刊景宋本。

[11]杜预:《左传正义》,清阮刻十三经注疏本。

[12]李开先:《李中麓闲居集》,明嘉靖至隆庆刻本。

[13]范晔:《后汉书》,中华书局1965年版。

[14]欧阳询:《艺文类聚》,清文渊阁四库全书本。

[15]沈约:《宋书》,中华书局1974年版。

[16]欧阳修:《新五代史》,中华书局1974年版。

[17]申时行:《大明会典》,明万历内府刻本。

[18]张燮:《东西洋考》,清惜阴轩丛书本。

[19]周亮工:《闽小纪》,福建人民出版社1985年版。

[20]徐珂:《清稗类钞》,中华书局1984年版。

[21]方苞:《望溪集》,清咸丰元年戴钧衡刻本。

[22]官修:《清通典》,清文渊阁四库全书本。

[23]叶梦珠著,来新夏点校:《阅世编》,中华书局2007年版。

[24]秦蕙田:《五礼通考》,清文渊阁四库全书本,上海古籍出版社2003年版。

[25]俞森：《荒政丛书》，清嘉庆墨海金壶本。

[26]汪志伊辑：《荒政辑要》，清道光二十一年重刻本。

[27]王如珪等：《（乾隆）海盐县续图经》，清乾隆十三年刊本。

[28]王凤生：《荒政备览》，清道光三年刻本。

[29]丁曰健：《治台必告录》，文海出版社有限公司1980年版。

[30]张应昌：《诗铎》，清同治八年秀芷堂刻本。

[31]沈家本：《大清现行新律例》，清宣统元年排印本。

[32]冒国柱：《亥子饥疫纪略》，清刻本。

[33]倪国琏：《康济录》，清文渊阁四库全书本，上海古籍出版社2003年版。

[34]万维翰：《荒政锁言》，乾隆癸未年（1763）重刻本点校。

[35]郑銮辑：《水荒吟》，清道光十四年刻本。

[36]郑光祖：《一斑录》，清道光舟车所至丛书本。

[37]释函可：《千山诗集》，清康熙四十二年刻本。

[38]杨西明：《灾赈全书》，清道光也别别墅刻本。

[39]徐宗干：《斯未信斋杂录》，台湾银行经济研究室1960年版。

[40]阿桂：《军需则例》，清乾隆刻本。

[41]伯麟：《兵部处分则例》，清道光刻本。

[42]台湾银行经济研究室编辑：《台案汇录戊集》，台湾省文献委员会1997年版。

[43]陈弘谋：《五种遗规》，清乾隆培远堂刻汇印本。

[44]陈国瑛等：《台湾采访册》，台湾大通书局1990年版。

[45]陈恭尹：《独漉堂诗文集》，清道光五年陈量平刻本。

[46]秦瀛：《小岘山人集》，清嘉庆刻增修本。

[47]吴任臣：《山海经广注》，清文渊阁四库全书本。

[48]徐葆光：《中山传信录》，清康熙六十年刻本。

[49]姚廷遴著：《历年记》，上海人民出版社出版1982年版。

[50]阮旻锡：《海上见闻录定本》，清钞本。

[51]屈大均：《广东新语》，清康熙水天阁刻本。

[52]林有席：《平园杂著》，道光六年刻本。

[53]戴震：《戴东原集》，四部丛刊景经韵楼本。

[54]王先谦：《东华闻》，清光绪十年长沙王氏刻本。

[55]黄叔璥：《台海使槎录》，台湾银行经济研究室1957年版。

[56]茆泮林：《计然万物录》，清道光刻本。

[57]徐松：《宋会要辑稿》，中华书局1957年版。

[58]官修：《大清会典则例》，清文渊阁四库全书本。

[59]延丰：《重修两浙盐法志》，清同治刻本。

[60]查祥：《两浙海塘通志》，清乾隆刻本。

[61]琅玕辑：《海塘新志》，清嘉庆间刻本。

［62］李文藻：《南涧文集》，清光绪刻功顺堂丛书本。

［63］穆彰阿：《(嘉庆)大清一统志》，四部丛刊续编景旧钞本。

［64］方以智：《通雅》，清文渊阁四库全书本。

［65］王定安：《两淮盐法志》，清光绪三十一年刻本。

［66］罗正钧：《左文襄公年谱》，清光绪二十三年湘阴左氏刻本。

［67］虞世南辑：《北堂书钞》，续修四库全书本。

［68］谢肇淛：《五杂俎》，续修四库全书本。

［69］中国第一历史档案馆编：《雍正朝满文硃批奏折汇编》，江苏古籍出版社1991年版。

［70］万表：《皇明经济文录》，四库全书禁毁书丛刊本。

［71］刘启端等：《钦定大清会典事例》，四库全书存目丛书本。

［72］吴树梅等：《钦定大清会典》，续修四库全书本。

［73］查志隆：《陈琳续补:山东盐法志》，四库全书存目丛书本。

［74］屠本畯：《闽中海错疏》，四库全书本。

［75］《明实录》《中央研究院》历史语言研究所校勘，上海古籍书店1983年版。

［76］清官修：《大清历朝实录》，中华书局1986年影印本。

［77］刘献廷：《广阳杂记》，中华书局1957年版。

［78］姚莹：《东槎纪略》，同治六年(1867)刻本

［79］朱正元：《福建沿海图说》，清光绪二十八年上海铅印本。

［80］朱正元：《浙江沿海图说》，清光绪二十五年上海铅印本。

［81］顾炎武：《天下郡国利病书》，齐鲁书社1996年版。

［82］郭柏苍：《海错百一录》，郭氏丛刻本。

［83］蒲松龄：《聊斋志异》，岳麓出版社1988年版。

［84］张志聪：《黄帝内经素问集注》，清康熙刻本。

［85］张渠撰，程明校点：《粤东闻见录》，广东高等教育出版社1990年版。

［86］陈梦雷等辑，蒋廷锡等重辑：《古今图书集成》，中华书局1986年影印。

［87］朱景英：《海东札记》，台湾银行经济研究室1958年版。

［88］何如铨：《桑园围志》，清光绪十五年刊本。

［89］麟庆：《鸿雪因缘图记》，清道光二十七年至二十九年扬州刻本。

［90］高宗敕：《清朝文献通考》，台北新兴书局1965年版。

［91］刘锦藻：《清朝续文献通考》，浙江古籍出版社1988年影印本。

［92］台湾"中央研究院"历史研究所编：《明清史料》，中华书局1987年版。

［93］中国第一历史档案馆编：《康熙朝满文硃批奏折汇编》，黄山书社1998年版。

［94］中国第一历史档案馆编：《雍正朝汉文谕旨(与内阁)》，广西师范大学出版社1999年版。

［95］鄂尔泰：《鄂尔泰奏稿》清钞本，上海古籍出版社1996年版。

［96］李文海等：《中国荒政全书第二辑》，北京古籍出版社2003年版。

[97]谭其骧:《中国历史地图集》,地图出版社 1982—1987 年版。

[98]程士范纂修:《利津县志》,清乾隆三十五年刊本。

[99]周建鼎等:《松江府志》,清康熙二年刻本。

[100]俞樾等:《上海县志》,清同治十一年刊本

[101]姚文枏等:《上海县续志》,上海文庙南园志局 1918 年刻本。

[102]李维清编:《上海乡土志》,上海著易堂 1927 年铅印本。

[103]王清穆修,曹炳麟纂:《崇明县志》,民国十九年刊本。

[104]黄世祚:《嘉定县续志》,民国十九年排印本。

[105]钱淦等:《宝山县续志》,民国十年铅印本。

[106]张人镜:《月浦志》,清光绪十四年(1888)修,1962 年《上海史料丛编》本。

[107]陈应泰:《月浦里志》,民国二十三年铅印本。

[108]顾成天等:《分建南汇县志》,清雍正十三年刻本。

[109]张文虎等:《(光绪)南汇县志》,中国方志丛书,成文出版社 1970 年版。

[110]黄炎培:《川沙县志》,民国二十六年上海国光书局铅印版。

[111]张文虎等:《(光绪)奉贤县志》,中国方志丛书,成文出版社 1970 年版。

[112]常婉:《(乾隆)金山县志》,中国方志丛书,成文出版社 1983 年版。

[113]朱栋:《朱泾志》,民国五年铅印本。

[114]曹相骏纂,许光墉增纂:《重辑枫泾小志》,清光绪十七年铅印本。

[115]王钟纂.胡人凤续纂:《法华乡志》,1923 年铅印本。

[116]熊其英等:《(光绪)青浦县志》,中国方志丛书,成文出版社 1970 年版。

[117]沈翼机等:《(雍正)浙江通志》,清光绪二十五年(1899)浙江书局复刻本。

[118]陈朝龙:《新竹县采访册》,台湾文献丛刊第 145 种,台湾大通书局 1984 年版。

[119]钱以垲等:《嘉兴府志》,清康熙六十年(1721)刻本。

[120]陆心源等:《(同治)湖州府志》,中国方志丛书,成文出版社 1970 年版。

[121]周元文:《重修台湾府志》,清康熙五十一年增刻本。

[122]邵斋然等:《乾隆.杭州府志》,清乾隆四十九年刻本。

[123]李榕等:《(民国)杭州府志》,中国方志丛书,成文出版社,1974 年版。

[124]平恕等:《(乾隆)绍兴府志》,中国方志丛书,成文出版社 1978 年版。

[125]罗浚等:《四明志》,中国方志丛书,成文出版社 1975 年版。

[126]张可立:《兴化县志》,清康熙二十四年钞本。

[127]董钦德等:《会稽县志》,清康熙二十二年修。

[128]战效曾:《海宁州志》,清乾隆四十一年刊本。

[129]齐召南等:《温州府志》,清同治四年据乾隆 27 年刻版增刻。

[130]徐志鼎:《(乾隆)平湖县志》,中国方志丛书,成文出版社 1975 年版。

[131]邹璟:《乍浦备志》,道光二十三年补刻本。

[132]陈淑均:《噶玛兰厅志》,台湾大通书局 1995 年版。

[133]于清泮纂:《沾化县志》,民国二十四年石印本。

［134］王德浩纂,曹宗载重订:《硤川续志》,清嘉庆十七年刻本。

［135］陈汉章等:《(民国)象山县志》,中国方志丛书,成文出版社1974年版。

［136］王棻、孙贻让:《(光绪)永嘉县志》,中国方志丛书,成文出版社1983年版。

［137］姚文枏等:《上海县志》,民国二十四年排印本。

［138］张睿等修:《宁海县志》,清光绪二十八年刻本。

［139］吕鸿焘:《玉环厅志》,清光绪六年刻本。

［140］陈耆卿:《赤城志》,清嘉庆二十三年刻本。

［141］陈寿淇纂、魏敬中续纂、重纂:《福建通志》,华文书局1968年版。

［142］沈瑜庆等:《福建通志》,民国二十七年刻本。

［143］鲁曾煜等:《福州府志》,清乾隆二十一年刻本。

［144］王诵芬纂:《潍县志》,清乾隆二十五年刊本。

［145］王应山:《闽都记》,中国方志丛书,成文出版社1967年版。

［146］周瑛等:《重刊兴化府志》,清同治十年刻本。

［147］黄任等:《(乾隆)泉州府志》,中国地方志集成,上海书店出版社2000年版。

［148］李维钰原本,沈定钧续修,吴联薰增纂:《漳州府志》,中国地方志集成,上海书店出版社2000年版。

［149］张景祁:《福安县志》,福安县地方志编纂委员会整理1986年版。

［150］徐友梧:《霞浦县志(点校本)》,霞浦县地方志编纂委员会1986年版。

［151］张朝栻等:《连江县志》,嘉庆十年刻本。

［152］邱景雍等:《连江县志》,民国二十二年铅印。

［153］黄履思等:《平潭县志》,民国十二年铅印。

［154］林麟焻:《莆田县志》,清康熙四十四年刻本。

［155］张琴:《(民国)莆田县志》,中国地方志集成,上海书店出版社,2000年版。

［156］廖必琦等:《莆田县志》,清乾隆二十二年刊本。

［157］叶春及:《惠安政书(附:崇武所城志)》,《福建地方志丛刊》,福建人民出版社1987年版。

［158］林永强、林为兴主编,傅金星总纂:《蚶江志略》,蚶江志略编纂委员会,1993年版。

［159］周升元:《晋江县志(点校本)》,福建人民出版社1990年版。

［160］周学曾等:《晋江县志》,晋江县地方志编纂委员会整理,福建人民出版社1990年版。

［161］庄为玑:《晋江新志》,泉州志编纂委员会出版1985年版。

［162］邓廷祚等:《海澄县志》,清乾隆二十七年刊本。

［163］安海志修编小组:《安海志》,《安海志》修编小组出版1983年版。

［164］刘光鼎等:《同安县志》,民国八年铅印本

［165］万友正:《马巷厅志》,清乾隆四十二年修,清光绪十九年补刊本。

［166］薛起凤:《鹭江志(点校本)》,鹭江出版社1998年版。

［167］周凯修,凌翰等纂:《厦门志》,清道光十九年刊本。

［168］曹炳麟:《崇明县志》,民国十九年刊本。

［169］黄惠等:《龙溪县志》,清乾隆二十七年刊本。

［170］秦炯:《诏安县志》,清康熙三十年刻本。

［171］林焜煌、林豪续纂:《金门志》,北京中国书店1959年油印。

［172］刘敬:《（民国）金门县志》,福建师范学院图书馆1959年油印。

［173］林豪:《（光绪）澎湖厅志》,台湾大通书局1984年版。

［174］陈池养:《莆田水利志》,清光绪元年刻本。

［175］韩文焜纂:《利津县新志》,清康熙十二年刻本。

［176］博润修等纂:《松江府续志》,清光绪九年刊本。

［177］金福曾等修,张文虎等纂:《光绪南汇县志》,民国十六年重印本。

［178］梁悦馨等修,季念诒等纂:《通州直隶州志》,清光绪二年刊本。

［179］范仕义修,吴铠纂:《如皋县续志》,清道光十七年刊本。

［180］姚光发等纂:《重修华亭县志》,清光绪四年刊本。

［181］周顼等纂:《如皋县续志》,清同治十二年刊本。

［182］庞鸿文纂:《常昭合志稿》,清光绪三十年刊本。

［183］马汝舟等纂:《如皋县志》,清嘉庆十三年刊本。

［184］孙星衍等纂:《松江府志》,清嘉庆二十二年刊本

［185］上海通社辑刊:《上海掌故丛书》,民国二十四年排印本。

［186］吴庆丘等纂:《杭州府志》,清光绪二十四年修民国十一年排印本。

［187］朱正元撰:《浙江沿海图》,清光绪二十五年刊本。

［188］徐用仪纂:《海盐县志》,清光绪二年刊本。

［189］姜炳璋等纂:《象山县志》,清乾隆二十三年刊本。

［190］文焜纂修:《利津县新志》,清康熙十二年刊本。

［191］刘文确等纂修:《利津县志续编》,清乾隆二十三年刊本。

二、近现代论著

［192］杨国桢:《闽在海中》,江西高校出版社1998年版。

［193］杨国桢:《东溟水土》,江西高校出版社2003年版。

［194］杨国桢:《瀛海方程》,海洋出版社2008年版。

［195］辛世俊:《人类精神之梦——宗教古今谈》,河南大学出版社2001年版。

［196］孙善根:《民国时期宁波慈善事业研究》,人民出版社2007年版。

［197］魏光兴等主编:《山东省自然灾害史》,地震出版社2000年版。

［198］华泽爱:《赤潮灾害》,海洋出版社1994年版。

［199］齐雨藻等:《中国沿海赤潮》,科学出版社2003年版。

［200］王洪礼等主编:《赤潮生态动力学与预测》,天津大学出版社2006年版。

［201］李文海等主编：《天有凶年—明清灾荒与中国社会》，生活·读书·新知三联书店 2007 年版。

［202］中国海洋志编纂委员会编著；曾呈奎、徐鸿儒（执行）王春林（执行）主编：《中国海洋志》，大象出版社 2003 年版。

［203］冷科明等：《深圳海域赤潮研究》，海洋出版社 2004 年版。

［204］《中国大百科全书·环境科学》，中国大百科全书出版社 1983 年版。

［205］游子安：《善于人同——明清以来的慈善与教化》，中华书局 2005 年版。

［206］李向军：《清代荒政研究》，中国农业出版社 1995 年版。

［207］肖怀安：《中国慈善简史》，人民出版社 2006 年版。

［208］孟昭华：《中国灾荒史记》，中国社会出版社 1999 年版。

［209］叶大兵主编：《中国渔岛民俗》，温州市民俗文化研究所 1993 年版。

［210］杨国桢等：《明清中国沿海社会与海外移民》，高等教育出版社 1997 年版。

［211］郑锡煌：《北方海域的历史风暴潮灾》，中山大学出版社 1992 年版。

［212］宋正海：《中国古代自然灾异动态分析》，安徽教育出版社 2002 年版。

［213］宋正海：《中国古代自然灾异群发期》，安徽教育出版社 2002 年版。

［214］夏明方：《民国时期自然灾害与乡村社会》，中华书局 2000 年版。

［215］杨桂丽：《清代中琉之间的航海漂风难民问题》，《中国海洋文化研究·第三卷》，海洋出版社 2000 年版。

［216］吴春明：《环中国海沉船》，江西高校出版社 2003 年版。

［217］王荣国：《海洋神灵》，江西高校出版社 2003 年版。

［218］水利部治淮委员会编写组：《淮河水利简史》，水利水电出版社 1990 年版。

［219］水力水电科学研究院主编：《清代海河滦河洪涝档案史料》，中华书局 1981 年版。

［220］水力水电科学研究院主编：《清代淮河流域洪涝档案史料》，中华书局 1988 年版。

［221］水力水电科学研究院主编：《清代珠江韩江洪涝档案史料》，中华书局 1988 年版。

［222］水力水电科学研究院主编：《清代长江流域西南国际河流洪涝档案史料》，中华书局 1991 年版。

［223］水力水电科学研究院主编：《清代黄河流域洪涝档案史料》，中华书局 1993 年版。

［224］水力水电科学研究院主编：《清代辽河、松花江、黑龙江流域洪涝档案史料》，中华书局 1998 年版。

［225］水力水电科学研究院主编：《清代浙闽台地区诸流域洪涝档案史料》，中华书局 1993 年版。

［226］高文学主编：《中国自然灾害史（总论）》，地震出版社 1997 年版。

［227］马宗晋等主编：《中国灾害研究丛书》，湖南人民出版社 1998 年版。

［228］王颖主编:《中国海洋地理》,科学出版社 1996 年版。

［229］张耀光编著:《中国边疆地理(海疆)》,科学出版社 2001 年版。

［230］施鸿保:《闽杂记》,福建人民出版社 1985 年版。

［231］张方俭:《我国的海冰》,海洋出版社 1986 年版。

［232］宋正海:《东方蓝色文化——中国海洋文化传统》,广东教育出版社 1995 年版。

［233］张炜等主编:《中国海疆通史》,中州古籍出版社 2003 年版。

［234］黄公勉等:《中国历史海洋经济地理》,海洋出版社 1985 年版。

［235］张震东等:《中国海洋渔业简史》,海洋出版社 1983 年版。

［236］丛子明等编:《中国渔业史》,中国科学技术出版社 1993 年版。

［237］中国古代潮汐史料整理研究组编:《中国古代潮汐资料汇编·潮灾》,1978 年油印稿。

［238］陆人骥:《中国历代灾害性海潮史料》,海洋出版社 1984 年版。

［239］广东省文史研究馆编:《广东省自然灾害史料》,广东科技出版社 1999 年版。

［240］宋正海主编:《中国古代重大自然灾害和异常年表总集》,广东教育出版社 1992 年版。

［241］黄顺利:《海洋迷思》,江西高校出版社 1999 年版。

［242］王振忠:《近 600 年来的自然灾害与福州社会》,福建人民出版社 1996 年版。

［243］柳国瑜主编:《奉贤盐政志》,上海社会科学院出版社 1987 年版。

［244］张海峰主编:《中国海洋经济研究·第 1—3 辑》,海洋出版社 1982—1986 年版。

［245］刘序枫:《清代档案中的海难史料目录(涉外篇)》,"中央研究院"人文社会科学研究中心 2004 年版。

［246］邓拓:《中国救荒史》,商务印书馆 1937 年版。

［247］张文彩:《中国海塘工程简史》,科学出版社 1990 年版。

［248］李士豪:《中国渔业史》,上海书店 1984 年版。

［249］欧阳宗书:《海上人家——海洋渔业经济与渔民社会》,江西高校出版社 1998 年版。

［250］阎俊岳等:《中国近海气候》,科学出版社 1993 年版。

［251］宋正海等:《中国古代海洋学史》,海洋出版社出版 1989 年版。

［252］孙光圻:《中国古代航海史(修订本)》,海洋出版社 2005 年版。

［253］张崇旺:《明清时期江淮地区的自然灾害与社会经济》,福建人民出版社 2006 年版。

［254］王大学:《明清"江南海塘"的建设与环境》,上海人民出版社 2008 年版。

［255］李龙潜:《明清广东社会经济研究》,上海古籍出版社 2006 年版。

［256］陈桦等:《救灾与济贫》,中国人民大学出版社 2005 年版。

［257］于运全:《海洋天灾》,江西高校出版社 2005 年版。

[258]王赛时:《山东沿海开发史》,齐鲁书社2005年版。

[259]孟昭华等:《中国民政史稿》,黑龙江人民出版社1986年版。

[260]金双秋:《中国民政史》,湖南大学出版社出版社1989年版。

[261]冯尔康:《清人生活漫步》,中国社会出版社2004年版。

[262]张艳丽:《嘉道时期的灾荒与社会》,人民出版社2008年版。

[263]许小峰等:《海洋气象灾害》,气象出版社2009年版。

[264]赵领娣等:《海洋灾害及海洋收入的经济学研究》,经济科学出版社2007年版。

[265]赫治清主编:《中国古代灾害史研究》,中国社会科学出版社2007年版。

[266]王卫平等:《中国古代传统社会保障与慈善事业》,群言出版社2005年版。

[267]唐文基主编:《福建古代经济史》,福建教育出版社1995年版。

[268]朱凤祥:《中国灾害通史(清代卷)》,郑州大学出版社2009年版。

[269]罗桂环等:《中国历史时期的人口变迁与环境保护》,冶金工业出版社1995年版。

[270]曹树基主编:《田祖有神——明清以来的自然灾害及其社会应对机制》,上海交通大学出版社2007年版。

[271]吴松弟:1166年的温州大海啸和沿海平原的再开发复旦大学历史地理研究中心主编,《自然灾害与中国社会历史结构》,复旦大学出版社2001年版。

[272][英]J.G.弗雷泽:《金枝》,新世界出版社2006年版。

[273][美]西尔瓦诺·阿瑞提:《创造的秘密》,辽宁人民出版社1987年版。

[274][日]松浦章:《清代帆船沿海航运史の研究》,关西大学出版部2010年版。

[275][日]松浦章:《清代帆船东亚航运史料汇编》,卞凤奎编译,乐学书局有限公司2007年版。

[276][美]F.D.沃林斯基:《健康社会学》,孙牧虹等译,科学文献出版社1992年版。

[277][苏]伊·尼·尼基佛洛夫:《宗教是怎样产生的.它的本质何在?》,郭力军译,上海人民出版社1956年版。

[278][奥]西格蒙德·弗洛伊德:《图腾与禁忌》,文良、文化译,上海人民出版社2005年版。

三、论文与网络资源

[279]汤熙勇:《清代台湾的外籍船难与救助》,《中国海洋发展史论文集·第七辑》,台北"中央研究院"中山人文社会科学研究所,1999年版。

[280]汤熙勇、刘序枫:《近世环中国海的海难资料集成:以中国、日本、朝鲜、琉球为中心》,《第二回琉中历史关系国际学术会议论文集》,琉中历史关系国际学术会议,1989年版。

[281]许檀:《清代前期的山海关与东北的沿海贸易》,《清史论丛》2002年第1期。

[282]朱晓华等:《中国历代灾害性海潮频率特征及时间序列的分形研究》,《灾害学》1998年第3期。

[283]张根荣:《"天谴"理念对权力的制衡》,曲阜师范大学2006年硕士学位论文。

[284]夏明方:《从清末灾害群发期看中国早期现代化的历史条件"灾荒与洋务运动研究之一"》,《清史研究》1998年第1期。

[285]赵红艳、陈晔:《江苏沿海主要海洋灾害分析与减灾对策》,《安徽农业科学》2009年第4期。

[286]王大学:《明清江南海塘的建设与环境》,复旦大学2007年博士学位论文。

[287]杨永占:《清代对妈祖的敕封与祭祀》,《历史档案》1994年第04期。

[288]徐文彬:《清代台湾慈善事业简析》,《福建省社会主义学院学报》2008年第4期。

[289]罗映光:《试论宗教心理调节功能的现代社会价值》,《中南民族大学学报(人文社会科学版)》2004年第5期。

[290]蔡勤禹:《明清时期民间宗教的社会心理分析》,《东方论坛(青岛大学学报)》2000年第2期。

[291]戴晨京:《宗教心理的社会作用》,《中国宗教》2003年第12期。

[292]冯贤亮:《清代江南沿海的潮灾与乡村社会》,《史林》2005年第1期。

[293]吴霞成:《清代山东仓储探究》,曲阜师范大学2009年硕士学位论文。

[294]蒋莉莉:《清代福建地区自然灾害研究》,福建师范大学2008年硕士学位论文。

[295]董林生:《清前期的浙江民间赈灾研究》,西南大学2008年硕士学位论文。

[296]如间渔:《最近江苏各县清代水旱灾表》,《人文》1931年第10期。

[297]朱焕尧:《江苏各县清代水旱灾表》,《江苏省立国学图书馆年刊》1934年第11期。

[298]李少雄:《清代中国对琉球遭风船只的抚卹制度及特点》,《海交史研究》1993年第1期。

[299]徐艺圃:《乾隆年间白氏飘琉获救叙事述论》,《历史档案》1994年第1期。

[300]俞玉储:《再论清代中国和琉球贸易——兼论中琉互救漂风难船的活动》,《历史档案》1995年第1期。

[301]张先清等:《清代台湾与琉球关系考》,《中国社会经济史研究》1998年第1期。

[302]杨彦杰:《台湾历史上的琉球难民遭风案》,《福建论坛》2001年第3期。

[303]孙宏年:《清代中越海难互助及其影响略论(1644—1885)》,《南洋问题研究》2001年第2期。

[304]徐恭生:《清代海上漂风难民拯济制度的建立和演变》,《第八回琉中历史关系国际学术会议论文集》,琉中历史关系国际学术会,2001年版。

[305]黄鸿山、王卫平:《清代社仓的兴废及其原因——以江南地区为中心的考察》,

《学海》2004 年第 1 期。

[306]许檀:《清代前中期的沿海贸易与山东半岛经济的发展》,《中国社会经济史研究》1998 年第 2 期。

[307]许檀:《清代前期的山海关与东北沿海港口》,《中国经济史研究》2001 年第 4 期。

[308]许檀:《清代前中期东北的沿海贸易与营口的兴起》,《福建师范大学学报》2004 年第 1 期。

[309]吴少华等:《渤海风暴潮概况及温带风暴潮数值模拟》,《海洋学报》2002 年第 3 期。

[310]曹永和:《清代台湾之水灾与风灾》,原载《台湾银行季刊》,第十一卷第二期,(1960 年第 6 期),《台湾早期台湾历史研究》,(台北)联经出版事业公司 1979 年版。

[311]吴幅员:《清代台湾所遇琉球遭风难民事件》,《东方杂志》复刊第 13 卷。

[312]徐玉虎:《清乾隆朝琉球难夷风漂至台湾案件之辑释》,《台北文献》1983 年第 3 期。

[313]杨树珍:《漫话胶州湾海冰》,《海洋世界》1994 年第 11 期。

[314]汤熙勇:《近世环中国海的海难资料集介绍》,《汉学研究通讯》第 19 卷第 1 期,2000 年第 2 期。

[315]汤熙勇:《明代中国救助外国籍难船及漂流民的方法》,《第九届明史国际研讨会论文》,福建武夷山,2002 年。

[316]倪道善:《略议古代帝王的"罪己诏"》,《档案学通讯》2004 年第 2 期。

[317]汤熙勇:《清顺治至乾隆时期中国救助朝鲜海难船及漂流民的方法》,《中国海洋发展史论文集·第八辑》,台北"中央研究院"中山人文社会科学研究所 2002 年版。

[318]刘序枫:《清代中国对外国遭风难民的救助及遣返制度——以朝鲜、琉球、日本难民为例》,《第八回琉中历史关系国际学术会议论文集》,琉中关系国际学术会议,2001 年。

[319]刘序枫:《试论清朝对日本海难难民的救助与遣返制度之形成》,浙江大学日本文化研究所编《中日关系史论考》,中华书局 2001 年版。

[320]刘序枫:《清代环中国海域的海难事件研究——以清日两国间对难民的救助及遣返制度为中心(1644—1861)》,《中国海洋发展史论文集·第八辑》,"中央研究院"中山人文社会科学研究所,2002 年版。

[321]王日根等:《论明清海盐产区赈济制度的建设》,《厦门大学学报(哲学社会科学版)》2009 年第 3 期。

[322]凌申:《范公堤考略》,《盐城师范学院学报(人文社会科学版)》2001 年第 3 期。

[323]吴培木:《中国东南沿海潮灾与防潮对策研究》,《台湾海峡》1994 年第 3 期。

[324]梁松等:《中国沿海的赤潮问题》,《生态科学》2000 年第 4 期。

［325］李文渭：《山东半岛及其以北沿海历史风暴潮灾概况》,《海洋科学》1991 年第 6 期。

［326］《影响华东 500 年历史资料重建》,上海台风研究所, http://data.typhoon.gov. cn/TYDATA500/home.htm。

后　记

本书是在我博士论文的基础上陆续修改而成。在书稿付梓之际，心中隐隐有几多不安，由于自身的愚钝，学术水平有限，未能将老师和学友们的宝贵意见建议较好地吸收和消化，最终也未能达到预想的目标，深感遗憾。我会在以后的学习研究中继续不断深入下去。

本书的每一步进展都与诸多前辈、师长的倾心教诲分、朋友亲人的帮助理解不开的。在此，我首先要衷心感谢我的导师杨国桢教授和师母翁丽芳女士，感谢杨先生和师母多年来在我的学业、工作、生活方面一直给予我的关怀、鼓励。杨先生广博的知识、严谨的治学态度、对学术不懈探索的精神、坦荡无私的处事风范都令我受益终身。翁师母对学生无微不至的关怀、热情颖慧的处事风格、坚强乐观的心态，都令我终身难忘。在书稿修改期间，由于病魔的侵蚀，一直待我们这些学生如子女的翁师母于2016年5月2日逝世。惊闻此消息，哀恸之情，久久不能自已。回忆在厦大的三年，彷佛就在昨日。师母慈颜与慈语，似乎就在面前，杨先生与师母伉俪情深的画面，仍历历在目。"丽心慈母遗真爱，芳草凄风恸晚霞"，愿翁师母一路走好。

感谢山西大学的马玉山先生和他的夫人杨巧荣女士、山西社会科学院的雒春普先生在我的书稿修改过程中对我的指导的关系，以及山西省委宣传部的杨茂林老师、人民出版社的赵圣涛老师、山西社会科学院历史所的领导、同事们对我的指点和帮助，在此我对他们深表谢意。

我还要特别感谢我的父母家人和我的先生，他们在我身后一直默默的奉献,不断给我支持与鼓励,为我能够坚持研究写作提供了便利条件。

由于本人学识有限,书中一定有许多不足和疏漏之处,敬祈批评指正。

李　冰

2016 年 7 月 1 日